Peter Mersch

Ich beginne zu glauben,
dass es wieder Krieg geben wird

Was die Systemische Evolutionstheorie über unsere Zukunft verrät

Inhaltlich unveränderter Nachdruck der Ausgabe aus 2011

Copyright © 2012 Peter Mersch

ISBN: 1477569456
ISBN-13: 978-1477569450

Inhaltsverzeichnis

Inhaltsverzeichnis

Vorwort

Seit etlichen Jahren mehren sich die schlechten Nachrichten, darunter die folgenden:

- Die Schere zwischen Arm und Reich öffnet sich.

- Ein wachsender Anteil unter den Menschen kann seinen Lebensunterhalt durch Arbeit nicht mehr sichern.

- In unserer Gesellschaft werden zu wenige Kinder geboren, das gilt ganz besonders für die gebildete Mittelschicht.

- Die zukünftige Finanzierbarkeit der Renten, Pensionen und des Gesundheitssystems ist mehr als fraglich.

- Anteilsmäßig immer mehr Menschen sind chronisch krank.

- Das Finanzsystem ist instabil und muss häufig staatlich gestützt werden.

- Viele Staaten sind überschuldet, einige stehen unmittelbar vor dem Staatsbankrott.

- In vielen unterentwickelten Ländern bekommen die Menschen zu viele Kinder, obwohl gleichzeitig Hunger, Armut und Elend vorherrschen.

- Die Gefahr des internationalen Terrorismus wächst.

- Das Klima wandelt sich.

- Zahlreiche wichtige Ressourcen, inklusive der fossilen Brennstoffe, neigen sich dem Ende zu.

- Viele biologische Arten sind durch das Wirken des Menschen entweder bereits ausgestorben oder sterben bald aus.

- Der Mensch entzieht sich sukzessive seine eigene Lebensgrundlage.

Man fragt sich unwillkürlich: Was ist das und was treibt es an? Kann man es aufhalten, oder müssen wir uns auf absehbare Zeit daran gewöhnen? Wird es noch schlimmer werden? Wird die Menschheit vielleicht sogar ganz von unserem blauen Planeten verschwinden?

Angesichts der nicht enden wollenden Finanzkrise bekannten einige, politisch eher als konservativ geltende Autoren, sie begännen zu glauben, dass die Linke mit ihren Thesen und Analysen recht hat. Die beiden Artikel von Charles Moore[1] und Frank Schirrmacher[2] nahmen – wie der Titel andeutet – einen wesentlichen Einfluss auf die inhaltliche Gestaltung des vorliegenden Buches, nicht jedoch auf dessen naturwissenschaftliche und systemanalytische Herangehensweise.

Charakteristische Merkmale unseres Universums sind dessen Expansion und der energetische Zerfall. Sie definieren den kosmologischen und thermodynamischen Zeitpfeil, die Ausdruck seines eigenen *Strebens* in Richtung Wärmetod sind. Der Kosmologe Stephen Hawking argumentiert in seinem Buch "*Die illustrierte kurze Geschichte der Zeit*"[3], dass es intelligentes Leben nur geben kann, wenn sich das Universum ausdehnt und der kosmologische, der thermodynamische und unser eigener psychologischer Zeitpfeil in die gleiche Richtung weisen. Oder in den Worten des Physikers Peter W. Atkins[4]:

Indes, mag sie auch noch so verborgen sein, die Triebfeder aller Schöpfung ist der Zerfall, und jede Handlung ist die mehr oder weniger unmittelbare Folge der natürlichen Auflösungstendenz.

Ich stellte mir die Fragen: Angenommen, es stimmt, was die Physiker und Kosmologen behaupten, dass nämlich unser Universum vor ca. 13,75 Milliarden Jahren aus einer Art Singularität beziehungsweise einem Urknall heraus entstanden ist, sich seitdem ausdehnt und zugleich thermodynamisch zerfällt und dabei – ohne den Eingriff eines externen Schöpfers und ausschließlich auf der Grundlage der in ihm geltenden Naturgesetze – die Materie, Milliarden Galaxien, schwarze Löcher, unsere Sonne, die Erde, den Mond, Pflanzen, Tiere und sogar uns Menschen hervorgebracht hat, wir also gewissermaßen nicht die Kinder Gottes, sondern des Urknalls sind, wie konnte es darin dann zu Lehman Brothers und zur Finanzkrise kommen? Oder zu konservativen und linken Gesinnungen? Und was heißt in einer solchen Welt, angesichts von Milliarden Galaxien und schwarzen Löchern, die Linke könnte recht haben? Und schließlich: Was ist eigentlich Leben?

In einem zerfallenden Universum kann es keine dauerhaften passiven Systeme von beliebig großer Komplexität geben, jedenfalls wäre ihr Auftreten extrem unwahrscheinlich. Schon nach kurzer Zeit würden sie sich wieder in Bestandteile auflösen.

Lebewesen sind demgegenüber aktive, informationsverarbeitende Systeme. Sie *streben* danach, dem universalen *Streben* nach Zerfall über einen möglichst langen Zeitraum zu widerstehen. Da das Universum in Richtung Zerfall strebt, müssen sie gewissermaßen in die entgegengesetzte

Richtung nach Erhalt streben. Hierdurch können sie im Laufe der Zeit zu praktisch beliebiger Komplexität heranwachsen.

Sie haben es als sogenannte *selbstreproduktive Systeme* beziehungsweise als Evolutionsakteure – durch welchen Mechanismus auch immer[5] – geschafft, gegenüber ihrer Umwelt Kompetenzen zu entfalten, mit deren Hilfe sie aus ihr Ressourcen erlangen können, um ihre Kompetenzen zu reproduzieren, das heißt, zu erhalten und zu erneuern[6]. Ferner *streben* sie danach, genau das zu tun, denn nur so können sie ihre komplexen Kompetenzen und die mit ihr verbundenen Ordnungszustände – auf Kosten ihrer Umwelt – eine Zeit lang bewahren und gegebenenfalls sogar weiterentwickeln. Anders gesagt: Lebende Systeme versuchen, *Kompetenzverluste* zu *vermeiden*. Sie verhalten sich *nachhaltig* gegenüber ihren eigenen Kompetenzen und *ausbeutend* gegenüber ihrer Umwelt.

Als das Leben immer zahlreicher und die Ressourcen folglich knapper wurden, kam der Wettbewerb unter den Lebewesen hinzu. Ab da ging es für die lebenden Systeme nicht mehr nur darum, den Anschluss gegenüber dem Streben des thermodynamischen Zeitpfeils nicht zu verlieren, sondern gegenüber dem Streben aller anderen Lebewesen in der gleichen Umwelt auch. Wenn das Leben selbst einen Großteil der Umwelt ausmacht, dann müssen sogar *relative Kompetenzverluste* – relativ in Bezug auf die Kompetenzen der anderen Lebewesen in der gleichen Umgebung – vermieden werden, um weiterhin am Spiel der Evolution teilnehmen zu können. Unter solchen Verhältnissen bildet sich dann ein auf dem sogenannten *Red-Queen-Prinzip* beruhender Wettbewerbsmechanismus aus, der unter anderem für Phänomene wie die Gier verantwortlich zeichnet, wie im Laufe des Buches noch erläutert wird.

Das Problem ist nun aber, dass all dies nicht nur für uns Menschen beziehungsweise allgemeiner für Lebewesen gilt, sondern für noch komplexere Systeme – sogenannte Superorganismen –, wie zum Beispiel Honigbienenstaaten und menschliche Unternehmen, genauso. Auch diese Systeme unterliegen dem thermodynamischen Zeitpfeil des Universums. Auch sie sind im Allgemeinen einem Wettbewerb um knappe Ressourcen ausgesetzt. Auch sie würden schon bald zerfallen, wenn sie sich nicht beständig nachhaltig gegenüber ihren Kompetenzen und ausbeutend gegenüber ihrer Umwelt verhielten. Unser Universum – und natürlich auch der Wettbewerb um knappe Ressourcen – zwingt sie zu ihren Verhaltensweisen. Ich rede an dieser Stelle von grundsätzlichen Naturprinzipien unseres Universums und nicht von Sachverhalten, die in irgendeiner Weise "umstritten" sind.

Insgesamt ergibt sich das Bild einer belebten Welt aus lauter Evolutionsakteuren, die allesamt bestrebt sind, Kompetenzverluste zu vermeiden. Statt des gnadenlosen Kampfes ums Dasein steht in ihr das allseitige und fortwährende individuelle Bemühen, sich nicht gegenüber der Vergangenheit und anderen zu verschlechtern, im Vordergrund[7].

Man kann, wie im Buch gezeigt wird, praktisch alle eingangs angeführten aktuellen Großprobleme der Menschheit auf der Grundlage dieser wenigen fundamentalen Naturprinzipien erklären. Weitere, darüber hinausgehende Annahmen sind nicht erforderlich, insbesondere keine politischen. Man braucht beispielsweise keinen Karl Marx, um die zunehmende Verarmung unserer Gesellschaft prognostizieren zu können. Physik, Evolutions- und Systemtheorie tun es bereits. Dass ich damit indirekt auch behaupte, die Kultur- und Sozialwissenschaften seien eigentlich ebenfalls Naturwissenschaften, versteht sich von selbst. Wenn Menschen keine Geschöpfe Gottes, sondern lediglich Naturphänomene innerhalb unseres Universums sind, bleibt im Grunde keine andere Alternative.

Eine wesentliche Rolle bei der zunehmenden Ausbreitung von Armut in unserer Gesellschaft spielt der Umstand, dass in Marktwirtschaften zwei unterschiedliche Systemklassen an Evolutionsakteuren unmittelbar aufeinandertreffen, nämlich Menschen und menschliche Superorganismen – sprich Unternehmen –, wobei Erstere für Letztere primär Ressourcen (Humanressourcen und Geldbesitzer) darstellen. Weil moderne menschliche Gesellschaften mit Geschlechtergleichberechtigung ihr Humanvermögen jedoch gewissermaßen wie Gemeingut verwalten, kommt es unter den Verhältnissen zwangsläufig zur Tragik der Allmende, das heißt zum demografischen Wandel mit einer sich anschließenden gesellschaftsweiten Verarmung beziehungsweise zu kollektiven Kompetenzverlusten mit massenhaftem Leid. Leid ist in dem Sinne ein evoliertes Gefühl. Es hält Lebewesen dazu an, die eigenen Kompetenzen zu bewahren und hierdurch Gefühle des Leids zu vermeiden.

Das Problem wird nicht einfach wieder verschwinden. Wir mögen die Finanzkrise lösen, die Staatsverschuldungsproblematik beheben und vielleicht sogar den Klimawandel aufhalten können[8], die beschriebene Entwicklung wird sich – ohne durchgreifende gesellschaftliche Veränderungen – hingegen fortsetzen. Da ich jedoch längst der Illusion entwachsen bin, Menschen könnten bei sich anbahnenden größeren Katastrophen ein Stück weit von ihren persönlichen Kompetenzbewahrungsinteressen zurücktreten, glaube ich, dass es erst wieder gehörig krachen muss, bevor angemessen reagiert wird. Anders gesagt: Ich beginne zu glauben, dass es wieder Krieg geben wird.

Das Buch steht letztlich für ein neues Weltbild, für ein konsequent evolutionär-systemisches Denken und die bedingungslose Akzeptanz naturwissenschaftlicher Grundprinzipien. Sein theoretisches Fundament ist jedoch nicht die Darwinsche, sondern die allgemeinere und breiter anwendbare Systemische Evolutionstheorie. Dafür gibt es wesentliche Gründe:

- Die Darwinsche Evolutionstheorie lässt sich nur auf die Wildnis anwenden. Sie ist eine rein biologische Theorie, die für die komplexen evolutionären Verhältnisse in menschlichen Zivilisationen prinzipiell ungeeignet ist.

- Sowohl die Darwinsche Evolutionstheorie als auch ihre Variante, die Theorie der egoistischen Gene, beruhen auf Voraussetzungen und Grundannahmen, die sich – anders als die der Systemischen Evolutionstheorie – nicht auf grundsätzliche physikalische Naturprinzipien zurückführen lassen[9].

- Bei einer ausschließlichen Beschränkung auf genetisch vermittelte Kompetenzen und der Annahme von populationsweit einheitlichen Reproduktionsinteressen, wovon die biologischen Evolutionstheorien – anders als die Systemische Evolutionstheorie – ausgehen, lassen sich die Darwinsche Evolutionstheorie und die Theorie der egoistischen Gene aus der Systemischen Evolutionstheorie herleiten. Es handelt sich bei ihnen folglich um enge Spezialfälle einer allgemeineren Theorie.

- Die Systemische Evolutionstheorie besitzt ein viel größeres Anwendungsspektrum. Auch kann sie die Verhältnisse in menschlichen Sozialstaaten verlässlicher als die biologischen Evolutionstheorien beschreiben.

Ich bin der festen Überzeugung, dass die Menschheit die vor ihr stehenden Aufgaben – wenn überhaupt – nur dann auf halbwegs friedliche Weise wird bewältigen können, wenn sie die Triebkräfte hinter den aktuellen irritierenden Entwicklungen kennt, oder anders gesagt, wenn sie ein evolutionäres Modell ihres eigenen Tuns besitzt. Wir stehen momentan nicht nur vor einer Vielzahl gewaltiger Probleme, sondern wir haben auch konzeptionelle Defizite. Uns fehlen geeignete Theorien, die uns durch die Wirren der Zukunft lenken könnten. Adam Smith, Karl Marx oder John Maynard Keynes werden uns dabei mit Sicherheit nicht weiterhelfen können.

Das Buch dient deshalb auch dazu, das enorme Anwendungspotenzial der Systemischen Evolutionstheorie zu demonstrieren. Im Grunde handelt es sich bei ihr um ein unverzichtbares theoretisches Werkzeug zur halbwegs verlässlichen Zukunftsforschung und generationenübergreifenden politischen Steuerung. Wenn man weiß, wie Evolutionsakteure – und damit sowohl Menschen wie Unternehmen – sich aufgrund der in unserem Universum geltenden Grundbedingungen verhalten, ja verhalten müssen, kann man bei geplanten politischen Maßnahmen leichter für eine Gewährleistung der Generationengerechtigkeit sorgen.

Obwohl ich, was unsere nahe Zukunft angeht, eher skeptisch bin, endet das Buch dennoch mit einer Handvoll, sich vorwiegend aus der Systemischen Evolutionstheorie ableitenden Vorschlägen, die dazu beitragen könnten, einige der anstehenden Großprobleme der Menschheit zu lösen oder doch zumindest abzumildern. Dabei stehen – ganz evolutionstheoretisch gedacht – einerseits Fortpflanzungsaspekte im Vordergrund, die die desaströsen Auswirkungen sowohl der maßgeblich auf unevolutionären Ideologien wie dem Antibiologismus oder der Gendertheorie beruhenden angeblichen Gleichberechtigung der Geschlechter als auch des Bevölkerungswachstums in der Dritten Welt adressieren, andererseits die nach meinem Dafürhalten viel zu starke Ausrichtung von Geldwirtschaften auf energetische Ressourcen statt auf Wissen und Information.

Absolut unverzichtbar scheint mir der Vorschlag *"Mondprogramm"* zu sein, einem umfangreichen interdisziplinären Projekt, bei dem herausgefunden werden soll, mit welchen Problemen wir es überhaupt zu tun haben, wie seriös sie sind, und wie man sie lösen könnte. Daran schließen sich die eher pragmatischen Vorschläge *Besitzbeschränkungen bei energetischen Ressourcen, Trennung von Information und Energie in der Ökonomie, Zügelung der Superorganismen, Evolutionär-systemisches Denken in der Politik, Beherrschung der Bevölkerungsentwicklung* und *Sicherstellung der Nachhaltigkeit des Humanvermögens* an.

Saasen, im Oktober 2011

Peter Mersch

---

[1] The Telegraph, 22.07.2011: Charles Moore: I'm starting to think that the Left might actually be right - http://www.telegraph.co.uk/news/politics/8655106/Im-starting-to-think-that-the-Left-might-actually-be-right.html

2   FAZ, 15.08.2011: Frank Schirrmacher: Bürgerliche Werte - "Ich beginne zu glauben, dass die Linke recht hat" - http://www.faz.net/aktuell/feuilleton/buergerliche-werte-ich-beginne-zu-glauben-dass-die-linke-recht-hat-11106162.html

3   Hawking, Stephen (2010): Die illustrierte kurze Geschichte der Zeit, Reinbek: Rowohlt, S. 182ff.

4   Atkins, Peter W. (1984): Schöpfung ohne Schöpfer, Was war vor dem Urknall? Hamburg: Rowohlt, S. 39

5   Wie es der Natur gelungen ist, in einer unbelebten Welt lebende beziehungsweise selbstreproduktive Systeme hervorzubringen, ist ein noch ungelöstes wissenschaftliches Rätsel. Als religiöser Mensch könnten Sie an der Stelle einen letzten Eingriff Gottes vermuten. Allerdings wäre das eine trügerische Annahme. Ich bin mir nämlich ziemlich sicher, dass auch dieses Rätsel irgendwann einmal von den Wissenschaften gelöst wird.

6   In einem metaphorischen Sinne könnte man deshalb von egoistischen Kompetenzen sprechen, denn sie sind es, die im Rahmen der Evolution auf lange Sicht erhalten und ausgebaut werden.

7   Selbstverständlich kann dieses Bemühen individuell unterschiedlich stark ausgeprägt sein und beispielsweise stärker in Richtung Egoismus oder gar Aggression ausschlagen als bei anderen, sodass der Erhalt eher wie eine gezielte Ausweitung wirkt. Die Evolution bringt auch beim Streben nach Kompetenzerhalt kein einheitliches Verhalten hervor. Aus diesem Grund unterscheidet die Systemische Evolutionstheorie – anders als etwa die Theorie der egoistischen Gene – individuell unterschiedliche Reproduktionsinteressen. Der Zusammenhang macht deutlich, dass in sozialen Gemeinschaften Regeln oder gar Ethiken beziehungsweise "Werte" existieren müssen, um sozial verträgliches Streben von unverträglichem unterscheiden zu können. Im Laufe des Buches wird allerdings gezeigt, dass negative Entwicklungen wie die Gier bereits aus dem Bemühen aller, sich nicht gegenüber anderen und der Vergangenheit zu verschlechtern, entstehen können. Im Rahmen einer Evolutionstheorie muss deshalb nicht zwingend von vornherein angenommen werden, dass Individuen aus sich heraus "gierig" sind.

8   Wovon ich allerdings nicht ausgehe, denn im Grunde sind alle Probleme miteinander verwoben, wie im Laufe des Buches noch näher erläutert wird.

9   Mir ist sehr wohl bewusst, dass dies letztlich ein Killerargument ist.

1 Die besorgten Konservativen

Verschiedene konservative Intellektuelle, Meinungsführer, Politiker und Unternehmer äußerten sich in den Sommermonaten 2011 besorgt über die zunehmenden sozialen Disparitäten in den Industrienationen und das Schwinden des Bürgertums und seiner Werte. Charles Moore ging so weit festzustellen, dass er sich angesichts eines politischen Systems, welches mittlerweile fast nur noch den Reichen diene, frage, ob die auf Adam Smith zurückgehende Vorstellung, das eigennützige Streben aller nach Glück und Wohlstand führe über den regulierenden Marktmechanismus zu einer Maximierung des Gemeinwohls, vielleicht doch falsch sei, wie es die Linke schon immer behauptet hat[10].

Frank Schirrmacher griff Charles Moores Anliegen für den deutschsprachigen Raum auf, ergänzte es aber um weitere wesentliche Aspekte[11], und zwar vor allem um die Nichtfinanzierbarkeit der bisherigen Gesundheitsstandards in einer überalterten Gesellschaft und den seiner Meinung nach unverantwortlichen Umgang mit dem demografischen Wandel[12].

Wenige Wochen zuvor hatte sich bereits der frühere Ministerpräsident Baden-Württembergs, Erwin Teufel (CDU), zur schwindenden Bedeutung grundsätzlicher christlicher Werte in der Politik und insbesondere auch seiner Partei geäußert[13]. Teufel erinnerte unter anderem daran, dass Wirtschaft kein Selbstzweck sei, sondern von Menschen für Menschen gemacht werde[14].

Zu irritierten, nachdenklichen bis besorgten Stellungnahmen zu einem bisweilen verantwortungslosen Konservatismus kam es im gleichen Zeitraum auch in den USA, beispielsweise durch David Brooks[15] und Warren E. Buffett[16].

Natürlich bekamen die verschiedenen Autoren einiges an Kritik aus dem konservativen Lager zu hören, so geschehen etwa durch Jan Fleischhauer[17] und Manfred Gillner[18]. Daneben gab es manche Häme von linksorientierten Autoren. Beispielhaft sei ein Artikel von Robert Misik genannt[19][20].

---

[10] The Telegraph, 22.07.2011: Charles Moore: I'm starting to think that the Left might actually be right - http://www.telegraph.co.uk/news/politics/8655106/Im-starting-to-think-that-the-Left-might-actually-be-right.html

[11] FAZ, 15.08.2011: Frank Schirrmacher: Bürgerliche Werte - "Ich beginne zu glauben, dass die Linke recht hat" - http://www.faz.net/aktuell/feuilleton/buergerliche-werte-ich-beginne-zu-glauben-dass-die-linke-recht-hat-11106162.html

[12] Auf diesen Punkt werde ich im Laufe des Buches noch eingehend zu sprechen komme, da es sich meiner Meinung nach hierbei um einen Schlüsselaspekt handelt.

[13] FAZ, 02.08.2011: Erwin Teufel - "Ich schweige nicht länger" - http://www.faz.net/artikel/C30923/erwin-teufel-ich-schweige-nicht-laenger-30476693.html

[14] Genau das ist in einer Welt der Superorganismen ein großer Irrtum, wie noch gezeigt werden wird. Wirtschaft wird nämlich nicht von Menschen, sondern von Unternehmen gemacht.

[15] The New York Times, 18.07.2011: The Opinion Pages - David Brooks: The Road Not Taken - http://www.nytimes.com/2011/07/19/opinion/19brooks.html

[16] The New York Times, 14.08.2011: The Opinion Pages - Warren E. Buffett: Stop Coddling the Super-Rich - http://www.nytimes.com/2011/08/15/opinion/stop-coddling-the-super-rich.html

[17] SPIEGEL, 22.08.2011: S.P.O.N. - Der Schwarze Kanal - Jan Fleischhauer: Warum Frank Schirrmacher irrt - http://www.spiegel.de/politik/deutschland/0,1518,781545,00.html

[18] Die Achse des Guten, 17.08.2011: Manfred Gillner: Schirrmacher und die Reichen - http://www.achgut.com/dadgdx/index.php/dadgd/article/schirrmacher_und_die_reichen/

[19] taz, 28.08.2011: Robert Misik: Konservative zweifeln an ihren Analysen - Aus Erfahrung klüger - http://www.taz.de/!76617/

[20] Robert Misik schreibt unter anderem: "Interessant wird sein, wie weit die 'Neorenegaten' mit ihrem Kurswechsel gehen. Denn ihre Einsichten sind mit Restbeständen 'bürgerlicher' Überzeugungen letztendlich nicht vereinbar. Die irre gewordenen Finanzmärkte anzuprangern ist billig. Aber werden sie am Ende so weit gehen, einzusehen, dass nur massive Umverteilung die sozialen Pathologien verringern kann, die Marktergebnisse produzieren?" Mit anderen Worten: Er fordert einmal mehr exakt das, was einen Großteil der aktuellen Probleme verursacht hat, wie noch gezeigt werden wird.

2 Das evolutionär-systemische Weltbild

2.1 Der thermodynamische Zeitpfeil

Soweit so gut. Bedauerlicherweise aber haben die von Charles Moore oder Erwin Teufel vorgebrachten Punkte recht wenig mit den eigentlichen Grundproblemen unserer Gesellschaft zu tun. Und weil das so ist, und weil auch praktisch alle anderen, die in unserer Gesellschaft etwas zu sagen haben, den Eindruck vermitteln, als versuchten sie ein Schiff blind und bar jeder Kenntnis über Winde, Strömungen und Untiefen an gefährlichen Riffen vorbeizusteuern, bin ich mittlerweile äußerst skeptisch. Ich befürchte, dass es wieder Krieg geben wird. Und wenn nicht, dann dürfte es zumindest zu bürgerkriegsähnlichen Zuständen mit einer sich anschließenden Diktatur kommen. Denn die Probleme, die wir uns aufgeladen haben, sind meiner Meinung nach längst zu groß, als dass sie auf einvernehmliche Weise gelöst werden könnten. Und was vermutlich noch viel schwerer wiegt: Sie werden nicht einmal ansatzweise verstanden.

Ein wesentlicher Aspekt in der Auseinandersetzung zwischen Links und Konservativ sind die von beiden Lagern vertretenen unterschiedlichen Auffassungen bezüglich der optimalen Verteilung von knappen Ressourcen unter den Mitgliedern einer Population. Im Grunde handelt es sich hierbei um das zentrale Thema der herkömmlichen (nichtevolutionären) Wirtschaftswissenschaft, die sich als *"Wissenschaft von der Optimierung der individuellen Bedürfnisbefriedigung bei knappen Ressourcen"*[21] versteht. Das wirtschaftliche Grundproblem ist in dem Sinne also die Knappheit. Konservative sind meist der Auffassung, dass freie Märkte das geeignete Mittel sind, die gestellte Optimierungsaufgabe zu lösen – sie folgen also gewissermaßen den Vorstellungen Adam Smiths – während Linke – mindestens – auf die Notwendigkeit einer substanziellen Umverteilung zwischen denen, die viele Ressourcen erlangen (Reich) und den weniger erfolgreichen (Arm) bestehen. Und sie behaupten, dies sei insbesondere deshalb erforderlich, weil freie Märkte zwangsläufig zu einer sich zunehmend öffnenden Schere zwischen Arm und Reich, das heißt zu zunehmenden Ungerechtigkeiten führten. Um exakt dieses Thema geht es auch in den bereits erwähnten Artikeln von Charles Moore und Frank Schirrmacher.

Ein anderer Aspekt in der Auseinandersetzung der beiden politischen Strömungen sind deren stark voneinander divergierende Menschen- und

Weltbilder. Konservative gehen meist von "natürlichen" Unterschieden zwischen den Menschen aus – demgemäß betonen sie das Individuum und dessen Freiheiten –, während für Linke alle Menschen zunächst einmal gleich sind.

Ich werde zeigen, dass beide Auffassungen von Grund auf falsch sind, da ihnen die evolutionäre Perspektive fehlt. Sie stehen letztlich für ein antiquiertes Weltbild. Es fängt bereits damit an, dass beide Ansätze die gestellte ökonomische Optimierungsaufgabe ausschließlich innerhalb ihrer eigenen Generation zu lösen versuchen. Warum Menschen immer wieder dazu neigen, werde ich erläutern. In den letzten Jahrzehnten hat man darüber hinausgehend auch noch damit begonnen, Mittel der nächsten Generationen an die Mitglieder der aktuellen Generation umzuverteilen. Seitdem leben wir gewissermaßen auf Pump der kommenden Generationen.

Mit dem Begriff der Generationengerechtigkeit wurde zwar versucht, dem Thema "zukünftige Generationen und ihre Rechte" insgesamt mehr Gewicht zu verleihen, allerdings leider unter einer viel zu stark moralisch ausgerichteten Kategorie. In Wirklichkeit ist Generationengerechtigkeit ein evolutionäres Konzept. Ob man nun sagt, "wir sollten alles dafür tun, dass es der nächsten Generation nicht schlechter geht, als uns selbst" oder "wir sollten dafür sorgen, dass unsere Population evolutionsfähig bleibt" ist letztlich egal, da es sich lediglich um synonyme Formulierungen der gleichen Aussage handelt.

Bedauerlicherweise existiert bis heute keine allgemein akzeptierte, über die Biologie hinausreichende Evolutionstheorie, mit der sich auch die evolutionären Entwicklungen in menschlichen Lebensräumen modellieren ließen. Die Sozial- und Kulturwissenschaften sind an solchen Themen nicht wirklich interessiert, da sie aktuell Gleichheitstheorien präferieren, die jedoch – wie noch gezeigt werden wird – mit einem evolutionären Denken nicht vereinbar sind[22][23]. Und die Evolutionsbiologie hat sich in eine völlig sinnlose Auseinandersetzung mit dem Kreationismus und den Religionen verstrickt, in deren Rahmen sie es wohl als notwendig empfand, die Darwinsche Evolutionstheorie gewissermaßen zu etwas unumstößlich Richtigem zu erklären, obwohl sie für alle evolutionären Entwicklungen, die über Frösche, Pfauen, Butterblumen und die Wildnis hinausreichen, letztlich nicht zu gebrauchen ist. Ich möchte die Scharmützel zwischen den beiden unversöhnlichen Parteien nicht unbedingt stören. Zufälligerweise geht nur gerade die zivilisierte Welt zugrunde, und um sie vielleicht doch noch retten zu können, werden sowohl die Kompetenzen der Biologie als auch der Religionen dringend benötigt, Letztere unter anderem deshalb, weil sie stets für eine über das eigene Leben hinausreichende Perspektive (mit sehr niedriger Zeitpräferenz) standen[24], die unserer Gesellschaft aktuell jedoch abhandengekommen ist.

Um die Kernprobleme unserer Gesellschaft unter einer evolutionär-systemischen Perspektive beschreiben und erklären zu können, muss ich zunächst ein ganzes Stück ausholen, und zwar – Sie werden lachen – bis zum Urknall und der Frage, was Leben eigentlich ist. Dies macht deshalb Sinn, da Evolution einerseits ein durchgehender Prozess ist, der seinen Anfang mit dem Entstehen des Universums nahm, andererseits mit dem Auftauchen des Lebens aber auch eine ganz neue Qualität gewann.

Mit der gewählten Vorgehensweise dürfte bereits deutlich geworden sein, dass ich aus einer primär naturwissenschaftlichen[25] Position heraus argumentiere, gemäß der unser Universum vor ca. 13,75 Milliarden Jahren entstanden ist[26], sich seitdem ausdehnt und dabei kontinuierlich an "Ordnung"[27] verliert, das heißt "zerfällt". Letzteres definiert den sogenannten thermodynamischen Zeitpfeil. In seinem Buch "*Die illustrierte kurze Geschichte der Zeit*" legt Stephen Hawking dar[28], dass sich in diesem Zusammenhang drei Zeitpfeile unterscheiden lassen,

- den thermodynamischen: die Richtung der Zeit, in der die Unordnung oder Entropie zunimmt;

- den psychologischen: die Richtung, in der unserem Gefühl nach die Zeit fortschreitet;

- den kosmologischen: die Richtung der Zeit, in der sich das Universum ausdehnt und nicht zusammenzieht;

und dass es intelligentes Leben nur geben kann, wenn alle drei Zeitpfeile in die gleiche Richtung weisen.

Leben hat demnach etwas mit der kontinuierlichen Zunahme der Unordnung in unserem Universum und dessen Expansion zu tun. Und in der Tat sind Lebewesen zunächst einmal komplexe Ordnungszustände der Materie (beziehungsweise lebende "Systeme"), die sich aufgrund der im Universum vorherrschenden Verhältnisse bei eigener Inaktivität nicht lange behaupten könnten. Man erlebt das unmittelbar, wenn Lebewesen sterben: Ihre Ordnung verliert sich dann binnen kurzer Zeit.

Beim Leben handelt es sich also gewissermaßen um den Versuch, dem thermodynamischen Zeitpfeil zu entrinnen. Es ist bestrebt, am Leben zu bleiben. Anders gesagt: Lebewesen streben danach, ihren Ordnungszustand aufrechtzuerhalten[29]. Peter W. Atkins fasst die entsprechenden

Vorstellungen der Naturwissenschaften mit den folgenden knappen Worten zusammen[30]:

Wir kämpfen darum, minderwertige Energie an die Umgebung loszuwerden und Energie von hoher Qualität aus ihr herauszuholen. In gewissem Sinne mindern wir die Qualität der Außenwelt, um die unseres Innenlebens zu steigern. Die Nahrungskette – Menschen essen Kühe, Kühe essen Gras, Gras isst Berge und lebt von Sonne – ist im Laufe der Evolution als vielfältig verzahnter Ausbreitungsmechanismus entstanden. Es besteht keine Notwendigkeit, nach einem verborgenen Zweck Ausschau zu halten: Die Energie hat ihren Ausbreitungsprozess fortgesetzt, und der hat zufällig Elefanten und erhabene Ideen hervorgebracht.

Mit anderen Worten: Der energetische Ausbreitungsprozess hat Milliarden Galaxien entstehen lassen, irgendwann auch unsere Sonne und die Erde, später Elefanten, erhabene Ideen, Religionen, bürgerliche Werte, die Marktwirtschaft, den Marxismus und schließlich – im Vergleich zu Galaxien, Sonnen und schwarzen Löchern fast vernachlässigbar – linke und konservative Gesinnungen. Doch wie? Und was hat das alles mit unseren aktuellen sozialen Problemen zu tun? Und wieso hat die Linke dabei recht?

Ganz schön viele schwere Fragen für den Anfang werden Sie vielleicht denken. Glücklicherweise lassen sie sich alle beantworten, wie bereits Paul Valéry verriet: "*Die Dichter besitzen gewissermaßen in sich selbst unendlich viel mehr Antworten, als das gewöhnliche Leben ihnen Fragen vorzulegen hat.*"

2.2 Selbstreproduktive Systeme

In den Augen der Systemischen Evolutionstheorie sind Lebewesen *selbstreproduktive Systeme*, die gegenüber ihrer Umwelt *Kompetenzen*[31] besitzen, um aus ihr *Ressourcen* (Mittel) zu erlangen, mit deren Hilfe sie ihre Kompetenzen[32] *reproduzieren*, das heißt erhalten und erneuern können[33]. Sie benötigen die Ressourcen, da die Kompetenzreproduktion – gemäß den Gesetzen der Physik – mit Kosten verbunden ist. Zusätzlich sind sie *bestrebt*, ihre Kompetenzen zu reproduzieren. Das ist im Grunde schon alles. Es handelt sich bei dem Gesagten letztlich um eine modernere, allgemeinere und aktivere Formulierung des Darwinschen Anpassungsprozesses, der zufolge sich selbstreproduktive Systeme gewissermaßen *nachhaltig* gegenüber ihren eigenen Kompetenzen[34], jedoch *ausbeutend* gegenüber der Umwelt verhalten. Wir erinnern uns an Peter

W. Atkins Worte: *"In gewissem Sinne mindern wir die Qualität der Außenwelt, um die unseres Innenlebens zu steigern."* Damit ist das Gleiche gemeint.

Manch einen dürfte ein solches Weltbild schockieren, denn es ist letztlich völlig sinnentleert. Seine Stärken sind allerdings die Übereinstimmung mit den Vorstellungen der modernen Physik, sein Erklärungsgehalt für aktuelle soziale Entwicklungen und die sich aus ihm ergebenden gewaltigen pragmatischen Konsequenzen für die Zukunft der Menschheit, wie ich noch zeigen werde. Unabhängig davon ergeht es mir nicht viel besser: Ich empfinde die aus ihm hervorgehende Sinnlosigkeit als beinahe unerträglich[35]. Doch zurück zum Thema.

Vielleicht werden sie sich fragen, warum nun gerade dieses Welt- und Lebensbild und nicht ein anderes, zum Beispiel das der egoistischen Gene oder des Christentums. Die Antwort liefert *Ockhams Rasiermesser*: Unter mehreren alternativen Erklärungen für ein und dasselbe Phänomen wird diejenige bevorzugt, die mit der geringsten Zahl an Hypothesen und Voraussetzungen auskommt und somit die "einfachste" Theorie darstellt[36]. Die Hypothesen und Voraussetzungen der Systemischen Evolutionstheorie sind aber unter der Annahme der Gültigkeit der thermodynamischen Hauptsätze in unserem Universum definitiv minimal, denn jedes Lebewesen muss mindestens die genannten Bedingungen erfüllen, um über eine längere Zeit fortbestehen zu können. Es ist nicht erforderlich, darüber hinaus anzunehmen, dass Lebewesen egoistisch beziehungsweise gierig sind oder Menschen sich die Erde untertan machen möchten, das folgt bereits aus den genannten Minimalannahmen, wie ich zeigen werde.

Der Ausdruck "Kompetenzen besitzen, um Ressourcen zu erlangen" sollte nicht in dem Sinne missverstanden werden, dass alle Individuen eigenständig auf die Jagd gehen müssen. In arbeitsteiligen Gesellschaften wird die Aufgabe ohnehin völlig anders gelöst, wie noch dargelegt wird. Unabhängig davon könnte man aber auch Macht auf andere ausüben und sie dazu instrumentalisieren, die notwendigen Ressourcen zu beschaffen, wie dies im Grunde die Honigbienenkönigin oder manch anderer Herrscher tut. Auch das sind letztlich Kompetenzen, die regelmäßig zu reproduzieren sind, damit die kontinuierliche Ressourcenversorgung sichergestellt ist.

Ressourcen lassen sich generell in *informative* (Wissen) und *energetische* (Energie/Materie) Mittel untergliedern. Zahlreiche Ressourcen bestehen allerdings aus einem Mix aus unterschiedlichen Ressourcen-Arten. Hat ein System eine Ressource in seiner Umwelt erlangt, kann es sie zur

Reproduktion seiner vorhandenen Kompetenzen verwenden. Beispielsweise stellt eine arbeitssuchende Erwerbsperson aus Sicht eines Unternehmens zunächst eine Humanressource dar. Nach der Beschäftigungsaufnahme gehört sie dagegen zu dessen Humankapital (Humankompetenzen). In gleicher Weise stellt eine neue Information zunächst eine informative Ressource dar. Nach dem Eingang in das Wissen einer Person zählt sie zu deren Kompetenzen.

Ressourcen können einen Ressourcenbesitzer haben oder Gemeingut sein. Die Unterscheidung wird einerseits bei den beiden noch zu erläuternden Wettbewerbsarten *Recht des Stärkeren* (alle Ressourcen werden wie Gemeingut behandelt) und *Recht des Besitzenden* (Besitzrechte an Ressourcen werden akzeptiert) und der Diskussion zur *Tragik der Allmende* (*Tragic of the Commons*) noch eine Rolle spielen.

Informative Ressourcen dienen vorwiegend dazu, Maßnahmen in die Wege zu leiten (zum Beispiel sich für etwas zu entscheiden), *energetische Ressourcen* hingegen, sie durchzuführen. Allerdings wird auch bei der Informationsverarbeitung Energie verbraucht[37].

Unter Kompetenzen wird die Summe der Fähigkeiten verstanden, Ressourcen im Lebensraum zu erlangen und zur Reproduktion der eigenen Kompetenzen zu nutzen. Dazu gehören unter anderem auch *energetische Kompetenzen*, wie zum Beispiel die gespeicherte Energie in Form von Körperfett, als Nahrungsvorräte beziehungsweise als mobilisierbares Kapital bei Unternehmen, oder generell die dem System zur Verfügung stehende freie Energie als Maß für dessen Arbeitsvermögen, denn all diese Vermögen erlauben es dem System, autonom in seiner Umwelt zu agieren. Die österreichische Schule der Ökonomie verwendet im Zusammenhang mit der Unternehmenswelt dafür den Begriff *Kapital* (im Sinne von *Vermögen/Fähigkeiten*)[38].

Grundsätzlich können alle Ressourcen, die ein Individuum als seinen Besitz beziehungsweise sein Eigentum versteht, und die es *nachhaltig* behandelt, zu dessen Kompetenzen (ökonomisch: Kapital) gezählt werden. Beispielsweise würde ein Farmer seinen Viehbestand und sein Weideland als Teil seiner Kompetenzen (sein Kapital) verstehen, ein Wildbeuter die ihn umgebende Steppe inklusive der darin lebenden Wildtiere hingegen nicht. Im ersten Fall sorgt der Farmer für die Nachhaltigkeit seines Viehbestandes, im zweiten Fall ist dies die Aufgabe der Wildtiere selbst. Marktwirtschaftliche Unternehmen sind üblicherweise die Eigentümer ihrer Produktionsmittel. Sie sind Teil ihrer Kompetenzen (ihres Kapitals) und werden von ihnen nachhaltig reproduziert. Ähnliches kann für manche tierische Artefakte wie zum Beispiel Biberdämme gesagt werden.

Aus den letzten Sätzen ging hervor, dass Lebewesen keineswegs nur bestrebt sind, sich selbst oder ihre Gene zu reproduzieren, sondern tatsächlich ihre Kompetenzen, die weit über ihre eigene Struktur hinausreichen können.

Bei einem Großteil der Kompetenzen handelt es sich jedoch um *Wissen*, welches – aus Sicht der selbstreproduktiven Systeme – den Lebensraum repräsentiert und modelliert, und daran richten sie letztlich ihr Verhalten aus. Sie werden im weiteren Verlauf der Ausführungen als *informative Kompetenzen* bezeichnet. Informative Kompetenzen erlauben es den selbstreproduktiven Systemen, Ereignisse und Regelmäßigkeiten in der Umwelt als Unterschiede und Redundanzen in der von ihnen perzipierten Welt zu empfinden[39], und damit leichter Ressourcen zur Reproduktion ihrer Kompetenzen zu erlangen. Bei evolutionären Prozessen geht es maßgeblich um sie, denn sie können einer Informationsverarbeitung unterzogen und gegebenenfalls repliziert und über eine längere Zeitspanne tradiert und angereichert werden. Wissen kann sukzessive vergrößert werden.

Eine Grundvoraussetzung für Kompetenzen und Wissen ist "Ordnung". Ganz gleich, ob ein bestimmtes Wissen in der DNA, im Gehirn, in einem Buch oder auf der Festplatte eines Computers vorgehalten wird, es stellt in jedem Fall einen geordneten, entropiearmen Zustand dar, der unter Energieaufwand regelmäßig reproduziert werden muss, andernfalls würde er sich mit der Zeit wieder verlieren. Je umfangreicher das Wissen ist, desto größer ist im Allgemeinen die erforderliche Ordnung und Komplexität und somit auch der Energiebedarf, sie zu erhalten. Auf den ersten Blick könnte man deshalb meinen, lebende Systeme versuchten vor allem, die eigene Ordnung zu bewahren. Das ist bei sterblichen Lebewesen jedoch nicht der Fall. Stattdessen sind sie primär bestrebt, ihre Kompetenzen (insbesondere ihr Wissen von der Welt) zu reproduzieren. Wie ich bereits schrieb, können die Kompetenzen auch über die eigene Struktur hinausreichen.

Stellen wir uns beispielsweise eine an der Wand sitzende Mücke vor, auf die sich eine Hand zubewegt. Da die Mücke ihre Umwelt fortwährend nach Informationsressourcen absucht (welche das sind, wird durch ihre Kompetenzen bestimmt, die sich per Evolution ausgebildet haben), wird sie die Hand irgendwann wahrnehmen und in Abhängigkeit ihres Wissens von der Welt schließlich eine Entscheidung fällen, zum Beispiel einen Teil ihrer Energie zu mobilisieren und davonzufliegen. Anschließend wird sie auf Nahrungssuche gehen, um ihre Kompetenzen zu reproduzieren. Eventuell sticht sie dazu in die kurz zuvor noch nach ihr schlagende Hand.

Biber hingegen verändern mit ihren Dämmen aktiv ihre Umwelt. Sie sind Teil ihrer Kompetenzen (ökonomisch: ihres Kapitals). Infolgedessen reproduzieren die Biber ihre Dämme nachhaltig.

Für energetische Ressourcen gilt der Energieerhaltungssatz. Wenn einer Geburtstagtorte ein Stück Kuchen entnommen und auf den Teller des Geburtstagskinds gelegt wird, ist es nicht länger Teil der Torte. Man kann es folglich nur einmal verzehren. Informationen und Wissen können hingegen vervielfältigt und repliziert werden. Beispielsweise lassen sich in menschlichen Populationen neue Erkenntnisse meist relativ rasch an alle Interessenten verteilen, ohne dass sie dabei auf der Quellenseite verloren gehen. Einen entsprechenden Wissenserhaltungssatz gibt es demnach nicht. Dieser wesentliche Unterschied zwischen Energie und Information wird im Laufe des Buches noch eine Rolle spielen.

2.3 Reproduktionsinteressen

Die Systemische Evolutionstheorie bezeichnet das Streben, die eigenen Kompetenzen zu reproduzieren, als *Reproduktionsinteressen*. Lebende Systeme verfolgen also letztlich Eigeninteressen, nämlich das Interesse, die eigenen Kompetenzen zu bewahren und gegebenenfalls zu entwickeln. Anders gesagt: Sie bemühen sich, *Kompetenzverluste zu vermeiden* und hierdurch dem thermodynamischen Zeitpfeil zu entrinnen.

Aufgrund ihrer Reproduktionsinteressen verfügen selbstreproduktive Systeme über Akteurseigenschaften[40], weswegen sie synonym auch als *Evolutionsakteure* bezeichnet werden.

Während für das Universum der Zerfall charakteristisch ist, ist es für das Leben die Zerfalls- beziehungsweise Verlustvermeidung – und zwar auf Kosten ihrer Umwelt. Womit wir der Frage nach dem Bezug zu unseren aktuellen sozialen Problemen indirekt schon ein ganzes Stück näher gekommen wären.

Mancher Vertreter der in den Naturwissenschaften dominierenden philosophischen Strömung des Reduktionismus, nach dem jedes System durch seine Einzelbestandteile (Elemente) bestimmt wird, mag an dieser Stelle einwenden, dass die Systemische Evolutionstheorie aufgrund ihres zentralen Reproduktionsinteressen-Begriffs eine Spielart des Vitalismus sei. Das Argument ist jedoch insoweit wenig stichhaltig, als das Universum – wie dargelegt – selbst strebt. Es dehnt sich aus, und zwar seit ca. 7,5 Milliarden Jahren sogar mit zunehmender Geschwindigkeit[41] [42]. Und dabei zerfällt es gewissermaßen[43], wodurch sich das strebende Wesen der Zeit erklärt. Leben ist demzufolge eine emergente Eigenschaft von Systemen, gegen den Zerfall beziehungsweise den thermodynamischen Zeitpfeil des Universums anzustreben und hierdurch "am Leben zu bleiben". Es handelt sich letztlich um ein lokales Streben, dem universalen Streben nach Zerfall auf Kosten der jeweiligen Umwelt zu widerstehen. Es scheint mir deshalb nicht möglich zu sein, die Evolution des Lebens in theoretischer Weise ohne direkten oder indirekten Bezug auf das Phänomen des Zeitpfeils – und damit des Strebens – zu beschreiben. Charles Darwin und Richard Dawkins ist dies mit ihren Evolutionstheorien jedenfalls nicht gelungen.

2.4 Theorie der egoistischen Gene

Da wir gerade von Richard Dawkins sprechen: Bei Reduzierung der Kompetenzen auf durch Gene repräsentierte Fähigkeiten (das heißt auf genetische Kompetenzen, die per Fortpflanzung reproduziert werden) und unter der zusätzlichen Annahme identischer Reproduktionsinteressen für alle Individuen einer Population ergibt sich unmittelbar die *Theorie der egoistischen Gene*[44] [45]. Bei Letzterer handelt es sich folglich um einen engen biologischen Spezialfall der Systemischen Evolutionstheorie[46]. Das Gleiche lässt sich für die Darwinsche Selektionstheorie insgesamt zeigen[47]. Wenig Sinn macht hingegen die von Dawkins gleichfalls vorgeschlagene *Theorie der Meme* (Memetik) zur Beschreibung der kulturellen Evolution, denn auch Meme wären letztlich Ordnungszustände, die aufgrund des thermodynamischen Zeitpfeils unseres Universums regelmäßig unter Energieaufwand zu reproduzieren wären. Auf in gewissem Sinne egoistische Weise könnten sie das nur tun, wenn sie eine einheitliche (replizierbare) Repräsentation ihrer Informationen (beziehungsweise ihrer Ordnung) besäßen. Sie müssten also tatsächlich auf Replikatoren beruhen. Nichts deutet aktuell auf die Existenz entsprechender Objekte hin, zumal nicht einmal klar ist, wo man in der Hinsicht suchen könnte.

2.5 Evolution und Komplexitätszuwachs

Für den Physiker und Genetiker Carsten Bresch geht die – physikalische und biologische – Evolution mit einem generellen Komplexitätszuwachs einher[48], jedenfalls auf lange Sicht. Offenbar sind der Physik dabei jedoch

Grenzen gesetzt, denn in einem zerfallenden Universum benötigen komplexe Systeme fortwährend Energie – und je komplexer sie sind, desto mehr –, um nicht gleichfalls zu zerfallen. Erst die Eigenart der biologischen Systeme, ihre Kompetenzen (und damit ihre Strukturinformationen) speichern und verarbeiten zu können und sich gleichzeitig nachhaltig gegenüber sich selbst und ausbeutend gegenüber ihrer Umwelt zu verhalten, ermöglichte das Entstehen immer komplexerer Systeme. Das Besondere an Lebewesen als komplexe Systeme ist vor allem, dass sie einerseits wissen, wie sie die Energie zur Aufrechterhaltung ihrer Komplexität und Ordnung (beziehungsweise ihrer Kompetenzen) in ihrer Umwelt beschaffen können und andererseits, wie sie dieses Wissen tradieren und gegebenenfalls verändern können.

2.6 Kompetenzreproduktion ohne Wettbewerb

Die beschriebene Grundaufgabe des Lebens – die Reproduktion der Kompetenzen – stellt sich im Übrigen bereits dann, wenn ein Individuum noch nicht von Konkurrenten umgeben ist[49]. Stellen Sie sich beispielsweise Robinson auf seiner einsamen Insel vor, wie er eine flache Bucht entdeckt, in der er nur ins Wasser greifen muss, um einen schmackhaften Fisch an Land zu ziehen. Wird er sich damit zufriedengeben? Vermutlich nicht, denn der nächste Taifun könnte der idyllischen Bucht ein Ende bereiten und für eine unvermittelte Verknappung lebenswichtiger Ressourcen sorgen. Also wird er einerseits täglich Fische in seiner Bucht erbeuten, um seine unmittelbaren Kompetenzen (Kraft, Intelligenz etc.) zu reproduzieren, andererseits aber auch versuchen, seine generellen Fischfangkompetenzen zu verbessern, zum Beispiel durch die Entwicklung von Fangnetzen oder Wurfspeeren. Reproduktionsinteressen können nämlich völlig unterschiedliche *Zeitpräferenzen* besitzen. Eine besonders hohe Zeitpräferenz hat üblicherweise die Reproduktion der täglich verbrauchten Energie und Stoffe: Man muss atmen, essen und trinken, um am Leben und lebensfähig zu bleiben. Bei der Verbesserung der Fischfangtechnik geht es dagegen um den langfristigen Erhalt von Kompetenzen im Rahmen eines sich verändernden Lebensraums. Dabei wird im Allgemeinen keine zeitnahe Amortisation von Investitionen erwartet, sondern eher auf lange Sicht. Die zugehörigen Reproduktionsinteressen besitzen deshalb eine vergleichsweise niedrige Zeitpräferenz, wie Ökonomen sich auszudrücken pflegen. Eine noch niedrigere Zeitpräferenz haben Reproduktionsinteressen, die über das eigene Leben hinaus reichen. Dazu gehören die Fortpflanzung – das heißt, die Reproduktion genetisch vermittelter Kompetenzen – und die sich anschließende Weitergabe von kulturellen Kenntnissen, Fertigkeiten und Mitteln an die Nachkommen. Menschen können sich aber – je nach Ausprägung ihrer individuellen Reproduktionsinteressen beziehungsweise ihrer persönlichen Präferenzen – auch entschließen, auf eine eigene Fortpflanzung teilweise oder ganz zu verzichten und der Nachwelt stattdessen primär kulturelles Wissen zu hinterlassen. Robinson stünden auf seiner einsamen Insel ohnehin keine anderen Optionen zur Verfügung, es sei denn, ihm würde irgendwann Arielle die Meerjungfrau ins Netz gehen. Deshalb würde er vermutlich Tagebuch führen.

Bei regelmäßig sterbenden selbstreproduktiven Systemen (Lebewesen) ist also zwischen der Reproduktion der Kompetenzen zu Lebzeiten und derjenigen über das eigene Leben hinaus zu unterscheiden. Wie ich bereits schrieb, sprechen Ökonomen hierbei von Reproduktionen mit hoher (zu Lebzeiten) beziehungsweise niedriger (über das Leben hinaus) Zeitpräferenzen. Den ersten Fall nennt die Biologie Selbsterhalt, den zweiten Fortpflanzung, beziehungsweise auch – im vorliegenden Kontext leicht missverständlich – Reproduktion. Für beide Reproduktionsarten sind Energie und weitere Ressourcen (Mittel) erforderlich, die regelmäßig aus der Umwelt beschafft werden müssen. Im Allgemeinen dürfte dies nur gelingen, wenn ausreichende Kompetenzen gegenüber der Umwelt bestehen.

Tiere müssen folglich regelmäßig auf Nahrungssuche (energetische Ressourcenbeschaffung) gehen, um sich selbsterhalten und fortpflanzen zu können. Bei der sexuellen Fortpflanzung werden zusätzlich noch Fortpflanzungspartner benötigt, bei denen es sich aus evolutionstheoretischer Sicht gleichfalls um Ressourcen handelt, die in der Umwelt zu "beschaffen" sind.

Im Rahmen der menschlichen Fortpflanzung entsprechen die nicht spezifisch kulturellen Reproduktionsinteressen mit sehr niedriger Zeitpräferenz (das heißt, die über das eigene Leben hinausreichenden Reproduktionsinteressen) in erster Annäherung dem Kinderwunsch.

Nun dürfte mancher einwenden, die obige systemische Betrachtungsweise reduziere Robinson auf ein robotergleiches Wesen, dabei sei er in Wirklichkeit ein Mensch mit einem freien Willen. Auch dazu stammen von Peter W. Atkins ernüchternde Sätze[50]:

Freier Wille ist lediglich die Fähigkeit zu entscheiden, und die Fähigkeit zu entscheiden ist nichts als das organisierte Wechselspiel wandernder Atome, die auf plötzliche Freiheit reagieren, wenn der Zufall sie zunächst mit der Energie für Explorationsbewegungen versorgt und

*sie dann durch den allgegenwärtigen Energieverlust in neuen Anord-
nungen festhält. Sogar die Willensfreiheit ist letztlich Verfall.*

Mit anderen Worten: Für die weiteren Überlegungen ist es weitestgehend
unerheblich, ob es sich bei den betrachteten Objekten beziehungsweise
Systemen um Regenwürmer, Wildsäue oder Politiker handelt. Menschen
heben sich von anderen Lebewesen insbesondere durch ihre wesentlich
leistungsfähigere Informationsverarbeitung (Verarbeitung informativer
Ressourcen) ab, wodurch sie zu deutlich komplexeren Entscheidungsfin-
dungen in der Lage sind.

Andere Autoren präferieren andere Menschenbilder. So heißt es etwa bei
Christian Felber[51]:

*Einer der häufigsten Vorbehalte, wenn Menschen das erste Mal vom
Modell Gemeinwohl-Ökonomie hören, ist die Sorge, dass Menschen
nicht mehr motiviert wären, wenn Unternehmen nicht nach Gewinn
und Personen nicht vorrangig nach ihrem eigenen Vorteil streben
könnten; und wenn die Konkurrenz "abgeschafft" würde: Woher sollen
denn dann der Leistungsanreiz, die Innovation – und unser Wohlstand
– kommen?*

*Diese Befürchtungen entspringen dem kapitalistischen/ sozialdarwinis-
tischen Menschenbild, demzufolge der Mensch vor allem durch das
Streben nach dem eigenen Nutzen und Vorteil in Konkurrenz zu anderen Menschen motiviert wird. Wenn keine Konkurrenz droht, dann
arbeiten Menschen nur mit halber Kraft oder liegen gar faul auf der
Haut; sie wissen wenig mit sich und ihrem Leben anzufangen, wenn sie
nicht von Angst vor Statusverlust oder vom Verlangen nach Geltung
und Überlegenheit getrieben werden. Intrinsische Motivation, kindli-
che Neugierde, Inspiration und spontane Kreativität – gibt es in diesem
Menschenbild nicht.*

Christian Felber versäumt es darauf hinzuweisen, dass die von ihm so
geschätzten humanen Eigenschaften wie intrinsische Motivation, Inspiration etc. sich nur per Evolution haben entwickeln können. Sie müssen
einen evolutionären Vorteil im alltäglichen Streben gegen den universalen
Kompetenzverlust dargestellt haben, sonst gäbe es sie nicht. Und wenn
das Universum nicht beständig zerfallen und dabei Informationsverluste
erleiden würde, dann existierten nicht einmal Lebewesen, denn wozu
sonst sollten lebende Systeme bestrebt sein, ihre Kompetenzen zu reproduzieren, wenn sie auch ohne solche Mühen dauerhaft stabil blieben?

Man erkennt das unmittelbar an unserer Atmung. Ohne Sauerstoff
könnten wir nur wenige Minuten überleben, ohne Nahrung hingegen

wochenlang. Der Grund ist ein ganz einfacher: Als von der Evolution gestaltete lebende Systeme gehen wir implizit davon aus, dass der Sauerstoffgehalt der Luft niemals gravierenden spontanen Änderungen unterliegen wird (zum Beispiel von aktuell 21 Prozent auf nur 2 Prozent für die nächsten drei Tage), wir also niemals unerwartete Sauerstoffverluste zu erdulden haben. Wäre es anders, hätten wir Sauerstoffspeicher, so wie wir aktuell Fettspeicher besitzen. Alles Leben ist letztlich Kompetenzverlustvermeidung.

Warum schreibe ich all das? Nun, ich bin der Auffassung, dass das Leben bereits vor dem Darwinschen Wettkampf entstanden sein muss – insoweit gebe ich Christian Felber recht –, und zwar gewissermaßen als chemisch/physikalische Antwort auf den thermodynamischen Zeitpfeil des Universums. Die Konkurrenz unter den Lebewesen als zusätzlicher evolutionärer Faktor kam erst hinzu, als sich das Leben als Erfolg erwies und es schließlich ganz "viel" davon gab. Ich werde auf den Punkt sogleich zu sprechen kommen. Um den eigentlichen Grundantrieb des Lebens – auch des unseren – zu verstehen, war es aber notwendig, entwicklungsgeschichtlich bis vor die Konkurrenz zurückzugehen. Die spätere Konkurrenz und Kooperation haben nämlich lediglich zu einer Verfeinerung der Mechanismen geführt, die bereits zuvor als Reaktion auf grundsätzliche physikalische Gegebenheiten in unserem Universum entstanden sind.

2.7 Kompetenzspeicherung

Damit informative Kompetenzen reproduziert und gegebenenfalls an andere Individuen (zum Beispiel per Fortpflanzung) weitergegeben werden können, müssen sie in irgendeiner Form speicherbar sein. Dies geschieht unter anderem in der DNA (genetische Kompetenzspeicherung). Bei einfacheren Lebensformen ist dies sogar die einzige Form der Kompetenzspeicherung. Genetische Kompetenzen werden im Allgemeinen vertikal von den Eltern zu ihren Nachkommen weitergegeben. Bei einfacheren Lebensformen ist jedoch auch der horizontale Gen-Austausch etabliert.

Die moderne Evolutionsbiologie postuliert, dass Lebenserfahrungen keinen Eingang in den Erbgang beziehungsweise die genetischen Kompetenzen besitzen (Neodarwinismus, Weismann-Barriere), Letztere also nicht erworben werden können. Im Rahmen der Epigenetik wurde dieses grundsätzliche darwinistische Dogma ein wenig aufgeweicht. Allerdings stehen dabei ausschließlich Erbmechanismen im Blickfeld, die zu keiner

Veränderung der DNA-Sequenz (das heißt, der genetischen Kompetenzen) führen.

Bei höheren Tierarten wird der überwiegende Teil der erworbenen Kompetenzen in den Gehirnen gespeichert. Deren Weitergabe an andere Individuen erfolgt in der Regel durch Imitation und vergleichbare Methoden. Dies kann vertikal (von Eltern zu Kindern), aber auch horizontal (innerhalb der Population) geschehen.

Dem Menschen ist es als bislang einzigem Lebewesen gelungen, einen Großteil seiner erworbenen Kompetenzen auch außerhalb seines eigenen Körpers – zum Beispiel in Schriftform oder digitalisiert – zu speichern. Dies ermöglichte unter anderem die raum- und zeitübergreifende Weitergabe von Kompetenzen, etwa an Menschen, die in 10.000 km Entfernung leben oder erst in 100 Jahren geboren werden. Auch konnten hierdurch umfangreiche Kompetenztauschbörsen (Internet, Wissensdatenbanken etc.) entstehen, deren Inhalte fortlaufend zu reproduzieren sind. Insoweit ist der Mensch in der Natur tatsächlich einzigartig. Daneben war die externe Kompetenzspeicherung eine notwendige Voraussetzung für das Entstehen der noch zu erläuternden menschlichen Superorganismen wie Unternehmen, Religionsgemeinschaften und sonstige Organisationssysteme.

2.8 Kooperation und Arbeitsteilung

Die am Beispiel Robinsons verdeutlichte Grundaufgabe des Lebens verkompliziert sich deutlich – und damit komme ich, wie angekündigt, ein erstes Mal zum Thema Wettbewerb –, wenn sich weitere Lebewesen in derselben Umwelt für die gleichen Ressourcen interessieren und für deren Verknappung sorgen. Oftmals werden die entscheidenden Lebensraumveränderungen also nicht von Vulkanausbrüchen, Erdbeben, Fluten, Wind und Wetter bewirkt, sondern vom Leben selbst. Aufgrund ihrer, den Wettbewerb antreibenden Reproduktionsinteressen werden die Lebewesen dann zu Feinden, Konkurrenten oder Partnern. Eventuell weiten sie ihre aktuellen Lebensräume aus, verändern sie oder besetzen neue Nischen. Auf die Nischenkonstruktion werde ich im Laufe des Buches noch zurückkommen, da sie die Ursache einiger unserer aktuellen Probleme ist.

Allerdings gab es die beschriebene Lebensverkomplizierung zum Teil auch schon für unseren Robinson, denn immerhin jagt er Fische, und die könnten – von ihren Reproduktionsinteressen angetrieben – evolutionär oder mental dazulernen und ihm zunehmend aus dem Weg gehen oder sein Leben sonst wie erschweren. Robinson hat es nämlich mit einer lebendigen Umwelt zu tun, die ihm seine Verbesserungen und Adaptionen nicht einfach nur passiv zugesteht, sondern mit gleicher Münze heimzahlt, indem sie ebenfalls mit Verbesserungen und Adaptionen aufwartet. Auf den darauf gründenden *Red-Queen-Mechanismus* werde ich noch eingehend zu sprechen kommen.

In zahlreichen zeitgenössischen Büchern wird der Eindruck vermittelt, Konkurrenz sei primär schlecht, Kooperation hingegen gut[52] [53]. Dem ist jedoch nicht so. Oftmals ist Kooperation lediglich eine höhere Form der Konkurrenz: Wenn zwei kooperieren, leidet ein Dritter[54]. Häufig wird sich nämlich primär deshalb zusammengetan, um gegenüber Dritten – zum Beispiel bezüglich der Bewahrung der eigenen Kompetenzen – im Vorteil beziehungsweise nicht im Nachteil zu sein. Aus diesem Grund sind in Marktwirtschaften Preisabsprachen – eine Form der Kooperation – unter Konkurrenten üblicherweise verboten: Sie würden zulasten der Kunden gehen. Aus dem gleichen Grund gilt organisiertes (kooperierendes) Verbrechen als besonders gefährlich und verwerflich. Man könnte ohnehin sagen, dass ein Großteil unserer aktuellen sozialen Probleme wesentlich auf unserer enormen Kooperationsfähigkeit beruht, wie Ergebnisse des vorliegenden Buches nahelegen. Für den Informatiker John H. Holland sind Konkurrenz und Kooperation deshalb letztlich zwei Seiten derselben Medaille[55]. Auch auf diesen Punkt werde ich noch näher eingehen.

Allerdings kann Kooperation insbesondere dann bereits von Vorteil sein, wenn sie auf Arbeitsteilung beruht, zumal sich dann oftmals Aufgaben bewältigen lassen, die keiner der Beteiligten für sich allein schaffen könnte. Auf eine solche Vorgehensweise könnten sich auch Robinson und Freitag einigen, nachdem sie sich auf ihrer einsamen Insel kennengelernt haben. Beispielsweise könnte Robinson im Rahmen der Vereinbarung weiterhin Fische fangen, während Freitag das Sammeln der Kokosnüsse und Früchte übernimmt. Wirklich Sinn machte die Aufteilung aber erst dann, wenn Robinson der bessere Fischer als Freitag ist und Letzterer sich dafür beim Sammeln von Früchten leichter tut. Oder etwas genauer: wenn Freitags Kompetenzen beim Früchtesammeln weniger stark gegenüber Robinsons Fertigkeiten abfallen, als sie das beim Fischfangen tun[56]. Es handelt sich hierbei um das *Gesetz des komparativen Vorteils* gemäß David Ricardo, bei welchem die jeweiligen *Opportunitätskosten* der Beteiligten von entscheidender Bedeutung sind. Allerdings lassen sich solche, aus der Arbeitsteilung resultierende Gewinne gesellschaftsweit nur dann effektiv realisieren, wenn sich die Menschen überwiegend für

Tätigkeiten entscheiden, für die sie hinreichend begabt beziehungsweise "kompetent" sind.

Die Zusammenhänge waren im Grunde bereits Émile Durkheim bekannt. Gemäß ihm beruhte die gesellschaftliche Kooperation in Urgesellschaften noch ganz wesentlich auf der Ähnlichkeit von Individuen, während sie sich in modernen Gesellschaften vor allem auf deren Differenzierung stützt[57]. Differenzierung bedeutet aber auch berufliche Spezialisierung und zunehmende Arbeitsteilung. Unter solchen Verhältnissen ist dann jedoch zu erwarten, dass sich Menschen in erster Linie für Tätigkeiten entscheiden, die ihnen besonders leicht fallen, und für die sie die entsprechenden genetischen Voraussetzungen mitbringen[58] [59]. Niemand würde beispielsweise ernsthaft Pianist oder Mathematikprofessor werden wollen, wenn er sich mit der angestrebten Tätigkeit bereits in der Frühphase seiner Ausbildung sehr schwer täte. Dies lässt vermuten, dass die Bedeutung genetisch bedingter Begabungsunterschiede (das heißt, der Gene) mit zunehmender gesellschaftlicher Differenzierung nicht ab-, sondern zunimmt, und zwar umso stärker, je sozial durchlässiger eine Gesellschaft ist. Untersuchungen scheinen dies zu bestätigen[60].

In unserem Robinsonbeispiel ist nun allerdings zu erwarten, dass Freitag auf lange Sicht selbst dann der effizientere Früchtesammler als Robinson sein würde, wenn er es ursprünglich – etwa aufgrund seiner genetischen Ausstattung – noch nicht war. Mit der Arbeitsteilung zwischen Robinson und Freitag hat nämlich gewissermaßen eine gegenseitige Nischenbildung stattgefunden: Robinson beschränkt seine Ressourcenjagd auf die Nische "Meer", Freitag hingegen auf das "Land". Man konkurriert folglich nicht mehr unmittelbar um die gleichen Ressourcen (Fische und Früchte) im gleichen Lebensraum (Meer und Land), sondern kooperiert und handelt untereinander. Da beide Personen Reproduktionsinteressen besitzen (das Interesse, die eigenen Kompetenzen zu bewahren), werden sie – wie im obigen Robinsonbeispiel erläutert wurde – ihre jeweiligen Nischenkompetenzen sukzessive perfektionieren, zum Beispiel durch Ausprobieren, Üben, Lernen, Theorienbildung, Konstruktion von Hilfsmitteln etc. (das heißt, kulturell/technologisch). Eine genetische (biologische) Anpassung findet dagegen (noch) nicht statt. Allerdings werden sie ihre jeweiligen Kompetenzen auch bereits deshalb verbessern müssen, weil sie, wie noch erläutert wird, in einem weiteren gemeinsamen Evolutionsraum – dem Markt – in einen Wettbewerb um die jeweiligen Ressourcen des anderen treten, und zwar über den Preis. Hier würde es dann gegebenenfalls zu einer gegenseitigen Hochrüstung gemäß dem später noch näher erläuterten Red-Queen-Mechanismus kommen. Bei lediglich zwei Marktteilnehmern mag dieser Effekt noch äußerst moderat sein. Bei mehreren Mitbewerbern wird Freitag aber seine Produktivität regelmäßig steigern müssen, um seine Kokosnüsse weiterhin gegen ausreichend viel Fisch eintauschen zu können.

Wir haben es hier mit einem Effekt des Lebens zu tun, der häufig übersehen wird: In Wettbewerbspopulationen mit aufeinander reagierenden Akteuren bedeutet Kompetenzverlustvermeidung – der eigentliche Antrieb des Lebens also – nicht das Vermeiden von absoluten Verlusten, sondern von relativen gegenüber der Vergleichsgruppe, das heißt den unmittelbaren Konkurrenten. Aus diesem Grund gelten in unserer Gesellschaft Menschen bereits als arm, die in vielen Ländern Afrikas zu den Wohlhabenden zählen würden. Und aus den gleichen Gründen würde ein weit über dem Durchschnitt der Bevölkerung verdienender Top-Manager sich für völlig unterbezahlt halten, wenn er mit seinem Jahresgehalt in der Top-Manager-Vergleichsgruppe relativ am Schluss rangierte. Sich ans untere Ende hinzubewegen beziehungsweise bereits dort zu sein, hat aus Sicht des Lebens stets etwas Bedrohliches an sich, da dann das baldige Ausscheiden aus dem Spiel der Evolution und des Lebens droht. Jeder Fußball-Bundesliga-Trainer wird wissen, wovon ich spreche.

Zusammen bilden die in arbeitsteiliger Weise kooperierenden Inselbewohner Robinson und Freitag übrigens noch kein selbstreproduktives System (Evolutionsakteur), sondern bestenfalls ein Netzwerk oder eine Gruppe. Bei einer gemeinsamen Unternehmensgründung ("Fish & Fruits") wäre dies anders.

Die gewählte Arbeitsteilung zwischen Robinson und Freitag muss – trotz ihrer Vorteilhaftigkeit – nicht auf ewig halten. Sollte beispielsweise Robinson eines Tages tatsächlich Arielle die Meerjungfrau und Vegetarierin im Netz haben, dürfte es aufgrund seiner genetischen Reproduktionsinteressen (mit niedrigen Zeitpräferenzen, das heißt, seinem Fortpflanzungsinteresse) zu einer baldigen Neuausrichtung seines Lebens kommen. Früchtesammeln gehörte dann auf einmal wieder zu seinen unverzichtbaren Kernkompetenzen.

2.9 Altruismus

Nun werden Sie vielleicht sagen, die Sache mit der arbeitsteiligen Kooperation mag ja gut und schön sein, davon haben immerhin beide etwas. Doch Menschen teilen auch, und zwar ohne jeglichen Anlass. Michael Tomasello wies nach, dass schon Kleinkinder von sich aus Ressourcen teilen, selbst wenn sie es nicht von Erwachsenen gelernt haben konnten[61].

Und darin unterscheiden wir Menschen uns in der Tat ganz erheblich von fast allen Tieren. Achten Sie einmal auf das Verhalten von Enten, wenn sie gefüttert werden: Von Teilen ist da keine Spur.

Eventuell werden Sie dann noch anmerken, dass dies ja wohl im Widerspruch zu der von mir behaupteten Kompetenzverlustvermeidung als dem angeblichen Grundprinzip des Lebens stehe, denn wer unaufgefordert teilt, der gibt etwas von sich ab und verliert es hierdurch.

Es handelt sich bei dem hier Angesprochenen um das bekannte Altruismusproblem. Gemäß Richard Dawkins *Theorie der egoistischen Gene*[62] kann es echten Altruismus in der Natur nicht geben, höchstens unter Verwandten, und zwar je nach Verwandtschaftsgrad. Das Ganze nennt sich sinnigerweise *Verwandtenselektion*. Zwar geht es dabei eigentlich eher um Fortpflanzungsaltruismus, während wir vom Teilen von Ressourcen sprechen, doch das ist letztlich gleich. Denn auch der Fortpflanzungsaltruismus funktioniert für gewöhnlich so, dass die Altruisten die von ihnen erbeutete Nahrung mit den sich fortpflanzenden (verwandten) Individuen teilen.

Nun verhalten sich Menschen allerdings – wie erwähnt – auch Nichtverwandten gegenüber altruistisch, und zwar offenkundig bereits im Kleinkindalter. Auf Richard Dawkins sonderbare Entgegnung[63], dass wir uns als einziges Lebewesen "*gegen die Tyrannei der egoistischen Replikatoren auflehnen*" könnten, werde ich bei anderer Gelegenheit noch eingehen. Eine etwas trickreichere Begründung ist, dass sich Menschen zu mehr als 99 Prozent genetisch ähneln, wir also gewissermaßen alle miteinander verwandt sind. Mal abgesehen davon, dass es bei der Verwandtenselektion nicht um genetische Ähnlichkeit, sondern um gleiche Allele geht, erklärte dies jedoch nicht, warum sich Menschen einerseits oftmals rassistisch verhalten und andererseits keineswegs altruistisch gegenüber Schimpansen, denn auch mit ihnen haben wir – je nach Berechnungsart – 94 bis 99 Prozent unserer Gene gemein[64].

Altruismus kennt viele Gesichter, entsprechend komplex können die jeweiligen Erklärungen ausfallen. Die Systemische Evolutionstheorie hat mit altruistischen Verhaltensweisen generell kein Problem. Beispielsweise sind gemäß ihr nicht alle Individuen in gleicher Weise genegoistisch, sondern sie besitzen unterschiedliche Präferenzen, die ihren Ausdruck in unterschiedlichen Reproduktionsinteressen finden. So mag die eine Person mehr an der Reproduktion ihrer kulturellen Kompetenzen interessiert sein, die andere an der genetischen Fortpflanzung, ich erwähnte es bereits. Aber ich möchte einmal ganz gezielt auf das Eingangsbeispiel zurückkommen, nämlich das Verhalten menschlicher Kleinkinder, unaufgefordert Ressourcen (zum Beispiel eine Dose Kekse) zu teilen. Ist auch das noch mit der von mir postulierten Kompetenzverlustvermeidung gemäß thermodynamischem Zeitpfeil zu erklären?

Nun, Menschen sind vor allem soziale Wesen. Wir sind gewissermaßen von Geburt an sozial. Unser Lebensraum ist unser gesellschaftliches Umfeld. Die Geschichte vom Robinson bezieht aus diesem Umstand einen Großteil ihres Reizes.

Ein Kleinkind, welches Ressourcen teilt, ist deshalb sehr wohl bestrebt, seine Kompetenzen zu reproduzieren, allerdings mit einer niedrigeren Zeitpräferenz. Es gibt Ressourcen an andere ab, die es eigentlich zu seiner unmittelbaren Bedürfnisbefriedigung verwenden könnte, um dafür jedoch auf lange Sicht soziale Ressourcen zu erwerben, zum Beispiel Freundschaft, Zusammenarbeit, Achtung oder Verlässlichkeit. Unabhängig davon kann in menschlichen Gesellschaften Altruismus – in arbeitsteiliger Weise – sogar die eigentliche Kernkompetenz darstellen. Man kann mit Altruismus seinen Lebensunterhalt verdienen. Und man kann natürlich mit Pseudoaltruismus beziehungsweise Gutmenschentum ("der Staat müsste diesen armen Menschen endlich helfen ...") versuchen, die eigene soziale Stellung zu festigen.

2.10 Kompetenzreproduktion unter Wettbewerbsbedingungen

Die bisherigen Ausführungen konzentrierten sich vor allem auf die evolutionstheoretischen Begriffe Kompetenzen, Reproduktion und Reproduktionsinteresse und die damit verbundene Vorstellung von der Evolution als einem Kompetenz erhaltenden Prozess, der den allgemeinen Informationsverlusten in unserem Universum (Entropiesatz, thermodynamischer Zeitpfeil) gewissermaßen zuwiderläuft. Gemäß einer solchen Sichtweise streben Evolutionsakteure danach, ihr Wissen (ihre Informationen) über ihre (Um-)Welt zu bewahren beziehungsweise indirekt auch zu erweitern und zu entwickeln, weswegen sie ihrer Umgebung fortwährend Energie und andere Ressourcen entziehen, sodass es dort zur Entropiezunahme beziehungsweise zu weiteren potenziellen Informationsverlusten kommt[65]. Anders gesagt: Man behält seine eigene Ordnung, indem man seine Umgebung zunehmend in Unordnung versetzt. Es handelt sich dabei um einen Wettstreit zwischen Systemen und Umwelten, der von den Evolutionsakteuren auf Dauer nicht gewonnen werden kann.

Bei diesen Überlegungen wurden allerdings wesentliche klassische darwinistische Begriffe wie Kampf ums Dasein oder Recht des Stärkeren,

Konkurrenz und Wettbewerb, die bei evolutionstheoretischen Betrachtungen im Kontext menschlicher Gesellschaften regelmäßig für erhebliche Irritationen sorgen, sodass meist sehr schnell vom *Sozialdarwinismus* die Rede ist, vorläufig noch weitestgehend ausgeklammert. Deren Erörterung soll nun nachgeholt werde, zumal auch die Konkurrenz komplexer ist, als es auf den ersten Blick scheinen mag, da sie keineswegs einheitlich ist, sondern in zwei unterschiedlichen Formen auftreten kann: dem *Recht des Stärkeren* und dem *Recht des Besitzenden*.

2.11 Recht des Stärkeren

Zu Beginn des Lebens existierten in der Natur noch keinerlei Besitzrechte und somit auch kein Eigentum. Stattdessen galt die Devise *Fressen oder gefressen werden* gemäß des Rechts des Stärkeren. Der Ausdruck Recht des Stärkeren hat in den Diskursen der Vergangenheit leider zu vielen Missverständnissen geführt. So kann man noch immer recht häufig den Einwand hören, dass gemäß der Darwinschen Lehre keineswegs stets der Stärkere gewinne, sondern der Tauglichere (Fittere, besser Angepasste). Dies übersieht jedoch, dass mit dem Recht des Stärkeren zunächst einmal nichts anderes als eine Wettbewerbskommunikation im Rahmen der Konkurrenz um knappe Ressourcen gemeint ist, bei der der Ressource keinerlei gesonderte Rechte zugebilligt werden. Konkret heißt das: Der Löwe fragt das Zebra vorher nicht, ob er es jagen darf, er tut es einfach. Wenn ihm dabei ein listigeres Krokodil zuvorkommen sollte, dann handelt es sich weiterhin um das Recht des Stärkeren und nicht des Schlaueren, da das Krokodil die "Lebensrechte" des Zebras gleichfalls nicht anerkennt. Für beide Jäger sind die Zebras lediglich Gemeingut, dessen sie sich nach Belieben habhaft werden können.

Im Rahmen der geschlechtlichen Vermehrung stellen auch potenzielle Fortpflanzungspartner (gegebenenfalls knappe) Ressourcen dar, die zur Reproduktion der genetischen Kompetenzen (über das eigene Leben hinaus) benötigt werden, ich erwähnte es bereits. Auch dabei ist das Recht des Stärkeren weit verbreitet. Beispielsweise besitzen die weiblichen See-Elefanten (Kühe) gegenüber ihren Männchen (Bullen) keinerlei Rechte, da Letztere den Wettbewerb um die knappen Weibchen allein unter sich ausmachen. Im Grunde werden die Weibchen von den Männchen wie Nahrungsmittel behandelt, die es möglichst reichlich anzusammeln und gegenüber Rivalen zu verteidigen gilt.

2.12 Recht des Besitzenden und Eigentum

All das änderte sich mit dem Aufkommen der *sexuellen Selektion*, bei der es den Weibchen gelang, Besitzrechte an ihren Fortpflanzungsressourcen gegenüber den Männchen zu reklamieren, frei nach dem Motto: "Mein Bauch gehört mir. Und deshalb bestimme allein ich darüber, wer Zugang dazu erhält." Die Weibchen beanspruchten damit, dass es sich bei ihren Fortpflanzungsressourcen um ihre Kompetenzen handelt, die ihnen allein gehören.

Dieses sogenannte Recht des Besitzenden hatte gravierende Folgen für die männliche Seite. Ging es beim Recht des Stärkeren noch darum, möglichst viele Weibchen zu unterwerfen und zu besitzen, so mussten die Männchen nun den Weibchen zu gefallen versuchen, sei es durch schönes Gefieder, den Bau von Luxusnestern oder überzeugendem Gesang. Sie mussten also gewissermaßen innovativ werden. Und ganz nebenbei mussten sie lernen, ihre Triebe zu beherrschen, und zwar so lange, bis ein Weibchen schließlich in eine Paarung einwilligte.

Man kann also zusammenfassend sagen, dass beim Recht des Stärkeren die Ressourceninteressenten die Verteilung der knappen Ressourcen allein unter sich ausmachen (wobei nicht notwendigerweise der "Stärkste" im Vorteil sein muss). Die Interessen und Eigentumsrechte der aktuellen Ressourcenbesitzer (beziehungsweise der Ressource) finden dabei keine Berücksichtigung. Beim Recht des Besitzenden erfolgt die Verteilung knapper Ressourcen hingegen aus der Sicht der aktuellen Ressourcenbesitzer, deren Eigentumsrechte nicht infrage gestellt werden. Die Ressourceninteressenten müssen sich dann bemühen, den aktuellen Ressourcenbesitzern zu gefallen, um doch noch in den Besitz der Ressource zu gelangen. Auf eine Kurzformel gebracht könnte man sagen: Grundlage des Rechts des Besitzenden ist das Eigentum, während das Recht des Stärkeren kein solches kennt.

Dies soll an einem Beispiel verdeutlicht werden:

Eine Frau hat in einem Wäldchen mehrere Stunden lang Früchte gesammelt und befindet sich nun mit einem ganzen Korb reifer Beeren auf dem Weg nach Hause. In der Wildnis könnte sie dabei einem stärkeren Bären (oder einem gemeinen Menschen) begegnen, der die gesammelte Nahrung nicht als ihren Besitz akzeptiert, sondern von seinem Recht des Stärkeren Gebrauch macht.

In Zivilisationen ist ein solches Verhalten dagegen nicht erlaubt. Allerdings könnte hier ein Entgegenkommender der Sammlerin ein

attraktives Angebot machen, um auf diese Weise doch noch in den
Besitz der Früchte zu gelangen (Recht des Besitzenden).

Mit dem Eigentum kam die *Zivilisation* in die Welt. Und genau hier liegt
der Hauptdenkfehler des Sozialdarwinismus, der Darwins Prinzip der
natürlichen Selektion auf menschliche Sozialsysteme zu übertragen
versuchte, obwohl die natürliche Auslese als zentraler Bestandteil der
Darwinschen Lehre weder unterschiedliche Wettbewerbskommunikationen noch Eigentumsrechte kennt, sondern im Grunde vollständig auf dem
in der Wildnis geltenden Recht des Stärkeren beruht.

Für die Systemische Evolutionstheorie ist die Wettbewerbskommunikation des Rechts des Besitzenden die Grundlage von Zivilisation, Kultur,
Menschenrechten, Sozialsystemen, Demokratie, Handel, Marktwirtschaft,
Ackerbau und Viehzucht, Wissenschaft, Kunst und vieles mehr. Wohl-
klingender Vogelgesang – das heißt Kultur – entstand in der Natur erst in
dem Augenblick, als sich die Weibchen das Prinzip "mein Bauch gehört
mir" zu eigen machten[66]. Dabei behielten sie sich insbesondere vor,
männliche Kopulationsangebote auch ablehnen zu können. Die Männchen
waren in der Folge gezwungen, ihren Weibchen zu gefallen, indem sie
zum Beispiel ihre Kreativität entfalteten.

Auf dem Recht des Besitzenden beruhen letztlich alle komplexen sozialen
Interaktionen und Transaktionen (Handel, Kontrakte, Altruismus, Vor-
leistungen etc.), die sich in menschlichen Gesellschaften im Laufe der
Zeit ausgebildet haben, und die heute Grundlage allen menschlichen
Wirtschaftens und Zusammenlebens sind. Auch war es die Voraussetzung
für die ungeheure Kompetenzentfaltung des Menschen, denn nur wer sich
etwas "aneignen" kann (Dinge oder Wissen), kann es zu einer Kompetenz
weiter entwickeln.

Der Unterschied zwischen dem Recht des Stärkeren und des Besitzenden
zeigt sich übrigens bereits in ganz alltäglichen Zusammenhängen: Ver-
sendet ein Anbieter unangeforderte E-Mails an potenzielle Kunden (Push-
Prinzip), kommuniziert er mittels des Rechts des Stärkeren, da er die
Ressourcen "Zeit" und "Speicherplatz" nicht als deren Eigentum akzeptiert, wirbt er hingegen lediglich mit einer Web-Präsenz, die von den
möglichen Kunden auf Eigeninitiative aufgesucht werden müsste (Pull-
Prinzip), dann ist seine Kommunikationsform das Recht des Besitzenden
und damit gewissermaßen zivilisiert. Der Unterschied zwischen beiden
Varianten ist kurz und bündig im Hollywoodprinzip zusammengefasst:
Don't call us, we'll call you.

Nun sollte man allerdings nicht vorschnell schlussfolgern, das Recht des Besitzenden sorge – anders als das brachiale Recht des Stärkeren – ganz automatisch für eine wie auch immer geartete "Gerechtigkeit" in sozialen Systemen. Das ist keineswegs der Fall – wie bereits das Hollywoodprinzip andeutete: Unter ungleichen Machtverhältnissen oder bei einseitigem Besitz an kritischen Produktionsmitteln und Ressourcen können sich auch hier Abhängigkeiten ausbilden, deren Wirkungen denen des Rechts des Stärkeren in nichts nachstehen. Auch ist das Recht des Besitzenden deutlich verschwenderischer als das ursprünglichere Recht des Stärkeren[67]. Erreicht die Ressourcenknappheit in einer Gesellschaft eine kritische Größe, dürfte selbst in etablierten menschlichen Zivilisationen auf Dauer wieder das Recht des Stärkeren an Gewicht gewinnen. Staatliche Interventionen (zum Beispiel durch Polizeieinsätze auf der Grundlage des Rechts des Stärkeren – der Staat besitzt in Zivilisationen üblicherweise ein Gewaltmonopol) mögen dies anfänglich noch verhindern können, bei unveränderter Ressourcenlage auf Dauer aber sicherlich nicht. Ich werde auf die Punkte noch zurückkommen, zumal sie in unmittelbarem Zusammenhang zum Buchtitel stehen.

Weil die bisherigen Ausführungen so fürchterlich kompliziert und abstrakt waren, möchte ich deren Kernaussagen noch einmal kurz zusammenfassen: Evolution wird gemäß der Systemischen Evolutionstheorie von selbstreproduktiven Systemen (Evolutionsakteuren) vorangetrieben, die gegenüber ihrer Umwelt Kompetenzen besitzen, um aus ihr Ressourcen (Mittel) zu erlangen, mit deren Hilfe sie ihre Kompetenzen reproduzieren können. Zusätzlich sind sie bestrebt, genau das zu tun – das heißt, sie besitzen Reproduktionsinteressen –, denn nur so können sie den Wirkungen des thermodynamischen Zeitpfeils entrinnen und ihre Kompetenzen auf lange Sicht bewahren und sich ihnen gegenüber nachhaltig verhalten. Allerdings sind die erforderlichen Ressourcen (Mittel) oftmals knapp, wodurch es – aufgrund der Reproduktionsinteressen – unter den selbstreproduktiven Systemen zu einem Wettbewerb um sie kommt. In der Wildnis wird der Wettbewerb meist mittels des Rechts des Stärkeren ausgetragen, in Zivilisationen hingegen auf der Basis des Rechts des Besitzenden, dessen Grundlage die Akzeptanz von Eigentum ist.

Bis vor wenigen Jahrhunderten wurde das Recht des Besitzenden in vielen Gesellschaften keineswegs allen Menschen zugestanden, sondern primär den Mitgliedern bestimmter privilegierter Schichten, Klassen oder Rassen. Oftmals hielt man sich Sklaven, die unter Zwang körperlich schwere Arbeiten zu verrichten hatten. Zuvor waren sie oder ihre Vorfahren wie wilde Tiere aus ihrer Heimat geraubt und meistbietend an ihre neuen Eigner versteigert worden. Viele Menschen glaubten damals tatsächlich, die Sklaven gehörten einer niederen Rasse an, sodass es moralisch legitim sei, ihnen gegenüber das Recht des Stärkeren zur Anwendung kommen zu lassen. Im Grunde behandelte man sie nicht viel anders als Tiere.

Recht ähnlich sah die Situation für einen Großteil der Frauen aus, die nicht selten bereits in jungen Jahren zwangsverheiratet wurden. In der Ehe galt ihnen gegenüber das Recht des Stärkeren. Ein Ehemann durfte dann oftmals in beinahe jeder Hinsicht über seine Ehefrau verfügen. All dies macht deutlich, in welchem geistigen Klima der Sozialdarwinismus entstand.

Heute ist das Recht des Besitzenden Bestandteil der *Allgemeinen Erklärung der Menschenrechte der Vereinten Nationen*[68]. Die Erklärung gilt universell für alle Menschen.

Tieren hingegen steht in den Augen der meisten Menschen kein Recht des Besitzenden zu. So werden beispielsweise Ratten, Mäuse oder Affen für medizinische Forschungen verwendet, ohne ihnen ein Recht auf Leben, Freiheit oder körperliche Unversehrtheit zuzubilligen. Auch dürfen Landwirte ihre Kühe jederzeit melken, ihren Hühnern die Eier entwenden und ihre Schweine schlachten, ohne sie vorher um Erlaubnis zu fragen.

Es ist durchaus vorstellbar, dass irgendwann einmal eine ernsthafte Debatte darüber geführt werden wird, ob der Mensch auch ausgewählten Tierarten ein Recht des Besitzenden zugestehen soll, und unter welchen Rahmenbedingungen dies erfolgen könnte.

2.13 Systembildung

In sozialen Systemen kommt es neben dem bereits beschriebenen Wettbewerb üblicherweise zu weiteren typischen Verhaltensweisen. Zu nennen sind insbesondere Kommunikation, Kooperation, Altruismus, Arbeitsteilung und Kompetenztransfer. Zwischen Altruismus und Arbeitsteilung besteht ein recht starker Zusammenhang, wie sich zeigen lässt. Beide Verhaltensweisen haben nämlich ihre Wurzeln in variierenden Reproduktionsinteressen.

Ist das Zusammenwirken verschiedener Evolutionsakteure besonders eng (mittels Kommunikation, Konkurrenz, Kooperation, Altruismus, Arbeitsteilung, Kompetenztransfer etc.), kann sich per *Selbstorganisation* eine neue, höhere Systemebene ausbilden, deren Mitglieder nun ebenfalls wieder selbstreproduktive Systeme (Evolutionsakteure) sein können.

Gemäß der Systemischen Evolutionstheorie haben sich in der Natur bislang drei Ebenen selbstreproduktiver Systeme ausgebildet:

- Einzellige Organismen (Einzeller)

- Vielzellige Organismen (Vielzeller: Pflanzen und Tiere)

  Vielzeller sind (zusammenhängende) selbstreproduktive Systeme, die sich aus mehreren, arbeitsteilig zusammenwirkenden Zellen (einzelligen Organismen) – ihren Elementen – zusammensetzen. Zwischen ihren Elementen beziehungsweise Gruppen von Elementen (Subsystemen) besteht folglich eine mehr oder weniger ausgeprägte reproduktive Aufgabenteilung (bis hin zu einer Form der "Eusozialität", bei der nur die Geschlechtszellen für die Fortpflanzung verwendet werden).

- Superorganismen (Organisationssysteme, Unternehmen, Insektensozialstaaten etc.)

  Superorganismen sind selbstreproduktive Systeme, die sich aus mehreren, arbeitsteilig zusammenwirkenden Vielzellern (vielzelligen Organismen) und Vielzellergruppen – ihren Elementen – zusammensetzen. Letztere können selbst wieder Superorganismen sein. Zwischen den Elementen beziehungsweise Gruppen von Elementen (Subsystemen) eines Superorganismus besteht folglich eine mehr oder weniger ausgeprägte reproduktive Aufgabenteilung.

Viren gehören gleichfalls zu den selbstreproduktiven Systemen, obwohl sie nicht als Lebewesen gelten. Aufgrund ihrer nichtzellulären Konstruktion fallen sie jedoch in keine der genannten Systemebenen.

Einfache Populationen, Interaktionssysteme, Herden oder Schwärme sind aus Sicht der Systemischen Evolutionstheorie – anders als Insektensozialstaaten – noch keine selbstreproduktiven Systeme beziehungsweise Superorganismen, da sie über keine eigenständigen Reproduktionsinteressen verfügen. Bei Gruppierungen aus Evolutionsakteuren, die selbst keine Evolutionsakteure sind (Interaktionssysteme, Herden etc.), werden eventuell beobachtbare Weiterentwicklungen nicht von den übergeordneten Gruppen, sondern im Zusammenwirken von deren Elementen hervorgebracht.

Der Unterschied zwischen einfachen Gruppierungen und selbstreproduktiven Systemen lässt sich auch am Beispiel der Tragedy of the Commons[69] beziehungsweise der Tragik der Allmende verdeutlichen. In einer klassischen Allmendenwirtschaft nutzen die Bauern das Weideland gemeinschaftlich, und zwar als Ressource zur Reproduktion ihrer jeweiligen Kompetenzen. Sie verhalten sich dann nachhaltig gegenüber ihren Kompetenzen, nicht jedoch gegenüber der Ressource Weideland, die für sie als Commons Teil der ausbeutbaren Umwelt ist. Würde das Weideland hingegen in den Besitz eines Unternehmens (eventuell mit den Bauern als Anteilseigner) beziehungsweise eines Superorganismus übergehen, dann wäre es Kapital, das heißt, ein Teil der Kernkompetenzen des Superorganismus, der zu reproduzieren und folglich nachhaltig zu behandeln wäre. An diesem Beispiel lässt sich recht gut herausarbeiten, was alles zu beachten ist, wenn es um Situationen und Konstellationen mit lebenden Akteuren geht.

2.14 Unternehmen als Evolutionsakteure

Da wir gerade beim Thema sind: Warum gibt es überhaupt Unternehmen und wie konnten sie sich in unserem Universum "per Evolution" bilden? Nun, im Grunde habe ich es bereits erläutert: Unternehmen sind zunächst einmal arbeitsteilige Kooperationssysteme, mit deren Hilfe ihre Elemente (Mitarbeiter, Manager, Unternehmer, Anteilseigner etc.) versuchen, ihre eigenen Kompetenzen zu reproduzieren, und zwar besser, als sie dies auf sich allein gestellt könnten. Auf die komparativen Vorteile der Arbeitsteilung wies ich bereits hin. Daneben lassen sich im Zusammenwirken auch Aufgaben erledigen, die jeder für sich allein nicht bewältigen könnte. Beispielsweise könnten 10 kooperierende Steinzeitmänner ein Mammut erlegen, jeder Einzelne von ihnen dagegen nicht. Im Allgemeinen beruht eine Unternehmensgründung zunächst auf einer Geschäftsidee (Motiv: Kompetenzerhalt), für deren Verwirklichung zusätzliche Mitarbeiter und Mittel benötigt werden. Stellen wir uns beispielsweise vor, die Geschäftsidee bestünde darin, den Versandhändler Amazon zu gründen und Bücher über das Internet, statt über den normalen Buchhandel zu verkaufen. Auch läge bereits ein selbst entwickeltes Verkaufsprogramm vor. Nachdem verschiedene Investoren (Motiv: Hohe langfristige Rendite, das heißt Kompetenzerhalt) mit einem Businessplan und den überlegenen Suchmöglichkeiten des Internets davon überzeugt werden konnten, ausreichende Mittel zur Verfügung zu stellen, wird das Unternehmen gegründet. Von den eingestellten Mitarbeitern ist ein Teil ausschließlich an einem regelmäßigen ausreichenden Einkommen (Kompetenzerhalt) interessiert. Andere sehen das in einer Zukunftsindustrie tätige Unternehmen vor allem als eine geeignete Möglichkeit an, ihre spezifischen beruflichen Kenntnisse weiterzuentwickeln (Kompetenzerhalt) und natürlich nebenbei auch ausreichend viel Geld zu verdienen (Kompetenzerhalt). Dies gilt ganz besonders für die IT-Mitarbeiter. Später werden einige von ihnen der Unternehmensleitung vorschlagen, die von der IT-Abteilung betriebenen Ressourcen im Rahmen eines Cloud-Computings auch anderen Unternehmen zur Verfügung zu stellen (Kompetenzerhalt). Der Vorschlag wird von der Unternehmensleitung aufgegriffen (Kompetenzerhalt). Wichtig ist nun zu verstehen, dass sich das Unternehmen nach seiner Gründung binnen kurzer Zeit zu einem selbstreproduktiven System mit eigenständigen Kompetenzen und Reproduktionsinteressen weiterentwickelt. Es dient vielen Menschen und Organisationen dazu, die eigenen Kompetenzen zu reproduzieren. In der Folge verselbstständigt es sich jedoch ihnen gegenüber: Der thermodynamische Zeitpfeil und der Wettbewerb auf den Märkten erzwingen es.

Erwähnen (beziehungsweise nachholen) möchte ich in diesem Zusammenhang noch einen weiteren Vorteil der bereits erläuterten Wettbewerbskommunikation des *Rechts des Besitzenden*, dass sich nämlich auf seiner Grundlage sehr flexibel neue Nischen (beziehungsweise Evolutionsräume) konstruieren lassen, in denen es zu eigenständigen Evolutionen kommt. Beispielsweise stellt jeder einzelne Markt in Marktwirtschaften eine solche Nische dar, in der die Marktteilnehmer (Unternehmen, Superorganismen) mittels des Rechts des Besitzenden um Ressourcen (Geld der Kunden) konkurrieren. Ihre Angebote und Produkte sind Ausdruck ihrer Kompetenzen, die sie regelmäßig reproduzieren (erneuern) müssen, um am Markt bestehen und in der Folge als Unternehmen überleben zu können. Die dafür aufgebrachten Investitionen sind Ausdruck ihrer Reproduktionsinteressen. Mittels Werbung werden sie versuchen, ihre potenziellen Kunden auf sich aufmerksam zu machen, so wie es die Tiere in der Natur per Brunftgeschrei tun.

2.15 Die Prinzipien der Systemischen Evolutionstheorie

Doch nun zu den Grundprinzipien der Systemischen Evolutionstheorie: Ähnlich wie Darwins Selektionstheorie kennt die Systemische Evolutionstheorie drei Evolutionsprinzipien. Sie lauten:

- Eine Population besteht aus lauter selbstreproduktiven Systemen (Individuen), die sich allesamt voneinander unterscheiden, und die unterschiedliche informative und energetische Kompetenzen in Bezug auf ihre Umwelt besitzen. Das Prinzip heißt *Variation*.

- Die Individuen der Population besitzen (eventuell unterschiedlich starke) Reproduktionsinteressen. Die – populationsweit ausreichend

stark ausgeprägten[70] – Reproduktionsinteressen korrelieren für alle
Zeitpräferenzen nicht negativ mit den informativen Kompetenzen der
Individuen in Bezug auf ihre Umwelt. Aufgrund ihrer Reproduktionsinteressen konkurrieren die Individuen um den Zugriff auf die Ressourcen der Umwelt. Die Verteilung der Ressourcen unter den Individuen erfolgt dabei mittels des Rechts des Stärkeren und/oder des
Rechts des Besitzenden. Das Prinzip heißt *Reproduktionsinteresse*.

- Es existieren variationserhaltende Reproduktionsprozesse, die die
  Kompetenzen der Individuen in Bezug auf ihre Umwelt aufbauen,
  modifizieren oder replizieren können, wobei das Ergebnis von Modi-
  fikation oder Replikation gegenüber dem Ausgangszustand zwar verändert ist, in der Regel aber auch erkennbare Ähnlichkeiten aufweist[71]
  [72]. Für die Reproduktion werden Ressourcen aus der Umwelt benötigt. Das Prinzip heißt *Reproduktion*.

Die Kernaussage der Systemischen Evolutionstheorie ist nun: Wenn für
eine Population die drei Prinzipien Variation, Reproduktionsinteresse und
Reproduktion gegeben sind, dann ist deren Evolution die Folge.

Die Prinzipien Reproduktion und Variation der Systemischen Evolutionstheorie sind im Grunde lediglich systemtheoretische Verallgemeinerun-
gen der namensgleichen Prinzipien der Darwinschen Evolutionstheorie[73].
Allerdings lässt die Systemische Evolutionstheorie auch andere Repro-
duktionsverfahren zu als die Replikation (Kopien von sich anfertigen).
Das Prinzip Reproduktionsinteresse der Systemischen Evolutionstheorie
stellt einen Ersatz für die verschiedenen Selektionsprinzipien der Darwinschen Evolutionstheorie dar. Die Systemische Evolutionstheorie kennt in
dem Sinne keine Selektionsprinzipien mehr.

Anders als die Systemische Evolutionstheorie fokussiert die Darwinsche
Evolutionstheorie ausschließlich auf genetische Kompetenzen (Gene) und
dementsprechend auf Fortpflanzung und Fortpflanzungserfolge. Eine
ihrer Kernaussagen ist, dass der unterschiedliche Fortpflanzungserfolg der
Individuen schließlich (über viele Generationen hinweg) Evolution
bewirkt. Die Systemische Evolutionstheorie abstrahiert diese relativ
allgemeine Formulierung der natürlichen Auslese zu:

- *Der unterschiedliche Erfolg der Evolutionsakteure bei der Reproduk-*
  tion ihrer Kompetenzen (in Bezug auf die Umwelt) bewirkt schließlich
  Evolution.

Zu beachten ist: Die Darwinsche Evolutionstheorie basiert (wie die
Theorie der egoistischen Gene) auf der Bevölkerungslehre von Malthus.
Sie nimmt an, dass alle Individuen einer Population darum bestrebt sind,

sich (beziehungsweise ihre Gene) möglichst oft zu reproduzieren. Davon geht die Systemische Evolutionstheorie nicht aus. Stattdessen führt sie als zusätzliche Variable die individuellen Reproduktionsinteressen ein. Sie genügt damit auch moderneren demografischen Fertilitätstheorien. Individuen können sich also von vornherein oder entsprechend der ihnen zugewiesenen sozialen Rolle in Bezug auf die Fortpflanzung unterschiedlich altruistisch verhalten und dementsprechend unterschiedlich stark ausgebildete Reproduktionsinteressen besitzen.

Für biologische Populationen, deren Individuen alle ein vergleichbar starkes beziehungsweise maximales Reproduktionsinteresse aufweisen (wovon die Darwinsche Evolutionstheorie gemäß Malthus ausgeht), lässt sich die Darwinsche Evolutionstheorie mit ihren Selektionsprinzipien aus der Systemischen Evolutionstheorie ableiten. Mit anderen Worten: Die Darwinsche Evolutionstheorie ist ein Spezialfall der Systemischen Evolutionstheorie[74]. Da die Systemische Evolutionstheorie entsprechend der Darwinschen Evolutionstheorie algorithmisch formuliert ist (ihre Prinzipien begründen einen Algorithmus), können auf ihrer Grundlage computergestützte Evolutionssimulationen durchgeführt werden.

Entscheidende Konzepte der Darwinschen Evolutionstheorie sind spezifisch biologischer Art. Dazu gehören die Begriffe Fortpflanzung, Fortpflanzungserfolg, Fitness, Gene, Spezies, sexuelle Selektion, Verwandtenselektion und im Grunde auch "Kampf ums Dasein" und "Egoismus". Jede Verallgemeinerung der Darwinschen Evolutionstheorie, die den Anspruch erhebt, sowohl biologische als auch nichtbiologische Evolutionen beschreiben zu können, muss insbesondere die angeführten Darwinschen Konzepte abstrahieren. Genau das wurde im Rahmen der Systemischen Evolutionstheorie versucht.

Daneben besitzt die Theorie zahlreiche Überschneidungen mit der *Evolutionsökonomik* und den kulturellen Evolutionsvorstellungen Friedrich August von Hayeks. Allerdings mangelt es den Alternativen an einem systemtheoretischen Konzept zur konzeptionellen Unterstützung unternehmerischer Superorganismen und einer der Darwinschen Evolutionstheorie entsprechenden algorithmischen Formulierung.

2.16 Biologische und soziokulturelle Evolution

Die auf der Erde ablaufende Evolution kann gemäß der Systemischen Evolutionstheorie letztlich als ein selbstorganisatorischer Prozess der Hierarchisierung von Systemen beschrieben werden. Während sich die biologische Evolution auf ein- und vielzellige Organismen (und Viren) beschränkt, das heißt, auf die beiden unteren Ebenen selbstreproduktiver Systeme, ist die soziokulturelle Evolution primär eine Sache der Superorganismen und damit der dritten Systemebene. Die Evolution bringt in diesem Sinne nicht nur immer komplexere Organismen (Arten) hervor, sondern auch zunehmend höhere Systemebenen, die in eigenständigen Lebensräumen evolvieren.

Im Grunde kann der Prozess der Systemhierarchisierung auch als eine Abfolge von sich abwechselnden konkurrierenden und kooperativen Phasen verstanden werden:

- Konkurrenzphase: Zunächst konkurrieren Systeme in einem Lebensraum um Ressourcen. Dabei können unterschiedliche Wettbewerbskommunikationen (Recht des Stärkeren; Recht des Besitzenden) zum Einsatz kommen. Gegebenenfalls kann es zur Nischenbildung (Konstruktion neuer Evolutionsräume) kommen.

- Kooperationsphase: Verschiedene Systeme beginnen zum Zwecke der Erfüllung gemeinsamer Bedürfnisse, miteinander zu kooperieren. Die verschiedenen Subsysteme (Elemente) der Kooperationsgemeinschaften schließen sich in der Folge immer enger zusammen, sodass Einzelsysteme ihnen gegenüber erheblich im Nachteil sind. Die Kooperationen werden schließlich so eng, dass sich die Elemente per Selbstorganisation zu eigenständigen, selbstreproduktiven Systemen (einer neuen Systemebene) verbinden.

- Konkurrenzphase: Nun konkurrieren die neu gebildeten Systeme (einer höheren Systemebene) untereinander um die Ressourcen ihres Lebensraums. Erneut können unterschiedliche Wettbewerbskommunikationen (Recht des Stärkeren; Recht des Besitzenden) zum Einsatz kommen. Gleichfalls kann es zur Nischenkonstruktion kommen.

Der Prozess der Evolution auf der Erde könnte demgemäß zusammenfassend annäherungsweise wie folgt beschrieben werden:

- Zunächst evolvierten ausschließlich ein- und vielzellige Organismen und Viren. Die vorherrschende Wettbewerbskommunikation war das Recht des Stärkeren. Alle Arten optimierten sich gemäß dieses Paradigmas in gleichen oder unterschiedlichen Lebensräumen (Nischen).

- Mit der getrenntgeschlechtlichen Fortpflanzung und der Ausbildung zentraler Nervensysteme kam die Wettbewerbskommunikation des Rechts des Besitzenden, auf deren Basis eigenständige, marktmäßige Evolutionsräume entstanden. Nun bildeten sich bei den Lebewesen erstmalig Merkmale aus, die zwar den spezialisierten Marktanforderungen genügten, einer optimalen Anpassungsfähigkeit an die natürliche Umwelt jedoch eher im Wege standen. Beispiele dafür sind die Pfauenschweife, aber auch viele Funktionen des menschlichen Gehirns.

- Die ungeheure Kooperationsfähigkeit des menschlichen Gehirns, die externe Kompetenzspeicherungsfähigkeit des Menschen und das Erschließen neuer Energiequellen (insbesondere der fossilen Brennstoffe) ermöglichte das flexible, selbstorganisatorische Entstehen von Superorganismen, die sich wiederum in eigenständigen Evolutionsumgebungen (Nischen) – meist Märkten auf Basis des Rechts des Besitzenden – weiterentwickelten. Dabei brachten sie unter anderem die Evolution der Technik, der Wissenschaften und der Kultur hervor.

Solche Vorstellungen legen nahe, dass auf der Erde letztlich alles durch Evolution entsteht, das heißt nicht nur Bakterien, Pflanzen und Tiere, sondern Autos, Mobiltelefone, Banken, Technologiekonzerne, Religionen, soziale Systeme, Moralvorstellungen, Hypothesen, Wahrheiten, linke und konservative Gesinnungen und erhabene Ideen ebenso. Angetrieben werden die verschiedenen Evolutionen dabei stets von selbstreproduktiven Systemen, das heißt, von Evolutionsakteuren mit eigenständigen Reproduktionsinteressen.

Mit den soeben dargelegten Prinzipien lassen sich auf einheitliche Weise sowohl die Evolutionen von biologischen Phänomenen, Gesellschaften, Kulturen, ökonomischen Systemen als auch Technologien beschreiben. Dabei werden alle evolutionären Prozesse letztlich auf grundsätzliche Naturgesetze zurückgeführt, weswegen das zugrunde liegende Evolutionsmodell auch mit den modernen naturwissenschaftlichen Vorstellungen zur menschlichen Willensfreiheit als Illusion kompatibel ist. Eine Sonderstellung des Menschen wird im Modell an keiner Stelle vorausgesetzt. Auch lässt sich auf diese Weise beschreiben, wie Menschenrechte per Evolution entstehen und welchen evolutionären Sinn sie machen.

Recht ähnlich kann darüber hinaus erklärt werden, wie Informationen per Evolution zu ihrer Bedeutung (*Semantik*) gelangen. Bis heute existiert nämlich keine einheitliche wissenschaftliche Definition des Begriffs der Information, dies gilt insbesondere für die semantische Information. In meinem Artikel *Systemische Evolutionstheorie*[75] wird jedoch anhand von Beispielen aufgezeigt, dass Informationen erst im evolutionären Kontext eine Bedeutung erhalten. Anders gesagt: Die Semantik von Informationen entsteht auf evolutionäre Weise. Beispielsweise dürften die meisten

Strandbesucher den Signalton eines Tsunami-Warnsystems als für sie bedeutend empfinden (da ein Tsunami unmittelbar in ihre Reproduktionsinteressen eingreifen würde), die ähnlich klingende Vuvuzela in der Nachbarschaft hingegen bestenfalls als Störung.

Angelehnt an die berühmten Worte Theodosius Dobzhanskys könnte man verallgemeinernd sagen: *"Nichts macht Sinn, außer im Lichte der Evolution."* Die Aussage sollte man sich auch in den Sozial- und Kulturwissenschaften einmal zu Herzen nehmen. Denn ähnlich wie die Biologie werden auch diese Disziplinen erst dann zu echten Wissenschaften mit ihre jeweiligen Protagonisten überdauernden Ergebnissen heranreifen, wenn sie ein tragfähiges Fundament erhalten, und das kann meiner Meinung nach – so wie in der Biologie – nur eine dafür geeignete, teleologiefreie Evolutionstheorie sein.

---

[21] Herrmann-Pillath, Carsten (2002): Grundriss der Evolutionsökonomik, München: UTB

[22] Im Verlaufe des Buches äußere ich mich gelegentlich recht kritisch über die Sozial- und Kulturwissenschaften. Bisweilen spreche ich ihnen gar den Wissenschaftsstatus ab. Dies betrifft aber ausschließlich die Vertreter der von mir angeführten Mehrheitsmeinungen. Daneben gibt es in den Disziplinen selbstverständlich auch zahlreiche ernsthaft arbeitende Wissenschaftler.

[23] Allerdings werden immer wieder ernsthafte Versuche unternommen, Evolutionstheorien des Sozialen beziehungsweise des sozialen Wandels zu entwerfen, die sich jedoch meiner Meinung nach bislang allesamt viel zu sehr an den biologischen Begrifflichkeiten der Darwinschen Evolutionstheorie orientieren. Es kann nicht oft genug gesagt werden: Die Darwinsche Evolutionstheorie ist eine biologische Theorie mit biologischen Begrifflichkeiten (Fortpflanzung, Gene, ...). Eine Anwendungsausweitung auf andere Fachgebiete dürfte mehr als fraglich sein. Aktuelle Beispiele oben genannter Versuche sind Schurz, Gerhard (2011): Evolution in Natur und Kultur. Eine Einführung in die verallgemeinerte Evolutionstheorie, Heidelberg: Spektrum Akademischer Verlag; Müller, Stephan S. W. (2010): Theorien sozialer Evolution. Zur Plausibilität darwinistischer Erklärungen sozialen Wandels, Bielefeld: transcript Verlag; Wortmann, Hendrik (2010): Zum Desiderat einer Evolutionstheorie des Sozialen. Darwinistische Konzepte in den Sozialwissenschaften, Konstanz: UVK. Während Schurz der Auffassung ist, bei der von ihm präsentierten Kombination aus biologischer Evolutionstheorie und Memetik handele es sich um eine allgemeine Evolutionstheorie, die auch die kulturelle Evolution abdecke, kommen Müller und Wort-

mann zu dem Ergebnis, dass eine plausible Theorie sozialer Evolution nicht in Sicht sei.

[24] Dies kann man zum Teil sogar bei den Ökonomen lesen, vgl. etwa Taghizadegan, Rahim (2011): Wirtschaft wirklich verstehen. Einführung in die Österreichische Schule der Ökonomie, München: FinanzBuch Verlag, S. 123

[25] Und gleichfalls aus einer agnostischen. Ich halte die Frage, ob es einen Gott gibt oder nicht, für nicht klärbar. Ich persönlich glaube zwar nicht an die Existenz Gottes, habe aber kein Problem damit, wenn andere eine gegenteilige Überzeugung besitzen, solange sie meine eigene Auffassung respektieren. Ich habe mich in meinem Buch bemüht, an keiner Stelle die Existenz oder Nichtexistenz von Gott vorauszusetzen.

[26] Vielleicht war das Universum aber auch unabhängig davon schon immer da, siehe etwa Hawking, Stephen (2010): Die illustrierte kurze Geschichte der Zeit, Reinbek: Rowohlt, S. 174ff. Dies spielt jedoch für die weiteren Überlegungen keine Rolle. Vereinfacht ausgedrückt besteht der Unterschied der hier vertretenen Auffassung zu religiösen Schöpfungstheorien vor allem darin, dass gewissermaßen ein einziger "Gesamtschöpfungsvorgang" vor 13,75 Milliarden Jahren angenommen wird, in dessen Anschluss sich dann alles auf der Grundlage physikalischer Gesetzmäßigen entwickelte. Weitere Eingriffe seitens eines Gottes oder Intelligent Designers sind nicht erfolgt und waren auch nicht erforderlich. In dem Sinne sind wir also Geschöpfe des Urknalls.

[27] Dies ist absichtlich sehr populärwissenschaftlich und damit ungenau formuliert, da die meisten Menschen mit Begriffen wie "Entropie" nichts anzufangen wissen.

[28] Hawking, Stephen (2010): Die illustrierte kurze Geschichte der Zeit, Reinbek: Rowohlt, S. 182ff.

[29] Ich werde die Aussage sogleich ein wenig verallgemeinern.

[30] Atkins, Peter W. (1984): Schöpfung ohne Schöpfer, Was war vor dem Urknall? Hamburg: Rowohlt, S. 55

[31] Unter Kompetenzen versteht man in erster Annäherung das, was Darwin als Anpassung beziehungsweise Anpassungsfähigkeit bezeichnete.

[32] Der Begriff Kompetenzen schließt Strukturinformationen mit ein, dies wird in der Darwinschen Evolutionstheorie im Grunde nicht anders gesehen. Dementsprechend kann ein Schnabeltyp eines Vogels oder das Gebiss eines Raubtiers entweder als Form oder als Anpassung verstanden werden.

[33] Es handelt sich folglich um eine rekursive Definition.

[34] Kompetenzen, die mit den Lebensraumveränderungen nicht Schritt halten können, wären schon bald keine mehr, da damit keine ausreichenden Ressourcen mehr aus der Umwelt bezogen werden könnten, die die Systeme jedoch zur regelmäßigen Erneue-

rung ihrer Kompetenzen benötigen. Darwin bezeichnete den beschriebenen Prozess der Kompetenzreproduktion als fortlaufende Anpassung an die Umwelt.

[35]   Deshalb hoffe ich inständig, dass es jemand widerlegt und durch ein sinnreicheres Modell ersetzt. Was allerdings wenig wahrscheinlich ist, denn in der modernen Physik geht es schließlich genauso sinnentleert zu.

[36]   Auch dazu gibt es eine sprachliche Entsprechung Paul Valérys: "Von zwei möglichen Wörtern ist immer das schlichtere zu wählen."

[37]   Gemäß dem Landauer-Prinzip hat das Löschen eines Bits an Information zwangsläufig die Abgabe von Energie in Form von Wärme gemäß $W = k*T*\ln(2)$, k=Boltzmann-Konstante, T=absolute Temperatur der Umgebung, zur Folge - http://de.wikipedia.org/wiki/Landauer-Prinzip

[38]   Vgl. Taghizadegan, Rahim (2011): Wirtschaft wirklich verstehen. Einführung in die Österreichische Schule der Ökonomie, München: FinanzBuch Verlag, S. 105ff.

[39]   Braitenberg, Valentin (2011): Information - der Geist in der Natur, Stuttgart: Schattauer, S. 157

[40]   Andere Autoren sprechen synonym von Aktoren oder Agenten.

[41]   wissenschaft.de, 17.04.2002: Astronomie - Erst bremsen, dann beschleunigen: Vor 7,5 Milliarden Jahren drückte das Universum aufs Gaspedal - http://www.wissenschaft.de/wissenschaft/news/149996.html

[42]   FAZ, 04.10.2011: Supernova-Forschung - Physik-Nobelpreis für drei Astronomen - http://www.faz.net/aktuell/wissen/supernova-forschung-physik-nobelpreis-fuer-drei-astronomen-11481581.html

[43]   Atkins, Peter W. (1984): Schöpfung ohne Schöpfer, Was war vor dem Urknall? Hamburg: Rowohlt, S. 39

[44]   Dawkins, Richard (2007): Das egoistische Gen: Jubiläumsausgabe, München: Spektrum Akademischer Verlag

[45]   Die Reduktion ist vollständig, da die Theorie der egoistischen Gene keineswegs behauptet, Gene seien tatsächlich egoistisch. Stattdessen wird angenommen, die von den Genen geschaffenen Überlebensmaschinen (Evolutionsakteure im Sinne der Systemischen Evolutionstheorie) verhielten sich so, als seien ihre Gene egoistisch. Schränkt man die Systemische Evolutionstheorie wie beschrieben ein, dann sind die beiden theoretischen Ansätze in der Tat identisch.

[46]   Dies bedeutet nun allerdings nicht, dass ich die Theorie der egoistischen Gene für einen sinnvollen Spezialfall der Systemischen Evolutionstheorie halte. Beispielsweise heißt es in Dawkins, Richard (2008): Der entzauberte Regenbogen. Wissenschaft, Aberglaube und die Kraft der Phantasie. Hamburg: Rowohlt, S. 283: "Erfolgreiche

Büffel vermehren nicht sich selbst, sondern sie vermehren ihre Gene. Von der wirklichen Einheit der natürlichen Selektion muss man sagen können, dass sie eine bestimmte Häufigkeit hat. Diese Häufigkeit nimmt zu, wenn der Typus erfolgreich ist, und sie sinkt, wenn er versagt. Genau das kann man über Gene in Genvorräten behaupten, nicht aber über einzelne Büffel." Für erfolgreiche Unternehmen (Superorganismen) - zum Beispiel Mobiltelefonhersteller - gilt jedoch weder das eine noch das andere: Sie vermehren nämlich auf der Grundlage ihrer Kompetenzen lediglich kleine Geräte, die sie in ihre Lebensräume - die Märkte - hinausschicken, um Ressourcen (Geld) im Tausch gegen die Geräte zu erlangen, damit sie ihre Kompetenzen reproduzieren können. Bei der Annahme, die evolutionstheoretische "Einheit der Selektion" könne nur das sein, was eine bestimmte Häufigkeit hat - in diesem Fall also die Mobiltelefone -, handelt es sich um einen Denkfehler.

47 Vgl. etwa Mersch, Peter (2010): Systemische Evolutionstheorie und Gefallen-wollen-Kommunikation, In: Gilgenmann, K./Mersch, P./Treml, A. K. (Hrsg.): Kulturelle Vererbung: Erziehung und Bildung in evolutionstheoretischer Sicht, Norderstedt: Books on Demand, S. 75ff.

48 Bresch, Carsten (2010): Evolution. Was bleibt von Gott? Stuttgart: Schattauer

49 Eine gewisse Evolution ist deshalb bereits ganz ohne Konkurrenz möglich. Ihre Triebfeder wäre das fortwährende Bestreben, dem thermodynamischen Zeitpfeil zu entrinnen.

50 Atkins, Peter W. (1984): Schöpfung ohne Schöpfer, Was war vor dem Urknall? Hamburg: Rowohlt, S. 55

51 Felber, Christian (2010): Gemeinwohl-Ökonomie. Das Wirtschaftsmodell der Zukunft, Wien: Deuticke, S. 79

52 Bauer, Joachim (2006): Prinzip Menschlichkeit. Warum wir von Natur aus kooperieren. Hamburg: Hoffmann und Campe

53 Felber, Christian (2009): Kooperation statt Konkurrenz. 10 Schritte aus der Krise, Wien: Deuticke

54 Oder noch banaler: Wenn zehn Steinzeitmänner kooperieren, leiden die Mammuts.

55 Waldrop, M. Mitchell (1996): Inseln im Chaos: Die Erforschung komplexer Systeme. Berlin: Rowohlt, S. 231f.

56 Taghizadegan, Rahim (2011): Wirtschaft wirklich verstehen. Einführung in die Österreichische Schule der Ökonomie, München: FinanzBuch Verlag, S. 16ff.

57 Durkheim, Émile (1992): Über soziale Arbeitsteilung. Studie über die Organisation höherer Gesellschaften, Frankfurt: Suhrkamp

[58] Scarr S/McCartney K (1983): How people make their own environments. A theory of genotype-environment effects, Child Developent, 1983, 54, S. 424-435

[59] Die Aussage lässt sich auch unmittelbar aus den Prinzipien der Systemischen Evolutionstheorie folgern.

[60] Vgl. etwa FAZ, 02.09.2010: Jeder kann das große Los ziehen. - http://www.faz.net/artikel/C30297/die-intelligenzforscherin-elsbeth-stern-im-interview-jeder-kann-das-grosse-los-ziehen-30038371.html

[61] Tomasello, Michael (2010): Warum wir kooperieren. Frankfurt: Suhrkamp

[62] Dawkins, Richard (2007): Das egoistische Gen: Jubiläumsausgabe, München: Spektrum Akademischer Verlag

[63] Dawkins, Richard (2007): Das egoistische Gen. München: Elsevier, S. 334

[64] Watson, Elizabeth E./Easteal, Simon/Penny, David (2001): Homo Genus: A Review of the Classification of Humans and the Great Apes. In: Phillip Tobias et al. (Hrsg.): Humanity from African Naissance to Coming Millennia. Colloquia in Human Biology and Palaeoanthropology. Florenz: Firenze University Press, S. 307–318

[65] Schrödinger, Erwin (1989): Was ist Leben? Die lebende Zelle mit den Augen des Physikers betrachtet. München: Piper

[66] Gemäß Astrid Deuber-Mankowsky ging Rousseau davon aus, dass Kultur erstens "aus der Natur entstanden sei und zweitens, dass sich dieser Entstehungsprozess der Kultur nicht willkürlich ereignet, sondern gemäß den Gesetzen der Natur. Nun leitet sich das Gesetz der Natur, wie er es im Tierreich beobachtete, aus dem Recht des Stärkeren ab. Die Entstehung der Kultur zu erklären, bedeutete entsprechend, zu erklären, wieso sich das gesetzte Recht der Kultur nicht dem natürlichen Recht des Stärkeren beuge. Und genau hier kommt die Dialektik des sexuellen Begehrens zum Tragen, die Rousseau aus der gesetzten Unterschiedlichkeit der Geschlechter entwickelt." (Deuber-Mankowsky, Astrid (2009): Natur/Kultur, In: von Braun, C./Stephan, I. (Hrsg.): Gender@Wissen. Ein Handbuch der Gender-Theorien, Köln: Böhlau, S. 233) Wie man sieht, besitzen die Ansätze Rousseaus und der Systemischen Evolutionstheorie bzgl. der Frage nach dem Entstehen von Kultur durchaus Berührungspunkte.

[67] Mersch, Peter (2008): Evolution, Zivilisation und Verschwendung: Über den Ursprung von Allem. Norderstedt: Books on Demand, S. 379ff.

[68] Beispielsweise lautet der Artikel 3 der Allgemeinen Erklärung der Menschenrechte ganz im Sinne des Rechts des Besitzenden: "Jeder hat das Recht auf Leben, Freiheit und Sicherheit der Person." (abgerufen: 17.07.2011) http://www.ohchr.org/EN/UDHR/Pages/Language.aspx?LangID=ger

69   Hardin, Garrett (1968): The Tragedy of the Commons, Science 13 December 1968: S. 1243-1248

70   Evolution kann selbstverständlich nur dann stattfinden, wenn die vorhandenen Kompetenzen in "ausreichendem" Maße reproduziert werden. Eine nicht negative Korrelation zwischen Reproduktionsinteresse und Kompetenzen würde aber auch dann bestehen, wenn das Reproduktionsinteresse bei allen Individuen gleich Null wäre. Die Folge wäre ein baldiges Aussterben. Die - zugegebenermaßen - etwas ungenaue Nebenbedingung soll darauf hinweisen, dass die Individuen der Population insgesamt ausreichend bestrebt sein müssen, die vorhandenen Kompetenzen zu bewahren, damit die Population weiter evolvieren kann. Im den meisten Fällen setzt das eine mindestens bestandserhaltende Reproduktion voraus (Überschussbedingung gemäß Darwin). Bei solitär lebenden beziehungsweise nur schwach untereinander kooperierenden Arten müssten alle Individuen selbst dafür sorgen, dass ihre vorhandenen Kompetenzen reproduziert werden. In diesem Fall würde sich die Bedingung (als Darwinscher Überschuss) ganz von allein einstellen.

71   Zur Frage des Grads der "Ähnlichkeit" führt Karl Olsberg aus: "Man kann den Zusammenhang zwischen Mutationsrate und Evolutionsfortschritt mathematisch analysieren. Dies haben Ingo Rechenberg (...) und seine Mitarbeiter schon in den siebziger Jahren getan. (...) In vielen Fällen ist die Mutationsrate optimal, wenn 20 Prozent der Nachkommen besser an die Umwelt angepasst sind als ihre Eltern, 80 Prozent jedoch schlechter. (...) Der Grund liegt darin, dass es einen mathematischen Zusammenhang zwischen der Schrittweite der Mutationen und dem Anteil 'schlechter' Mutationen gibt. Man kann also die Schrittweite nur vergrößern, wenn man einen höheren Anteil nachteiliger Mutationen in Kauf nimmt." (Olsberg, Karl (2010): Schöpfung außer Kontrolle: Wie die Technik uns benutzt. Berlin: Aufbau Verlag, S. 56f.) Eine optimierte Lösung in der Hinsicht stellt offenkundig die Getrenntgeschlechtlichkeit dar: Männlich = hohe Mutationsschrittweite + Selektion, weiblich = niedrige Schrittweite.

72   Generell stellt sich in diesem Zusammenhang und in Verbindung mit dem Prinzip Variation die Frage nach den Mechanismen für das Entstehen neuer Variation. Diese Frage kann jedoch im Rahmen einer allgemeinen Evolutionstheorie nicht beantwortet werden, sondern nur durch die zuständigen Fachdisziplinen. Ganz entsprechend schreiben Bunge und Mahner zu den möglichen Emergenzmechanismen (vgl. Bunge, Mario/Mahner, Martin (2004): Über die Natur der Dinge: Materialismus und Wissenschaft. Stuttgart: S. Hirzel, S. 81): "Welches sind die Emergenzmechanismen? Hierauf gibt es keine allgemeine Antwort: Die Antwort hängt von der Natur der Dinge ab, d.h., es gibt unzählige Emergenzmechanismen, die außer dem Auftreten neuer Eigenschaften kaum etwas gemeinsam haben. (...) Emergenzprozesse können daher nur allgemein als Prozesse der Selbstzusammensetzung und der Selbstorganisation beschrieben werden, als Prozesse der inneren Restrukturierung, als Interaktionsprozesse mit Dingen aus der Umgebung oder eine Kombination dieser Prozesse." Man ver-

gleiche dazu aber auch: Mahner, Martin/Bunge, Mario (2000): Philosophische Grundlagen der Biologie. Berlin/Heidelberg: Springer Verlag, S. 301 ff.

[73]   Man vergleiche jedoch dazu die Verwendung des Fitnessbegriffs innerhalb der modernen Evolutionsbiologie. Ferner ist zu beachten, dass es sich bei den Prinzipien Variation, Reproduktionsinteresse und Reproduktion der Systemischen Evolutionstheorie lediglich um hinreichende Bedingungen für Evolution handelt. Es sind nämlich Populationen vorstellbar, die selbst unter geringfügig schwächeren Bedingungen evolvieren können (zum Beispiel wenn das Reproduktionsinteresse zwar mit zunehmender Fitness sinkt, jedoch nicht so schnell wie die Fitness dabei ansteigt, oder wenn es zu einem regelmäßigen und ungehinderten horizontalen Kompetenztransfer zwischen den Evolutionsakteuren - per Imitation, Bildung, Mitarbeiterwechsel etc. - kommt). Die genannten Bedingungen sind deshalb nicht unbedingt notwendig für Evolution. Es ist fraglich, ob jemals allgemeine hinreichende und notwendige Kriterien für Evolution formuliert werden können.

[74]   Mersch, Peter (2010): Systemische Evolutionstheorie und Gefallen-wollen-Kommunikation, In: Gilgenmann/Mersch/Treml (Hrsg.): Kulturelle Vererbung: Erziehung und Bildung in evolutionstheoretischer Sicht, Norderstedt: Books on Demand, S. 75 ff.

[75]   Mersch, Peter et al: Systemische Evolutionstheorie - http://knol.google.com/k/systemische-evolutionstheorie

3 Evolution und Ökonomie

Im vorangegangenen Kapitel wurde bereits kurz erläutert, dass neben den Lebewesen eine weitere große Klasse an selbstreproduktiven Systemen existiert, und zwar die sogenannten Superorganismen, zu denen in der Biologie unter anderem die Honigbienenvölker zählen und in menschlichen Gesellschaften vor allem die Unternehmen. Beispielsweise stellt jeder einzelne Markt in Marktwirtschaften – evolutionstheoretisch betrachtet – einen Lebensraum dar, in dem die Marktteilnehmer (die Unternehmen beziehungsweise Superorganismen) mittels des Rechts des Besitzenden um Ressourcen (beispielsweise das Geld der Kunden[76]) konkurrieren. Ihre Angebote und Produkte sind Ausdruck ihrer Kompetenzen, die sie regelmäßig reproduzieren (erneuern) müssen, um am Markt bestehen und in der Folge als Unternehmen überleben zu können. Die dafür aufgebrachten Investitionen sind Ausdruck ihrer Reproduktionsinteressen (mit eher niedrigen Zeitpräferenzen).

Auch hierbei offenbart sich unmittelbar die bereits dargelegte Grundaufgabe des Lebens: Unternehmen besitzen gegenüber ihrer Umwelt (den Märkten) Kompetenzen, um aus ihr Ressourcen (Mittel, Geld, Humanressourcen etc.) zu erlangen, mit deren Hilfe sie ihre Kompetenzen reproduzieren können. Zusätzlich sind sie bestrebt, genau das zu tun – das heißt, sie besitzen Reproduktionsinteressen –, denn nur so können sie den Wirkungen des thermodynamischen Zeitpfeils entrinnen. Sind die Ressourcen knapp, kommt es zum Wettbewerb unter den Marktteilnehmern, der mittels des Rechts des Besitzenden ausgetragen wird[77].

Unternehmen entfalten eigenständige Kompetenzen, die über das Wissen und die Fähigkeiten ihrer Mitarbeiter hinausgehen. In dieser Hinsicht entsprechen sie den Bienenvölkern. Beispielsweise ist Nokia in der Lage, leistungsfähige Mobiltelefone zu entwickeln, zu produzieren und zu vermarkten, obwohl kein einziger Mitarbeiter des Unternehmens über auch nur annähernd ähnlich umfassende Kompetenzen verfügen dürfte.

Es ist wichtig, zu begreifen, dass moderne Unternehmen weder Menschen noch Menschengruppen, sondern Superorganismen sind. Aus diesem Grund wird Wirtschaft auch längst nicht mehr von Menschen für Menschen, sondern von Superorganismen gemacht[78]. Selbst gegenüber ihren eigenen Mitarbeitern bringen solche Systeme oftmals kaum mehr Mitgefühl auf, als ein vor einer Meute Raubtiere fliehender barfüßiger Steinzeitmensch gegenüber den Zellen seiner Fußsohlen. In beiden Fällen steht nämlich das Überleben des Gesamtsystems im Vordergrund.

Solange Menschen und andere Marktteilnehmer auf den Märkten primär über den Preis selektieren (zum Zwecke des eigenen Kompetenzerhalts), wird man dort so etwas wie "Menschlichkeit" nicht erwarten dürfen. Unternehmen sind Evolutionsakteure, die sich evolutiv – das heißt, selbstorganisatorisch – in Bezug auf die in ihren Lebensräumen – den Märkten – geltenden Bedingungen optimieren. Wollte man etwa durch eine geeignete Marktgestaltung bestimmte "positive" Unternehmensmerkmale fördern und "negative" erschweren bis gar verhindern, dann sollte man bereits in der Planungsphase berücksichtigen, dass die Marktteilnehmer – ob Unternehmen oder Menschen – allesamt selbstreproduktive Systeme sind, deren Haupttriebfeder das Streben um den eigenen Kompetenzerhalt ist.

In einigen ökonomischen Theorien (zum Beispiel der österreichischen Schule der Ökonomie[79]) wird der Begriff des Kapitals in einem recht ähnlichen Sinne wie der Kompetenzbegriff der Systemischen Evolutionstheorie verwendet, das heißt, als Vermögen (Fähigkeiten) beziehungsweise Potenzial. Was die Bedeutung der Wissensentwicklung angeht, bestehen ohnehin sehr viele Übereinstimmungen zwischen der österreichischen Schule der Ökonomie und der Systemischen Evolutionstheorie. Allerdings mangelt es Ersterer an einem grundlegenden systemtheoretischen Fundament. Dementsprechend sind für sie Unternehmen keine eigenständigen Akteure, sondern nur die Menschen, die sie leiten beziehungsweise für sie tätig sind. Diese Beschränkung dürfte die Ursache einiger Fehlschlüsse und Fehleinschätzungen sein, wie ich noch zeigen werde.

Ganz im Sinne der obigen Kapital- und Kompetenzbegriffe wird die Summe aller menschlichen Kompetenzen in einer Gesellschaft oder einem Unternehmen üblicherweise als deren Humanvermögen beziehungsweise Humankapital (Fähigkeiten und Fertigkeiten sowie das Wissen, das in Personen verkörpert ist) bezeichnet.

Neben ihren Kompetenzen besitzen Unternehmen auch eigenständige Reproduktionsinteressen mit unterschiedlichen Zeitpräferenzen. Anders gesagt: Sie sind auf vielfältige Weise bestrebt, Kompetenzverluste zu vermeiden, und zwar vor allem in den Bereichen, in denen ihre eigentlichen Kernkompetenzen angesiedelt sind. In gewisser Weise ähneln sie Lebewesen: Sie besitzen Kompetenzen und sind bestrebt, am "Leben" zu bleiben. Genau das macht sie – wie Lebewesen – evolutionsfähig, denn das kollektive Vermeiden von Kompetenzverlusten seitens der Unternehmen bewirkt auf den Märkten eine Entwicklung von Fähigkeiten und Fertigkeiten, die in der Literatur allgemein als *Red-Queen-Mechanismus* bezeichnet wird[80].

Und das funktioniert so: Wenn etwa Apple in den Markt der elektronischen Bücher vordringt, wird der Buchhändler Amazon dagegen halten müssen, andernfalls läuft er Gefahr, seine Marktkompetenzen und damit auch seine Marktstellung zu verlieren. Und er wird dies bereits dann tun müssen, wenn er nur annimmt, ein Konkurrent könnte so etwas vorhaben. In diesem Fall war das Ergebnis eine eigene Plattform für elektronische Bücher – der "Kindle" –, mit der sich Amazon frühzeitig im Zukunftsmarkt E-Books zu positionieren versucht.

Bei den Kunden sieht die Sache recht ähnlich aus, denn auch sie streben – als Lebewesen – danach, ihre Kompetenzen zu bewahren beziehungsweise Kompetenzverluste zu vermeiden. Sollte beispielsweise eine Schülerin feststellen, dass ihre beiden Freundinnen ihre Bücher neuerdings überwiegend auf dem Amazon Kindle lesen und sich darüber regelmäßig austauschen, dann wird sie sich zunehmend ausgeschlossen fühlen. Sie wird befürchten, einen Teil ihrer Kompetenzen (ihre Stellung) gegenüber ihren Freundinnen zu verlieren. Also wird auch sie einen Kindle haben wollen.

Selbst ganz normale Innovation stellt sich bei näherer Betrachtung als Kompetenzverlustvermeidung dar, das obige Beispiel zu Robinsons Fischfangfertigkeiten deutete es bereits an. Besitzt beispielsweise das Unternehmen Nokia bei den Mobiltelefonen einen sehr hohen Marktanteil, dann könnte es seine Produkte aufgrund von Skaleneffekten preisgünstiger anbieten als die Konkurrenz. Ein weniger gut positionierter Wettbewerber sähe nun keine Chance, mit Nokia über den Preis zu konkurrieren. Also müsste er sich etwas anderes einfallen lassen, zum Beispiel die Integration einer neuen Funktionalität, wie die eines Rundfunkempfängers. Damit könnte er unter Umständen einen Teil der Kunden für sich gewinnen, obwohl sein Angebot preislich über dem des Marktführers liegt. Es ist dann aber zu erwarten, dass Nokia sehr bald ebenfalls Mobiltelefone mit integriertem Rundfunkempfänger anbieten wird, möglicherweise nun wieder etwas preisgünstiger als der Wettbewerb, und zusätzlich etwas flacher und mit einer Videokamera ausgestattet. Auf diese Weise wird modernes Leben auf evolutive Weise erzeugt. Es werden Bedürfnisse geweckt, die es vorher nicht gab, und es werden Funktionalitäten bereitgestellt, die kein Kunde jemals verlangte, die kurze Zeit später jedoch regelrecht unverzichtbar erscheinen. Man wird sie als Kunde haben müssen, um nicht hoffnungslos rückständig zu erscheinen

(= Kompetenzverlust gegenüber anderen). Zu beachten ist, dass die Innovationen meist keineswegs nur Reaktionen auf Neuerungen der Wettbewerber sind, sondern sie werden im Allgemeinen bereits im Vorfeld und aus sich heraus entwickelt, da kein Unternehmen ausschließen kann und wird, dass die Konkurrenz bereits an etwas ganz Ähnlichem arbeitet. Die fehlende eigene Weiterentwicklung hätte nämlich in einer Wettbewerbsumgebung zwangsläufig einen Kompetenzverlust zur Folge. Es ist das klassische Red-Queen-Dilemma: Wer stehen bleibt, fällt zurück. Der Turbokapitalismus bringt sich auf evolutionäre Weise selbst hervor.

Aus diesen Gründen befinden sich Marktwirtschaften praktisch im Wachstumszwang. Ein Null-Wachstum wäre gleichbedeutend mit Rezension, jedenfalls solange noch Produktivitätssteigerungen zu verzeichnen sind. In der Natur verhält sich dies nicht viel anders: Eine Nachfolgegeneration, die – aufgrund von natürlicher Selektion – etwas besser an eine im Grunde unveränderte Umwelt angepasst ist als ihre Elterngeneration, würde darin produktiver agieren können. Sie würde leichter Ressourcen erlangen und schließlich auch mehr Nachkommen hinterlassen. Letzteres folgt sowohl unmittelbar aus der Theorie der egoistischen Gene als auch dem Prinzip der natürlichen Reproduktionsinteressen der Systemischen Evolutionstheorie (das heißt, aus der allgemeinen Kompetenzverlustvermeidung beziehungsweise dem Bestreben, dem thermodynamischen Zeitpfeil zu entrinnen). Natürliche Populationen in nicht gesättigten Nischen, in denen die Ressourcen noch nicht knapp sind, werden deshalb zahlenmäßig weiter wachsen. Erst wenn ausreichend viele Konkurrenten oder Feinde vorhanden sind, sodass sich die mittlere Produktivität der Population nicht mehr weiter steigern lässt, werden die Populationszahlen stabil bleiben oder gar zurückgehen.

Doch zurück zur Marktwirtschaft: Im Allgemeinen dürfte es auf stark umkämpften Märkten, in denen die verschiedenen Anbieter im scharfen Wettbewerb miteinander stehen und zusammen ein Vielfaches von dem absetzen könnten, was der Markt aufzunehmen in der Lage ist, zu einer schnellen innovativen Weiterentwicklung kommen, ganz anders als auf Märkten, die fast vollständig von einem einzelnen Anbieter (einem Monopol) beherrscht werden. Das ist einer der Vorteile wettbewerbsorientierter Marktwirtschaften. Einer ihrer Nachteile ist die damit einhergehende Verschwendung, wie ich in meinem Buch *Evolution, Zivilisation und Verschwendung*[81] dargelegt habe.

---

[76] Geld stellt in modernen Marktwirtschaften eine universelle Ressource (ein universelles Mittel) dar. Vgl. etwa Taghizadegan, Rahim (2011): Wirtschaft wirklich verstehen. Einführung in die Österreichische Schule der Ökonomie, München: FinanzBuch Verlag, S. 173

[77] Jedenfalls in einer idealen Marktwirtschaft, in der sich alle Marktteilnehmer gemäß den Marktregeln verhalten.

[78] Man vergleiche dazu etwa die Aussagen Erwin Teufels: FAZ, 02.08.2011: Erwin Teufel - "Ich schweige nicht länger" http://www.faz.net/artikel/C30923/erwin-teufel-ich-schweige-nicht-laenger-30476693.html

[79] Vgl. etwa Taghizadegan, Rahim (2011): Wirtschaft wirklich verstehen. Einführung in die Österreichische Schule der Ökonomie, München: FinanzBuch, S. 107ff., S. 114ff.

[80] In Anlehnung an Carroll, Lewis (1974): Alice hinter den Spiegeln. Frankfurt: Insel Verlag, wo die Rote Königin der neugierigen Alice erklärt: "Hierzulande musst du so schnell rennen, wie du kannst, wenn du am gleichen Fleck bleiben willst."

[81] Mersch, Peter (2008): Evolution, Zivilisation und Verschwendung: Über den Ursprung von Allem. Norderstedt: Books on Demand, S. 379ff.

4 Nischenbildung

Ist der Wettbewerbsdruck für einen Anbieter zu groß, sodass er auf dem Markt keine Gewinne mehr erzielen kann (anders gesagt: er erlangt nicht mehr ausreichend viele Ressourcen, um die eigenen Kompetenzen reproduzieren zu können), könnte er sich auch für alternative Strategien entscheiden, zum Beispiel das Ausweiten des Geschäftsfeldes auf andere, lukrativere beziehungsweise weniger umkämpfte Märkte, das Wecken neuer Bedürfnisse bei den Abnehmern oder das Besetzen einer Marktnische.

Marktnischen werden oftmals regelrecht konstruiert und dann auch so gestaltet, dass anderen der Markteintritt beziehungsweise das Mitspielen erschwert oder gar unmöglich gemacht wird. Ein beliebtes Mittel zur Nischenabgrenzung sind proprietäre Standards. Kein namhafter Hersteller von PC-Druckern würde beispielsweise Tintenstrahldrucker auf dem Markt werfen, die die gleichen Patronen verwenden, die die Konkurrenz bereits vertreibt.

Aber auch in den Wissenschaften ist die aktive Nischenabgrenzung an der Tagesordnung. Beispielsweise gilt in der Soziologie der von Émile Durkheim formulierte Grundsatz, dass Soziales durch Soziales erklärt werden müsse, was bei Lichte betrachtet natürlich wenig Sinn macht, zumal er längst klammheimlich und in unzulässiger Weise auf das Prinzip, Individuelles müsse gleichfalls auf Soziales zurückgeführt werden – was den Kern des sogenannten Antibiologismus ausmacht –, ausgeweitet wurde. Dementsprechend wird in den Sozialwissenschaften heute praktisch jedes biologische Argument – unzutreffenderweise – als Biologismus zurückgewiesen.

Umgekehrt scheint es auch das Anliegen weiter Teile der Biologie zu sein, die eigene Lehre "rein" zu halten. So bemüht man sich dort redlich, selbst die Organisation komplexester Insektensozialstaaten genetisch zu erklären. Entsprechend bemängelt der Computerwissenschaftler W. Daniel Hillis[82], dass es in der Biologie eine starke Strömung gebe, "*der zufolge man Darwin nie öffentlich infrage stellen sollte*". Echte interdisziplinäre Forschung mag es in den Wissenschaften vereinzelt geben, ernst genommen wird sie jedoch kaum. Das Motiv hinter der wissenschaftlichen Nischenabgrenzung ist letztlich die Vermeidung von Kompetenzverlusten.

Aus exakt den gleichen Gründen stoßen bahnbrechende neue Erkenntnisse in den Wissenschaften nicht sogleich auf ungeteilte Zustimmung und Begeisterung, sondern im Allgemeinen zunächst einmal auf einen massiven Widerstand. Thomas S. Kuhn formulierte dies so[83]:

Die Übertragung der Bindung von einem Paradigma auf ein anderes ist eine Konversation, die nicht erzwungen werden kann. Lebenslanger Widerstand, besonders von solchen, deren produktive Laufbahn sie einer älteren Tradition normaler Wissenschaft verpflichtet hat, ist keine Verletzung wissenschaftlicher Normen, sondern ein Hinweis auf das Wesen der wissenschaftlichen Forschung selbst.

Hier möchte man anfügen, dass dies nicht nur ein Hinweis auf das Wesen der wissenschaftlichen Forschung selbst, sondern auf das Wesen des Lebens an sich ist.

Eine erfolgreiche wissenschaftliche Nischenbildung gelang auch Richard Dawkins mit der *Theorie der egoistischen Gene* und der *Memetik* [84], erlaubte es deren konzeptionelle Zweiteilung doch auf geradezu ideale Weise, biologische Phänomene mit biologischen Begrifflichkeiten (Replikator Gen) und soziokulturelle Phänomene mit soziokulturellen Termini (Replikator Mem) zu beschreiben, das heißt mit den Mitteln der jeweiligen wissenschaftlichen Nischen. Der Ansatz stieß deshalb sowohl in der Biologie als auch in den Gesellschafts- und Kulturwissenschaften auf prompten Anklang. Dabei ist die gewählte Vorgehensweise aus naturwissenschaftlicher Sicht alles andere als sinnvoll. Versteht man nämlich Leben – wie beschrieben – als den verzweifelten, und auf lange Sicht zum Scheitern verurteilten Versuch, dem thermodynamischen Zeitpfeil unseres Universums möglichst lange zu entrinnen und die eigenen Kompetenzen zu bewahren, dann kann es sich bei Evolution nur um einen einheitlichen Prozess handeln, der auf der Grundlage gemeinsamer Prinzipien Elefanten, Menschen, erhabene Ideen sowie konservative und linke Gesinnungen hervorgebracht hat.

Aktive Nischenabgrenzung findet selbst dort statt, wo es letztlich um Leben oder Tod geht. In meinem Artikel *Der Fall Charlie Abrahams*[85] habe ich die Geschichte des im Kleinkindalter sehr schwer an Epilepsie erkrankten Sohnes Charlie des Hollywood-Regisseurs Jim Abrahams beschrieben. Bedauerlicherweise schlug bei ihm keins der zahlreich verordneten Antiepileptika an. Dennoch rieten die konsultierten Neurologen den besorgten Eltern von der Anwendung der nachgewiesenermaßen überaus wirkungsvollen und äußerst nebenwirkungsarmen ketogenen Diät – auf die die Eltern in Eigenrecherche stießen – ab ("fehlende Evidenz"). Auch versuchte man die Diät, als zusätzliche Behandlungsoption von vornherein zu verheimlichen. Der Artikel geht der Frage nach, aus welchen Gründen die konsultierten Neurologen dabei praktisch kollektiv gegen unverrückbare Prinzipien (zum Beispiel *primum non nocere*[86]) der medizinischen Ethik verstießen. Er kommt zu dem Schluss, dass der plausibelste (und möglicherweise einzige) Grund die unbewusste Vermeidung von Kompetenzverlusten sein dürfte: Hätte man seitens der Neurologie offen zugegeben, dass viele Epileptiker mindestens genauso erfolgreich mit einer Diät wie mit den leistungsfähigsten Antiepileptika behandelt werden können, wäre es möglicherweise zu einer Schwächung der eigenen Kompetenznische gekommen. Es hätte sich zum Beispiel die Frage gestellt, ob Epilepsie überhaupt eine neurologische Erkrankung und die Neurologie die dafür primär zuständige medizinische Disziplin ist.

---

[82]   Brockman, John (1996): Die dritte Kultur. Das Weltbild der modernen Naturwissenschaft, München: Goldmann, S. 29

[83]   Kuhn, Thomas S. (2001): Die Struktur wissenschaftlicher Revolutionen, Frankfurt: Suhrkamp, S. 162

[84]   Dawkins, Richard (2007): Das egoistische Gen. München: Elsevier

[85]   Mersch, Peter: Der Fall Charlie Abrahams - http://knol.google.com/k/der-fall-charlie-abrahams

[86]   Entsprechend produzierte Jim Abrahams auf der Grundlage der Patientengeschichte seines Sohnes Charlie den Fernsehfilm "...First do no harm" (Hauptrolle: Meryl Streep). Heute wird das Prinzip zumindest so verstanden, dass ein Arzt auf jeden Fall die Pflicht besitzt, seinen Patienten über alle möglichen Behandlungsmethoden und -alternativen aufzuklären, damit der Patient seine Einwilligung in eine bestimmte Behandlung sorgfältig abwägen kann. Gegen diese Pflicht wurde beim Fall Charlie Abrahams verstoßen.

5 Gier

Die Grundaufgabe des Lebendigen, dem thermodynamischen Zeitpfeil zu entrinnen und Kompetenzverluste zu vermeiden, ist ganz nebenbei auch die Ursache eines Phänomens, welches im öffentlichen Diskurs in zunehmendem Maße für Aufmerksamkeit und Aufregung sorgt, nämlich die Gier. Und in der Tat lässt sich zeigen, dass das überaus verständliche Anliegen, sich weder gegenüber der Vergangenheit noch anderen Populationsmitgliedern zu verschlechtern, auf natürliche Weise zu einem Verhalten führt, das man als gierig bezeichnen könnte. Ein wenig kam dies bereits beim Thema Wachstumszwang von Marktwirtschaften zur Sprache.

Doch die Gier zeigt sich schon unter viel elementareren Bedingungen, zum Beispiel bei Robinson auf seiner einsamen Insel. Stellen wir uns vor, in deren Zentrum befände sich ein Berg. Warum können wir eigentlich fast sicher sein, dass er eines Tages auf dessen Gipfel steht? Was sucht er dort?

Die Antwort ist: Sein Streben nach Kompetenzerhalt treibt ihn dort hinauf. Denn nachdem es ihm gelungen ist, die einfachsten Grundbedürfnisse zu befriedigen (Wasser, Nahrung, sicherer Schlafplatz, Schutz usw.), wird er sich irgendwann genauer auf seiner Insel umschauen. Dabei treiben ihn gewichtige Fragen an: Gibt es vielleicht gefährliche Tiere, bedrohliche Insekten, andere Bewohner, bessere Schlafplätze, reichlichere Nahrungsquellen, fließendes Süßwasser? Aber auch: Ist das überhaupt eine Insel? Und wenn ja, wie groß ist sie? Gibt es auf ihr irgendwelche Auffälligkeiten? Existieren auf einer Seite weit vorgelagerte Riffe oder Sandbänke, die vor Sturmfluten schützen könnten? Existieren Nachbarinseln? Und wenn ja, sind sie für mich erreichbar? Könnten sie am Ende gar bewohnt sein? Kann man von weiter oben eine Schifffahrtsroute erkennen? Könnte ich mich von dort aus bemerkbar machen? Wird die Insel von Piraten besucht? Oder von Kannibalen? Sind auf dem Wasser Boote von Einheimischen zu sehen? Oder ihre Spuren auf der Insel? Gibt es Haie im Meer? Wo bin ich hier überhaupt?

Nach der erstmaligen Begegnung mit Freitag werden ihn weitere Fragen quälen: Wer ist der Fremde? Woher kommt er? Hat er eine Familie oder gar einen ganzen Stamm? Wären sie mir feindlich oder freundlich gesonnen? Könnte es sich um Kannibalen handeln? Wie kann ich mit ihnen Kontakt aufnehmen? Oder sollte ich ihnen sicherheitshalber aus dem Weg gehen?

Nachdem er einige von ihnen kennengelernt hat, würde es vielleicht schon bald zu einem regelmäßigen Austausch und Handel kommen, eventuell in direkter Kooperation mit Freitag, mit dem er für seine neuen Nachbarn etwa Fischfangnetze und Harpunen fertigte, um im Gegenzug ein hochsee-taugliches Boot zu erhalten. Und mit dem Schwinden der Hoffnung, je wieder in seine "zivilisierte" Heimat zurückzukehren, würde er sich sicherlich irgendwann auch für deren Frauen interessieren, womit er möglicherweise sogar das Wohlwollen der Insulaner fände, denn mit einer Einheirat in ihren Stamm und einer bald darauf folgenden Familiengründung wäre er gewissermaßen einer von ihnen. Sie könnten sich dann sicher sein, ihn stets auf ihrer Seite zu haben.

Vielleicht fragen Sie sich jetzt, wo denn da noch Raum für Liebe ist, da Robinson im Beispiel anscheinend primär deshalb eine Frau sucht, damit er in Frieden mit seinen Nachbarn leben und seine genetischen und kulturellen Kompetenzen reproduzieren kann. Nun, für den Evolutionstheoretiker ist Liebe ein evolviertes und damit nachgelagertes Phänomen. Sie dürfte vor allem dazu dienen, sich mit einer bestimmten Person zu paaren und es anschließend immer und immer wieder zu tun, das heißt eine feste Paarbeziehung zu etablieren, in der Kinder in einem zuverlässigen Umfeld heranwachsen und sozialisiert werden können. Ich schrieb bereits, dass wir es hier mit einem sinnentleerten Weltbild zu tun haben.

Das obige Beispiel macht deutlich, dass Robinsons simples Bestreben, seine Kompetenzen nicht zu verlieren und nicht schon bald sang- und klanglos von der Erde zu verschwinden, zur vollständigen Erkundung seiner Insel ("sie sich untertan machen"), zu Kooperation, Handel und vielleicht auch noch zu einer Einheirat in eine ihm fremde Kultur führt. Das Bestreben, keinen Verlust zu erleiden, hat also letztlich eine geradezu ungeheure Ausweitung der eigenen Aktivitäten zur Folge. Aus der Ferne betrachtet könnte man sein Handeln durchaus als eine Form der Gier bezeichnen.

Es ist im Grunde ein wenig so wie in der fiktiven Geschichte vom Dinosaurier-Zoo Jurassic Park, bei dem die Betreiber anfänglich noch glaubten, sie könnten ihre Geschöpfe ein für alle Mal in den für sie vorgesehenen Lebensräumen der pazifischen Insel Isla Nublar halten, bis der hinzugezogene Experte Dr. Ian Malcolm sie eines Besseren belehrt: "Das Leben bahnt sich seinen Weg."

Allerdings fällt auf, dass Robinson von Anbeginn an von einer ganz besonderen Form der Gier vorangetrieben wird, und zwar der Gier nach Informationen beziehungsweise Wissen, die man gemeinhin als Neugier bezeichnet. Es geht ihm also offenkundig nicht so sehr darum, beliebig viel Energie oder andere Reichtümer anzusammeln – damit hätte er in seiner Einsamkeit ohnehin kaum etwas anfangen können –, sondern neue Informationen und Wissen zu erlangen, um sinnvolle Entscheidungen im Interesse des Erhalts seiner Kompetenzen treffen zu können. Und dafür ist er offenbar sogar bereit, eine ganze Menge Energie aufzuwenden, denn immerhin erklimmt er dazu einen Berg, und zwar vermutlich nicht nur einmal, sondern immer wieder.

Wir können deshalb unterscheiden: Neugierde ist die Gier nach Informationsressourcen, nach Wissen. Die klassische Gier hingegen drängt nach energetischen Ressourcen beziehungsweise Geld als universellem (informativem und energetischem) Mittel[87]. Daneben gibt es noch eine dritte Form, auf die ich gleich zu sprechen komme.

Allerdings hat sich die Neugierde im Rahmen der menschlichen Arbeitsteilung längst verselbstständigt. So ist es heute ohne Weiteres möglich, auf einem bestimmten Wissensgebiet fortwährend neugierig zu sein, und damit auch seinen Lebensunterhalt zu verdienen, das heißt, ausreichend viele energetische Ressourcen zu erlangen. In der Informationsgesellschaft haben die informativen Ressourcen und die Jagd auf sie schließlich eine überragende Bedeutung erhalten.

Würde man die Gier auf Informationen und Wissen beschränken, wäre Gordon Gekkos berühmtes Bekenntnis vielleicht nicht einmal so ganz falsch[88]:

Gier ist gut. Gier ist richtig. Gier funktioniert. Gier schafft Klarheit. Gier hat das Beste im Menschen hervorgebracht.

Auf den bedeutsamen Unterschied zwischen Energie/Stoffen (zum Beispiel Nahrung) und Wissen wies ich bereits hin: Wissen kann vervielfältigt werden, Energie hingegen nicht. Für Letzteres gilt nämlich der physikalische Energieerhaltungssatz. Dies mag auf der Erde nicht immer unmittelbar erkennbar gewesen sein, da die einfließende Sonnenenergie verbrauchte Nahrungsressourcen im Allgemeinen schnell wieder nachwachsen lässt. Doch spätestens seit der Unterscheidung zwischen erneuerbaren (Holz, Raps, Wind, Wasser, Sonne etc.) und nichterneuerbaren (fossile und atomare Brennstoffe) Energiequellen ist die grundsätzliche Begrenztheit energetischer Ressourcen ins allgemeine Bewusstsein der Menschen und selbst in unseren Sprachgebrauch vorgedrungen.

Der Vervielfältigungsunterschied zwischen Information und Energie hat beträchtliche Konsequenzen: Man kann zwar Wissen gezielt zurück und geheim halten (zum Beispiel im Rahmen von Patenten), verzögern, verfälschen, durch Auslassungen und Hinzufügungen verändern und um politische oder kommerzielle Botschaften ergänzen, eine im eigentlichen Sinne knappe Ressource ist Wissen – anders als Energie/Stoffe – hingegen nicht. Ganz im Gegenteil: Eine bekannte Nebenwirkung der Informationsgesellschaft ist der sogenannte Information-Overload. Man muss Information regelrecht filtern, sich also gewissermaßen vor ihr schützen, um nicht von ihr erschlagen zu werden. Das ist einer der Gründe für den Erfolg von Informationsdienstleistern. Sie sammeln Informationen und kategorisieren, integrieren, veredeln, filtern und verteilen sie zugleich. Im Kapitel *Die Rolle der Medien* auf Seite 141 wird allerdings gezeigt, dass die Informationen dabei oftmals in ganz erheblichem Maße manipuliert werden.

Auch wird im Rahmen der Informationsverarbeitung Energie benötigt. Aus diesem Grund müssen sich Lebewesen bereits bei der Sinneswahrnehmung beschränken, was im Rahmen der evolutionären Anpassung geschieht. Beispielsweise kann das Gehör von Hunden Frequenzen bis 50.000 Hz und möglicherweise auch darüber wahrnehmen, das menschliche Gehör hingegen nur bis 20.000 Hz. Für Hunde war es offenkundig ein evolutionärer Vorteil, Ultraschall wahrnehmen zu können, für Menschen hingegen nicht – weswegen deren Perzeption für uns aus energetischer Sicht zu teuer war.

Wir halten jedoch fest: Informationen und Wissen lassen sich im Prinzip beliebig vervielfältigen, Energie und Stoffe dagegen nicht. Nur energetische Ressourcen können ernsthaft verknappen.

Und daraus erwächst in Geldwirtschaften ein kleines Problem. Da Geld ein universelles Tauschmittel ist, und zwar sowohl für energetische als auch informative Ressourcen, wird es leicht möglich, aus der vervielfältigbaren Ressource Information nicht nur die nicht vervielfältigbare Ressource Energie zu schöpfen – was prinzipiell noch kein Problem darstellt –, sondern sie gleichfalls zu vervielfältigen. In Geldwirtschaften kann man also gewissermaßen den Energieerhaltungssatz umgehen. Wie dies geschieht und bei welchen Anlässen, werde ich im Abschnitt *Trennung von Information und Energie in der Ökonomie* auf Seite 204 noch näher erläutern.

Doch kommen wir zur ganz normalen alltäglichen Gier zurück, dem alltäglichen Wahnsinn sozusagen.

Stellen wir uns beispielsweise einen autonomen Inselstaat vor, dessen Haupteinnahmequelle im Abbau der heimischen Phosphorvorkommen besteht, die sich allerdings längst dem Ende zuneigen[89]. Da das Geld für umfassende neue Investitionen fehlt (zum Beispiel in einen Flughafenausbau und weitere touristische Infrastrukturmaßnahmen), entschließt sich die Regierung zu einem drastischen Schritt, nämlich die Senkung der Gewerbesteuer auf das weltweit niedrigste Niveau. Ihr Motiv dabei ist der Kompetenzerhalt (Sicherstellung der Ressourcenerlangung [= Einkommen] auf dem bisherigen Niveau).

Wenige Monate später schlägt eine externe – im Auftrag des TopManagements tätige – Unternehmensberatung der Unternehmensleitung eines weltweit operierenden Konzerns vor, die Konzernzentrale auf den Inselstaat zu verlegen. Man rechnet vor, hierdurch mindestens eine Milliarde € an Gewerbesteuern pro Jahr einsparen zu können. Das Motiv der Unternehmensberatung ist der Kompetenzerhalt: Der Vorschlag könnte – neben den dadurch erzielten Einnahmen (Ressourcen) – die eigene Position beim Auftraggeber und generell im Beratungsmarkt festigen und für weitere lukrative Aufträge sorgen. Das erarbeitete Konzept wird vom Management abgesegnet und ein halbes Jahr später umgesetzt. Auch dabei steht der Kompetenzerhalt im Vordergrund. Beispielsweise könnte dann eine höhere Dividende ausgeschüttet und mehr Geld in Forschung & Entwicklung und Werbung investiert werden. Auch könnten bei einigen Produkten die Preise gesenkt werden. Und schließlich würde sich hierdurch die Position des Managements stärken. Die Maßnahme könnte auf der nächsten Aufsichtsratsitzung – gegebenenfalls unter dem Label "Shareholder Value" – als Management-Erfolg präsentiert werden. Und in der Tat würde die Börse sie gleichfalls honorieren, da nun sowohl Banken, Investmentfonds als auch Kleinanleger, die an einer möglichst hohen Rendite für ihr Erspartes (Kompetenzerhalt) interessiert sind, wieder verstärkt in das Unternehmen investierten. Der gestiegene Börsenwert des Unternehmens erschwerte feindliche Übernahmen durch Wettbewerber, Unternehmensausschlachter und sonstige Investoren. Auch das wäre ganz im Sinne des Kompetenzerhalts.

Ganz anders sieht es dagegen beim bisherigen Marktführer aus. Dessen Top-Management bekommt nämlich auf der nächsten Aufsichtsratssitzung zu hören, es habe durch seine Untätigkeit nicht nur Milliarden € an Einnahmen gegenüber der offenkundig deutlich ausgeschlafeneren Konkurrenz verschenkt, sondern auch die bislang exzellente Marktstellung des Unternehmens aufs Spiel gesetzt. So habe die Konkurrenz – wie anerkennend hervorgehoben wird – die eingesparten Steuern unter anderem für aufwendige Werbekampagnen und Preissenkungen in kritischen Produktsegmenten genutzt.

Tatsächlich entscheiden sich viele Endkunden nun zunehmend für die preisgünstigeren und technisch kaum schwächeren Produkte der Konkurrenz. Ihr Motiv: Kompetenzerhalt. Das Unternehmen verliert hierdurch kontinuierlich Marktanteile. Analysten stufen es schließlich von "Buy" auf "Hold" herab, woraufhin es etwa 10% seines Börsenwertes verliert (Motiv der Investoren: Kompetenzerhalt).

Nach einem Wechsel an der Konzernspitze (Motiv der Anteilseigner: Kompetenzerhalt) beschließt die Unternehmensführung, die Konzernzentrale des Unternehmens nun gleichfalls im Inselstaat anzusiedeln (Motiv: Kompetenzerhalt). Zusätzlich wird beschlossen, die deutschen Fertigungsstätten zu schließen und nach Indien zu verlegen (Motiv: Kompetenzerhalt). Der SPD-Kanzlerkandidat bezeichnet das Unternehmen daraufhin öffentlich als "gierig" und "geldgeil" (Motiv: Wählerstimmen, Kompetenzerhalt), eine Grünen-Politikerin spricht gar vom Turbokapitalismus im Endstadium, der nicht einmal mehr vor Kinderarbeit haltmache (Motiv: Wählerstimmen, Kompetenzerhalt). Ein namhafter und für freie Märkte eintretender Wirtschaftsexperte erklärt in einer Fernsehdebatte die Entscheidungen des Unternehmens als ökonomisch sinnvolle Nutzung von Arbitragemöglichkeiten, die sich allerdings hierdurch – wie die Erfahrung lehre – mit der Zeit minimierten. Er schlägt vor, die Bundesregierung solle ebenfalls die Gewerbesteuer senken, wodurch seiner Meinung nach zusätzliche Arbeitsplätze entstehen könnten. Auch handele es sich bei der Unternehmensentscheidung gewissermaßen um Entwicklungshilfe für Indien, das heißt letztlich um einen humanen Akt (Motiv des Wirtschaftsexperten: Aufträge durch Unternehmen, das heißt Kompetenzerhalt). In der Tat kommt es schon bald in weiteren Staaten zu Gewerbesteuersenkungen. Deren Motiv: Kompetenzerhalt.

Bei den ganz normalen Bürgern sieht es nicht viel anders aus: Hans und Martina lernten sich bereits im Studium kennen. Seitdem sind sie ein Paar. Er ist Projektleiter in der IT-Abteilung des bereits erwähnten Marktführers, sie besitzt eine verantwortungsvolle Position in der Marketingabteilung des Hauptkonkurrenten. Schon oft wünschte sie sich ein Kind, doch nach reiflicher Überlegung haben sie den Gedanken nun endgültig aufgegeben. Ein Kind würde zwar ihre genetischen Kompetenzen (mit niedriger Zeitpräferenz) erhalten können, gleichzeitig aber auch ihre Kompetenzen zur Erlangung von Ressourcen schwächen (deren Reproduktion dann nicht mehr so leicht möglich wäre), zumal sie in ihren verantwortungsvollen Positionen momentan etwa 60 Stunden pro Woche arbeiten, was ihnen beiden ein sehr gutes Einkommen beschert. Beide gehen implizit davon aus, dass sie so viel arbeiten müssen, um ihre Karriereoptionen im Unternehmen wahren zu können (Kompetenzerhalt). Allerdings bemängeln sie den ihrer Meinung nach völlig unangemessenen Steuerabzug (Kompetenzerhalt). Obwohl Martina insgeheim an Gott glaubt und früher auch häufig den Gottesdienst besuchte, ist sie vor zwei Jahren aus der Kirche ausgetreten, und zwar aus steuerlichen Gründen (Kompetenzerhalt). Als in einer Fernsehdebatte eine Teilnehmerin behauptet, berufstätige Kinderlose würden keinen angemessenen Beitrag zur gesetzlichen Altersversicherung leisten, gleichzeitig aber die höchsten Rentenansprüche erwerben, ruft Martina wutentbrannt in der Redaktion an, da sie ihrer Meinung nach bereits mehrere Kinder von anderen Eltern mit ihren Steuern finanziere (Kompetenzerhalt). Um im Alter selbst gut abgesichert zu sein, haben die beiden einen Großteil ihres Ersparten in Zertifikaten und Aktien angelegt, da ihnen die Rendite der meisten anderen Anlageformen zu gering erschien (Kompetenzerhalt). Als Martinas Unternehmen ihr schließlich eine leitende und sehr verantwortungsvolle Position in Bangalore/Indien anbietet, greift sie zu (Kompetenzerhalt). Das Paar trennt sich daraufhin (Kompetenzerhalt).

Gier ist letztlich allgegenwärtig. Sie betrifft alle Schichten, alle Menschen und alle Unternehmen. Einige haben vielleicht größere Möglichkeiten des Auslebens und sind eventuell auch einer höheren Veränderungsgeschwindigkeit ausgesetzt (auf den Geschwindigkeitsaspekt bei der Gier komme ich noch zu sprechen), das aber auch schon alles. So berichtet etwa Richard David Precht[90], dass die Offenlegung der Top-Management-Einkommen eine Neid-Debatte in ganz anderer Hinsicht offenbarte, "nämlich in Bezug auf den Neid der Manager untereinander": Keiner wollte signifikant schlechter bezahlt werden als die anderen, denn selbstverständlich stellt das Einkommen für die Manager auch eine Bewertung – unter anderem im Sinne einer Rangfolge – ihrer Tätigkeiten dar. Infolgedessen bewegten sich alle Managementgehälter nach vorne, ja sie explodierten regelrecht (Kompetenzerhalt, Red-Queen-Mechanismus). Über die Gehälter von Fußballprofis und deren Transfersummen ist Ähnliches berichtet und beobachtet worden.

Um pure Gier handelt es sich auch bei den in der Ökonomie wohlvertrauten Pyramidenspielen beziehungsweise Schneeballsystemen, bei denen die Erträge nicht durch Kapitalaufbau, sondern durch neue Einzahlungen erzielt werden. Normalerweise beruhen sie auf Betrug. Dennoch funktionieren sie oftmals eine ganze Weile, und zwar aufgrund der Gier von Menschen (ihres Strebens nach Kompetenzerhalt), die nicht wahrhaben wollen, dass die ihnen versprochenen exorbitanten Renditen nicht realistisch sein können.

Auch Spekulationsblasen sind gewissermaßen Pyramidenspielen. Sie nehmen ihren Anfang mit Anlegern, die zu einem sehr günstigen Zeitpunkt in ein Wertpapier investieren. Anschließend versuchen sie andere davon zu überzeugen, es ihnen gleichzutun (Kompetenzerhalt), allerdings nun zu einem bereits höheren Preis. Auch die neuen Anleger sind an weiteren Preissteigerungen interessiert, sodass sie das Wertpapier gleichfalls weiterempfehlen (Kompetenzerhalt). Die Letzten beißen dann die Hunde. Rahim Taghizadegan erzählt dazu die folgende Anekdote[91]:

Vom Vater des US-Präsidenten John F. Kennedy stammt hierzu eine wichtige Beobachtung. Aus dieser lässt sich ein guter Indikator für Anleger ablesen, der als Schuhputzerphänomen bezeichnet werden kann: Joseph Kennedy ließ sich eines Tages die Schuhe putzen. Da überraschte ihn der Schuhputzer mit "todsicheren" Anlageempfehlungen. Am nächsten Tag verkaufte Kennedy alle Aktien – gerade rechtzeitig. Sein Gedanke war: Schuhputzer befinden sich am unteren Ende der Pyramide. Sie würden kaum noch jemanden finden, der ihnen die Aktien abkauft. Das Pyramidenspiel würde also keine neuen Einzahler finden und zusammenbrechen.

Ein ganz ähnliches Erlebnis hatte ich, als ich vor Jahren als IT-Berater für ein Wertpapierprojekt einer großen deutschen Bank tätig war. Der Auftraggeber hatte sich unter anderem für Produkte des damaligen Neuer-Markt-Highflighers Brokat entschieden. Als ich während der Mittagspause im Frankfurter Steakhouse Maredo ein Projektdokument des Herstellers las, fragte mich der Kellner, ob Brokat meiner Meinung nach momentan eine gute Investition sei. Mir wurde schlagartig klar, dass die damalige Aktien-Hype nicht mehr lange gut gehen konnte. Die Börsenpreise am Neuer Markt wurden ganz offenkundig schon längst von der Gruppe der Letztinvestoren in die Höhe getrieben.

Selbst Kinderreichtum könnte als eine Form der Gier interpretiert werden, und zwar als ein besonders starkes Streben nach dem Erhalt (der Reproduktion) der eigenen genetischen Kompetenzen. Sie gehört neben der Neugier und der Gier nach energetischen Ressourcen beziehungsweise nach Geld zur dritten Gierform, auf die ich noch – wie angekündigt – zu sprechen komme. Problematisch kann das Verhalten insbesondere dann sein, wenn mit jedem Kind auch ein direkter finanzieller Vorteil (Geldressourcen) erlangt wird, dann tritt die Gier nämlich in kombinierter Form auf. Beispielsweise hat die am 10. Dezember 2008 von Susanne Wiest an den Petitionsausschuss des Deutschen Bundestages eingereichte öffentliche Online-Petition zum bedingungslosen Grundeinkommen gefordert, jedem erwachsenen Bürger ein Grundeinkommen (BGE) in Höhe von 1.500 € und jedem Kind von 1.000 € pro Monat zu zahlen. Die Grundannahmen der Systemischen Evolutionstheorie zum Antrieb des Lebens (Streben nach Kompetenzerhalt) lassen dann aber erwarten, dass unter solchen Rahmenbedingungen sehr viele gering gebildete, berufslose und oftmals auch alleinerziehende Frauen fünf oder mehr Kinder haben werden[92][93]. Der BGE-Begründer Götz W. Werner bezeichnet eine solche Erwartung als nachtschwarzen Pessimismus[94] und stellt ihr seinen religiös motivierten anthropologischen Optimismus entgegen. Seinem Menschenbild fehlt jedoch die naturwissenschaftliche Grundlage.

Allerdings scheint Geld in einem ganz besonders ausgeprägten Maße dazu geeignet zu sein, Gier hervorzubringen. Auf dieses Problem weist auch Rahim Taghizadegan hin[95]:

Eben weil sich so viele Ziele mit einem universellen Tauschmittel erreichen lassen, beginnen wir oft diese Mittel an die Stelle der Ziele zu setzen. Dann streben wir das Geld nicht mehr an, um es als Hilfsmittel einzusetzen, sondern verlieren den Bezug zu unseren Zielen: Wir neigen dazu, den Besitz von immer mehr Geld anzustreben und dies als das Ziel unserer Handlungen selbst anzusehen.

Aus diesem Grund würden wir einen Briefmarkensammler eben nur als einen – vielleicht spleenigen – Sammler, Dagobert Duck hingegen tatsächlich als gierig bezeichnen. Und aus dem gleichen Grund verorten wir die ungesunde Gier heute vor allem in der Geldwirtschaft (Finanzwirtschaft), dort wo es primär um die Vermehrung von Geld an sich geht, gemäß dem eigenen, im Film "Pretty Woman" in der Person des Großinvestors Edward Lewis verkörperten Mantras: "Wir produzieren nichts, wir bauen nichts, wir machen nur Geld"[96].

Im Kapitel *Was tun?* auf Seite 195 werden einige Maßnahmen vorgestellt, die einer solchen, im Allgemeinen eher sozial unverträglichen und auch aus dem Ruder geratenen Gier entgegenwirken könnten, dazu zählen Verdienst- und Besitzbeschränkungen bei energetischen Ressourcen und die stärkere Trennung von Information und Energie, inklusive einer denkbaren Auftrennung des Geldes in ein energetisches und ein informatives universelles Tauschmittel. Eine Nebenwirkung dieser – und weiterer, von anderen vorgeschlagenen – Maßnahmen dürfte allerdings die Verlangsamung der technologischen Innovationsgeschwindigkeit beziehungsweise die Entschleunigung der sozioökonomischen Evolutionsprozesse sein, die aber von Kritikern des sogenannten Turbokapitalismus (zum Beispiel des Club of Rome) ohnehin empfohlen wird[97][98]. Problematisch daran könnte sein, dass die Maßnahmen dann im Grunde nur global einheitlich umgesetzt werden könnten, ansonsten hätten Unternehmen in den Ländern, in denen sie eingeführt werden, gegenüber der restlichen globalen Konkurrenz aller Wahrscheinlichkeit nach das Nachsehen.

Die vorangegangenen Aussagen deuten an, dass die seit einiger Zeit feststellbare Zunahme der Gier offenbar auch etwas mit der gleichermaßen wahrnehmbaren Beschleunigung aller Lebensvorgänge beziehungsweise der evolutionären Prozesse zu tun hat. Dafür gibt es in der Tat überzeugende Gründe.

Es wird heute allgemein angenommen, dass sich intelligentes Leben auf der Erde nur aufgrund der darauf vorherrschenden günstigen und relativ konstanten Bedingungen entwickeln konnte. Dazu zählen die fast kreisrunde und weder zu nahe noch zu ferne Umlaufbahn der Erde um die Energie spendende Sonne, ihre Masse, die immerhin eine Atmosphäre halten kann und natürlich die Atmosphäre selbst, die sowohl vor Asteroiden-, Meteoroiden- und Kometeneinschlägen schützt als auch für ein lebenstaugliches Klima sorgt. Leben braucht lebensfreundliche Bedingungen. Im heillosen Chaos, in dem heute schon wieder alles ganz anders ist als gestern, kann es sich nicht entwickeln. Und es benötigt eine zuverlässige, relativ konstante und ausreichend starke Energiequelle, um seine Kompetenzen erhalten und dem thermodynamischen Zeitpfeil entrinnen zu können, das heißt, es benötigt eine Sonne.

Was würde nun aber geschehen, wenn das Universum unter ansonsten unveränderten Bedingungen etwas rascher zerfallen würde, als es das aktuell tut? Nun, dann müsste das Leben entsprechend stärker streben. Um einen stabilen Systemzustand aufrechterhalten zu können, müssten Lebewesen versuchen, schneller Ressourcen (Energie) zu erlangen, als es momentan erforderlich ist. Pflanzen würden dann insgesamt mehr Sonnenlicht per Fotosynthese aufnehmen und Tiere mehr und häufiger fressen, als sie das in unserer Welt tun. Das Leben wäre also gewissermaßen hungriger und damit auch gieriger als jetzt.

An anderer Stelle schrieb ich bereits, dass seitdem das Leben auf der Erde so zahlreich und auch allgegenwärtig ist, die stärksten Lebensraumveränderungen nicht mehr vom allgemeinen universalen Zerfall, sondern vom Leben selbst verursacht werden. Mit anderen Worten: Das Leben selbst sorgt maßgeblich für die Beschleunigung von Lebens- und Evolutionsvorgängen.

Stellen Sie sich beispielsweise ein abgeschiedenes Bauerndorf vor, in dem "die Zeit stillzustehen scheint". Würden Sie dort so etwas wie Gier erwarten? Wohl kaum. Offenbar begnügen sich die Dorfbewohner damit, dem thermodynamischen Zeitpfeil zu widerstehen und die vorhandenen Lebensraumkompetenzen zu bewahren. Stärkeren, durch Menschen oder menschlichen Superorganismen verursachten sozialen oder technologischen Veränderungen sind sie noch nicht ausgesetzt, also bleibt im Grunde alles so, wie es schon immer war. Lebewesen versuchen nämlich vor allem, ihre Kompetenzen zu bewahren beziehungsweise Kompetenzverluste zu vermeiden, nicht jedoch sie ohne Not gegenüber anderen auszuweiten oder gar andere zu übervorteilen. Dies geschieht im Allgemeinen nur, wenn entsprechende Verhältnisse vorliegen.

Im Sinne des Red-Queen-Prinzips gemäß Lewis Carrolls Roman Alice hinter den Spiegeln[99] können wir uns das Bauerndorf wie ein sich sehr langsam bewegendes, praktisch ausschließlich vom thermodynamischen Zeitpfeil angetriebenes Laufband vorstellen, auf dem die Dorfbewohner sich lediglich ein wenig anstrengen müssen, um nicht nach hinten zurückzufallen. Und da das Band sehr langsam läuft ("die Zeit steht still"), gelingt dies normalerweise allen ohne Probleme.

Wie anders ist dagegen unsere moderne, marktwirtschaftlich betriebene Welt, deren Wesen Joseph Alois Schumpeter als "schöpferische Zerstörung" bezeichnete[100], und in der ein neues technologisches Produkt üblicherweise bereits bei der Erstauslieferung veraltet ist. Auch sie können wir uns als Laufband vorstellen, welches nun aber von den Läufern selbst zu immer höherer Geschwindigkeit angetrieben wird, sodass mehr und mehr Personen oder Unternehmen den Anschluss verlieren, nach hinten durchgereicht werden und schließlich ganz herunterfallen. Bewundert werden dagegen die Spitzenläufer, die sogenannten Visionäre, die auch bei diesem Tempo noch weiter beschleunigen können. Sie geben oftmals bemerkenswerte Sätze von sich, beispielsweise Steve Jobs:

"Der Tod ist vielleicht die beste Erfindung des Lebens. Er ist der Unternehmensberater des Lebens. Er mistet das Alte aus, um Platz für das Neue zu schaffen. Heute bist Du das Neue, aber irgendwann in naher Zukunft wirst Du das Alte sein und ausgemistet werden. Sorry, wenn ich so dramatisch bin, aber so ist es nun mal."

"Du kannst sie zitieren, du kannst ihnen widersprechen, du kannst sie verherrlichen oder verteufeln, nur eines kannst du nicht tun: Sie Ignorieren – denn sie verändern Dinge. Sie bringen die menschliche Rasse nach vorne. Diejenigen, die verrückt genug sind zu denken, sie könnten die Welt verändern, tun es auch."

"Bleibt hungrig, bleibt tollkühn."

*"Der reichste Mann auf dem Friedhof zu sein hat für mich keine Be-
deutung. ... Wirklich wichtig ist mir, dass ich abends vor dem Schla-
fengehen sagen kann, dass wir etwas Wunderbares getan haben."*

Auffällig an solchen Äußerungen ist, wie sehr sie vom Willen zur Veränderung getragen werden. Auch dahinter steckt letztlich eine Form der
Gier – und damit komme ich auf deren dritte Form zu sprechen –, die
keineswegs primär nach Geld oder Informationen strebt, sondern nach
einem nachhaltigen Einfluss auf die weitere Entwicklung der menschlichen Rasse, um mich einmal in den Worten Steve Jobs' auszudrücken. Es
handelt sich im Grunde um das gleiche Anliegen, welches auch viele
Machtpolitiker antreibt: die umfassende Reproduktion der eigenen
kulturellen Kompetenzen, am liebsten gleich so, wie es Jesus Christus vor
zweitausend Jahren gelang.

Diese Form der Gier hat sehr viel Ähnlichkeit mit dem Mem-Egoismus,
wie er von Richard Dawkins postuliert wird, nur mit dem Unterschied,
dass gemäß der Memetik die Kompetenzen (zum Beispiel als iPhones
oder als deren Blaupausen) selbst nach Verbreitung streben, während für
die Systemische Evolutionstheorie ausschließlich die selbstreproduktiven
Systeme (zum Beispiel Steve Jobs als Mensch oder Apple Inc. als Unternehmen) den Erhalt beziehungsweise die Verbreitung ihrer Kompetenzen
anstreben. Die physikalischen Gesetze unseres Universums lassen im
Grunde auch nichts anderes zu.

Ich erwähnte bereits, dass auch ausgeprägter Kinderreichtum (Fortpflan-
zungsegoismus im Sinne der Evolutionsbiologie) als eine solche Gier
verstanden werden kann. Dies lässt sich leicht erklären. Im weiteren
Verlauf des Buches wird ein fiktives Beispiel eine Rolle spielen, bei dem
ein Mann die genetisch bedingte Fähigkeit besitzt, jeglichen Krebs durch
Handauflegen heilen zu können. Alternativ könnte eine andere Person ein
verlässliches Krebs-Heilverfahren erfinden. Beide würden ihre Kompetenzen dann maximal reproduzieren, wenn sie sich möglichst stark in der
Population ausbreiten[101]. Im ersten – genetischen – Fall würde dies
durch möglichst viele Kinder von möglichst vielen Frauen gelingen, im
zweiten – kulturellen – Fall durch die Etablierung des Verfahrens bei der
Behandlung von Krebs in möglichst vielen Kliniken und Arztpraxen.

Gemäß den obigen Ausführungen lassen sich also drei Gierformen
voneinander unterscheiden, und zwar die Gier

- nach Informationen und Wissen, die wir Neugier(de) nennen,

- nach energetischen Ressourcen und Geld und

- nach einer möglichst starken Verbreitung der eigenen Kompetenzen in menschlichen Populationen, das heißt, einer möglichst großen Bedeutung für die zukünftige Entwicklung der "menschlichen Rasse".

In den ersten beiden Fällen bezieht sich die Gier ausschließlich auf die Mittel (die zur Reproduktion der eigenen Kompetenzen benötigt werden), im letzten Fall auf die Verbreitung der Kompetenzen selbst.

Immerhin wurde der in den Äußerungen Steve Jobs' feststellbare ausgeprägte Veränderungswillen bei ihm von starken Visionen getragen. Dann mag er durchaus noch seine Berechtigung haben. Viele moderne "nichtvisionäre" Manager scheinen dagegen dem Irrtum verfallen zu sein, Veränderung an sich sei bereits kreativ beziehungsweise schöpferisch zerstörend im Sinne Schumpeters. Man könnte ihre Strategie als Veränderung um der Veränderung willen bezeichnen.

---

[87] Vgl. Taghizadegan, Rahim (2011): Wirtschaft wirklich verstehen. Einführung in die Österreichische Schule der Ökonomie, München: FinanzBuch Verlag, S. 173

[88] Michael Douglas als Gordon Gekko im Film Wall Street

[89] Es handelt sich hierbei um ein fiktives Beispiel, das keinen Anspruch auf Realismus erhebt. Es geht in erster Linie um eine Darstellung der Mechanismen, die Gier hervorbringen.

[90] Precht, Richard David (2010): Die Kunst, kein Egoist zu sein: Warum wir gerne gut sein wollen und was uns davon abhält, München: Goldmann, S. 382f.

[91] Taghizadegan, Rahim (2011): Wirtschaft wirklich verstehen. Einführung in die Österreichische Schule der Ökonomie, München: FinanzBuch Verlag, S. 212

[92] Vgl. Mersch, Peter (2007c): Irrweg Bürgergeld. Norderstedt: Books on Demand

[93] Vgl. Mersch, Peter: Irrweg Grundeinkommen – Google-Knol: http://knol.google.com/k/irrweg-grundeinkommen

[94] Werner, Götz W. (2008): Einkommen für alle. Köln: Bastei-Lübbe, S. 108

[95] Taghizadegan, Rahim (2011): Wirtschaft wirklich verstehen. Einführung in die Österreichische Schule der Ökonomie, München: FinanzBuch Verlag, S. 173

[96] Tagblatt, 12.01.2009: Tabula rasa - http://www.tagblatt.ch/papierkorb/marktplaetze/immobilien/Tabula-rasa;art126,1237208

[97] Radermacher, Franz Josef (1997): Informationsgesellschaft und nachhaltige Entwicklung: Was sind die vor uns liegenden Herausforderungen? In: Geiger, W./Jaeschke, A./Rentz, O./Simon, E./Spengler, Th./Zilliox, L./Zundel, T. (Hrsg.): Umweltinformatik 1997 / Informatique pour l'Environnement 1997, 11. Internationales Symposium der Gesellschaft für Informatik, Straßburg 1997, Marburg: Metropolis-Verlag

[98] Radermacher, Franz J. und Beyers, Bert (2011): Welt mit Zukunft. Die ökosoziale Perspektive, Hamburg: Murmann

[99] Carroll, Lewis (1974): Alice hinter den Spiegeln. Frankfurt: Insel Verlag

[100] Schäfer, Annette (2008): Die Kraft der schöpferischen Zerstörung. Joseph A. Schumpeter - die Biografie, Frankfurt: Campus

[101] Darwinisten dürfte die Ähnlichkeit der gegenüber der Darwinschen Lehre letztlich verallgemeinernden Argumentation unmittelbar auffallen.

6 Das antibiologistische Weltbild

6.1 Woran linksorientierte Menschen glauben

Einen wesentlichen Einfluss auf die Gestaltung des vorliegenden Buches hatte das – sicherlich nicht ganz wörtlich zu nehmende – Bekenntnis des Konservativen Charles Moore und des ihm gewissermaßen beipflichtenden Frank Schirrmacher, er beginne zu glauben, dass die Linke recht hat[102]. Doch worin? Frank Schirrmacher erläutert Moores wesentliche Punkte[103]:

Das politische System dient nur den Reichen? Das ist so ein linker Satz, der immer falsch schien, in England vielleicht etwas weniger falsch als im Deutschland Ludwig Erhards. Ein falscher Satz, so Moore, der nun plötzlich ein richtiger ist. "Denn wenn die Banken, die sich um unser Geld kümmern sollen, uns das Geld wegnehmen, es verlieren und aufgrund staatlicher Garantien dafür nicht bestraft werden, passiert etwas Schlimmes. Es zeigt sich – wie die Linke immer behauptet hat –, dass ein System, das angetreten ist, das Vorankommen von vielen zu ermöglichen, sich zu einem System pervertiert hat, das die wenigen bereichert." So Moore.

Im Fokus der Kritik stehen dabei die Rolle der Banken und die Wirkungen der Globalisierung[104]:

"Die Stärke der Analyse der Linken", so schreibt der erzkonservative Charles Moore im "Daily Telegraph", "liegt darin, dass sie verstanden haben, wie die Mächtigen sich liberal-konservativer Sprache als Tarnumhang bedient haben, um sich ihre Vorteile zu sichern. 'Globalisierung' zum Beispiel sollte ursprünglich nichts anderes bedeuten als weltweiter freier Handel. Jetzt heißt es, dass Banken die Gewinne internationalen Erfolgs an sich reißen und die Verluste auf jeden Steuerzahler in jeder Nation verteilen. Die Banken kommen nur noch 'nach Hause', wenn sie kein Geld mehr haben. Dann geben unsere Regierungen ihnen neues."

Mit solch plakativen und wenig in die Tiefe gehenden Äußerungen wird man den aktuellen Problemen des Finanzmarkt-Kapitalismus und der Marktwirtschaften allerdings nicht beikommen können.

Märkte sind Evolutionsumgebungen, ich erwähnte es bereits. Die auf ihnen aufeinandertreffenden Akteure unterliegen der Evolution. Je unregulierter es dort zugeht, desto unkalkulierbarer – und mitunter unerwünschter – dürften die Ergebnisse im Einzelnen sein. Auf Märkten, in denen – wie in der Wildnis – buchstäblich alles erlaubt ist, wird es irgendwann auch Raubtier-Unternehmen geben. Hinzu kommt das Problem der ungleichen Ressourcen. Einige Marktteilnehmer sind mittlerweile größer und ressourcenreicher als viele Staaten, obwohl diesen die Regulierung der Märkte im nationalen Umfeld unterliegt. Solche Unternehmen können sich buchstäblich alles kaufen, auch die für sie geeigneten Rahmenbedingungen. Der allseitige Kompetenzerhalt macht es möglich: Politiker möchten an der Macht bleiben und Geld verdienen, die globalen Konzerne ihre Interessen wahren.

Global stark differierende Marktbedingungen stärken die globalen Konzerne und schwächen die Nationalstaaten, da Letztere hierdurch in einen Standort-Wettbewerb geraten. Auch macht es sie regelrecht erpressbar, insbesondere seitens der Finanzindustrie, denn deren Ressourcenreichtum ist so gewaltig, dass sie ganze Nationalstaaten in die Knie zwingen könnten. Moores Anliegen einer Bestrafung von Kreditinstituten in Bankenkrisen entbehrt deshalb nicht einer gewissen Komik. So etwas könnte vielleicht eine Weltregierung tun, Nationalstaaten aber sicherlich nicht. Es sei denn, sie wären sich alle einig, wovon jedoch auf absehbare Zeit nicht auszugehen ist. Und selbst dann könnte der Schaden gegebenenfalls viel größer sein, als die angebliche positive Signalwirkung auf die Märkte, die sich Moore davon verspricht. Der Zusammenbruch von Lehman Brothers hat es demonstriert[105].

Auch die Anmerkung zur liberal-konservativen Sprache als Tarnumhang kann dem Evolutionstheoretiker bestenfalls ein müdes Lächeln entlocken. In einer Welt aus lauter Evolutionsakteuren, deren eigentliches Anliegen die Kompetenzverlustvermeidung ist, ist im Grunde jede einzelne Äußerung ein Tarnumhang, speziell, wenn sie aus dem Munde von Politikern oder sonstigen Interessenvertretern kommt. Auf die in besonderem Maße hinterlistigen Tarnumhänge der Linken, Gutmenschen, politisch Korrekten und Feministinnen werde ich noch zu sprechen kommen, denn sie haben sich regelrechte Tarn-Komplexe zusammengestrickt.

Wenig zielführend ist einmal mehr die in Moores – nicht jedoch Schirrmachers – Worten zum Ausdruck kommende Nischenbildung, die da meint, dass ökonomische Probleme nur ökonomische Ursachen haben könnten. Selbstverständlich kann dies für Teilbereiche zutreffend sein. Beispielsweise behaupten Vertreter der österreichischen Schule der

Ökonomie, dass ein Großteil der aktuellen Finanzmarktprobleme durch das sogenannte "Fractional Reserve Banking" (Bankwesen mit gesetzlichen Mindestreserven) verursacht wird[106] [107]. Vielleicht stimmt dies, vielleicht aber auch nicht, ich weiß es nicht (ich komme im Laufe des Buches noch darauf zurück). Aber daneben dürfte es in jedem Fall noch weitere Ursachen geben.

Auch ist es nicht zutreffend, dass die aktuelle Wirtschaftskrise einzig eine Ausgeburt der gierigen Reichen und ihrer konservativen Interessenvertreter ist. Ein Großteil der Finanzkrise ab 2007 und der späteren Schuldenkrise wurde durch eine Politik verursacht, die man eher dem linken Lager zurechnen könnte. Das gilt im besonderen Maße für die amerikanische Subprimekrise[108] [109], aber auch die deutsche Staatsverschuldung[110], wie noch zu zeigen sein wird.

Bevor man der Frage nachgeht, ob die Linke recht hat, sollte man zunächst einmal wissen, was deren zentrale theoretische Annahmen und Behauptungen sind. Dass das politische System nur den Reichen dient, dürfte wohl eher nicht dazugehören. Der Satz ist bestenfalls als hübscher Wahlkampfslogan zu gebrauchen.

Interessant ist nun, dass die wirklich entscheidenden "linken" Grundhypothesen keineswegs ökonomischer Art sind, sondern eher etwas mit einem spezifischen Menschenbild zu tun haben.

Ausgehend von den Überlegungen und Anliegen der 68er-Bewegung fasst Hans-Walter Leonhard die Kernannahmen einer deutlichen Mehrheit unter den heutigen Sozial- und Kulturwissenschaftlern und der meisten, sich dem linken Lager zurechnenden Personen wie folgt zusammen[111]:

Bevorzugt wurden nun andere Theorien. Insbesondere sind dabei zu nennen:

- *Die moderne Soziologie, die dem Grundsatz von Durkheim, einem ihrer Gründerväter folgte: Soziales muss durch Soziales erklärt werden. In diesem Kontext ist vor allem auch das Gender-Konzept wichtig: das biologische Geschlecht (sex) gebe nur äußerlich körperliche Merkmale vor, inhaltlich betrachtet sei Geschlecht eine rein soziale Kategorie, geprägt allein durch soziale Prozesse.*

- *Die sogenannte "Tabula-rasa-Theorie": Alles, was wir sind, wurden wir durch (vor allem auch früh)kindliche Lernprozesse. Die Folgen waren zum Beispiel die Entdeckung und Hochkonjunktur der Sozialisationstheorie, insbesondere auch geschlechtsspezifischer Prove-*

nienz. Ich erinnere nur an den Klassiker von Ursula Scheu: Wir werden nicht als Mädchen geboren – wir werden dazu gemacht.

Diese Theorien passten auch zur praktischen Absicht nach Veränderung und Reform oder gar Revolution. Ebenso, wie für die bewahrenden, konservativen oder reaktionären Kräfte ein Einklang bestand zwischen ideologisch-biologischen Theorien über Vererbung und natürliche Ordnungen, hatten damit die linken, gesellschaftskritischen, nach mehr oder weniger weitgehenden Veränderungen strebenden Kräfte die zu ihren politischen Absichten passenden Theorien.

Zusammen mit der sich formierenden Frauenbewegung haben diese Kräfte seit den siebziger Jahren das geistige Klima und die als legitim geltenden Bezugstheorien in den geistes- und sozialwissenschaftlichen Fakultäten bestimmt und geprägt.

Ich behaupte nun,

- *erstens, dass – wenn auch meist nicht mehr in der damals oft radikalen Form – diese gesellschaftspolitischen Gesinnungen und wissenschaftlichen Standpunkte weiterhin die Grundüberzeugungen vieler Geistes- und Sozialwissenschaftler prägen, und*

- *zweitens, dass aufgrund dieser Überzeugungen eine Auseinandersetzung mit der Biologie für überflüssig gehalten wird. Biologie wird weiterhin identifiziert mit dem "Unveränderbaren", weswegen sie bei der Suche nach möglichen gesellschaftlichen Veränderungen oder Einflussmöglichkeiten qua Erziehung entweder ignoriert oder als potentielle "Gegnerin" betrachtet wird, die das eigene Geschäft behindert.*

Die Beschreibung Leonhards scheint mir äußerst zutreffend zu sein. Auch sind die mehrfachen Verweise auf die im Rahmen der Theorienbildung erfolgte Nischenkonstruktion ("*Soziales muss durch Soziales erklärt werden*"; "*potenzielle Gegnerin*"; "*das eigene Geschäft behindert*") überaus aufschlussreich. In der Tat handelt es sich bei dem Dargestellten um ein eigenes Geschäft mit eigenständigen Kompetenzen, das gegenüber "Gegnerinnen" abzusichern und zu verteidigen ist. Ferner wird sehr schön herausgearbeitet, dass Theorienbildung oftmals interessenorientiert ist ("*... hatten ... die linken, gesellschaftskritischen ... Kräfte die zu ihren politischen Absichten passenden Theorien*").

Die Vertreter der obigen Theorien halten sich meist selbst für ausgesprochen kritisch, progressiv und "wissenschaftlich", im Grunde gar für eine intellektuelle Elite, die sich im Besitz der alleinigen Wahrheit wähnt. In der Regel glauben sie nicht an Gott. Stattdessen nehmen sie an, dass das Universum aus einem Urknall hervorgegangen ist und sich seitdem ausdehnt. Ferner halten sie die Evolution des Lebens auf der Erde – und zwar gemäß den Prinzipien der Darwinschen Evolutionstheorie oder gar der Theorie der egoistischen Gene – für eine Tatsache. Kreationismus und Intelligent Design lehnen sie als unwissenschaftlich ab. Andere Weltbilder und Auffassungen als ihre eigenen bezeichnen sie gerne als "umstritten", "krude", "bizarr", "vormodern", "biologistisch", "sozialdarwinistisch" und dergleichen mehr.

Ich muss gestehen, dass ich dem Kreationismus mehr abgewinnen kann als diesem sonderbaren Theorien-Sammelsurium, denn er vermittelt immerhin ein konsistentes Weltbild, wenngleich ich es inhaltlich nicht teile.

Das obige Theoriengebäude ist hingegen widersprüchlich, da weder der Antibiologismus, die Tabula-rasa-Theorie noch die Gendertheorie mit der Evolutionstheorie vereinbar sind. Ich möchte dies zunächst für den Antibiologismus und die Unbeschriebenes-Blatt-Theorie (Tabula-rasa) aufzeigen, später dann noch für die Gendertheorie.

6.2 Intelligenz und Gene

Die Schwierigkeiten des Antibiologismus und der Tabula-rasa-Hypothese werden bereits bei der menschlichen Intelligenz offensichtlich. Ich möchte an dieser Stelle keine Diskussion führen, was Intelligenz denn nun eigentlich ist beziehungsweise gar eine Intelligenz-Definition von mir geben. Solche Debatten werden gerne von Menschen geführt, die bestimmte Interessen verfolgen (Kompetenzerhalt) oder den Spreu nicht vom Weizen trennen können. In Wahrheit sind sie völlig irrelevant. Auch spielt es keine Rolle, ob es nur eine oder stattdessen multiple Intelligenzen gibt. Die Systemische Evolutionstheorie spricht allgemein von Kompetenzen (in diesem Fall ginge es um geistige Kompetenzen), und die sind selbstverständlich immer vielfältig. Beispielsweise könnte eine Person überaus musikalisch sein, in allen anderen Bereichen aber eher geistig behindert. Auch besitzt Vladimir Ashkenazy vermutlich eine größere Fingerfertigkeit (Fingerbeweglichkeit) als die Sängerin Shakira, dennoch dürften die meisten Menschen Letztere als insgesamt deutlich beweglicher einstufen. Man kann also auch bei äußerst unterschiedlichen Ausprägungen in Teilbereichen zu einem Gesamturteil kommen.

Allerdings spricht einiges für eine "generelle Intelligenz". Die Mehrzahl der Menschen (Ausnahmen bestätigen die Regel) sind nämlich, wenn sie in einem Intelligenzbereich sehr gut abschneiden, auch in allen anderen Bereichen mindestens gut. Ähnliches gilt für schlechte Resultate. Dies deutet darauf hin, dass eine hohe Intelligenz unter anderem etwas mit einer bestimmten "Hardware"-Ausstattung zu tun hat, die für eine hohe Verarbeitungsgeschwindigkeit der Neuronen sorgt. Auch die physische Struktur des Gehirns scheint einen großen Einfluss auf die Intelligenz und die verschiedenen Intelligenzbereiche zu haben, wie MRT-Aufnahmen von den Gehirnen eineiiger und zweieiiger Zwillinge nahelegen.

Nun geht aber bereits die psychologische Fachliteratur von einem starken Einfluss der Gene auf die menschliche Intelligenz – was auch immer man darunter verstehen mag – aus. So heißt es etwa bei Faller/Lang[112]:

Intelligenz ist stark genetisch beeinflusst. Adoptivgeschwister korrelieren mit ihren biologischen Eltern höher als mit ihren Adoptiveltern, und die Korrelation zwischen gemeinsam aufgewachsenen eineiigen Zwillingen ist nur unwesentlich höher als diejenige zwischen getrennt aufgewachsenen. Die Varianz (Unterschiedlichkeit) der Individuen einer Population hinsichtlich des IQ lässt sich zu 50% durch genetische Unterschiede erklären (für den g-Faktor sogar 80%). Dies gilt allerdings nur bis zur Adoleszenz.

Im Erwachsenenalter steigt der genetische Einfluss immer mehr an und beträgt im Alter von 64 Jahren 82%. Dies zeigt sich auch darin, dass die Korrelation zwischen Adoptivgeschwistern nach der Adoleszenz gegen Null geht, obwohl sie in derselben Umwelt aufgewachsen sind. Der starke genetische Einfluss schließt aber nicht aus, dass Intelligenz gefördert werden kann.

Und weiter an gleicher Stelle[113]:

Intelligenz ist die Fähigkeit zu höherer Bildung. Der IQ korreliert zu r=0,70 mit dem Bildungsniveau und ebenso hoch mit dem Berufsstatus. Da der sozioökonomische Status mittels Bildung und Beruf bestimmt wird, fließen hier Intelligenzunterschiede mit ein. Sozialer Status kann deshalb nicht ohne weiteres als Umweltfaktor interpretiert werden, sondern stellt gewissermaßen auch ein Persönlichkeitsmerkmal dar.

Allerdings dürfte eine solche enge Beziehung zwischen Intelligenz, Bildungsniveau und sozialem Status in erster Linie für sozial durchlässige Gesellschaften gelten, eine Vermutung, die Elsbeth Stern in einem Interview mit der FAZ ausdrücklich bestätigt[114]:

Je größer die Leistungsgerechtigkeit einer Gesellschaft ist, um so größer ist die Chance, dass Menschen mit guten genetischen Voraussetzungen ihr in den Genen angelegtes Potential für die Intelligenzentwicklung nutzen und beruflichen und schulischen Erfolg haben. In ungerechten Gesellschaften sind sozialer Hintergrund und Beziehungen wichtiger als Begabung. Kürzlich ist eine Untersuchung veröffentlicht worden, in der gezeigt wurde, dass Berufserfolg in Schweden stärker von den genetischen Voraussetzungen abhängt als in den Vereinigten Staaten. Das bestätigt unser Bild von Skandinavien als einer sozial durchlässigen Gesellschaft.

In den Sozial- und Kulturwissenschaften nimmt man hingegen mehrheitlich an, dass unsere Gesellschaft nicht leistungsgerecht und -durchlässig ist, und somit alle individuellen Unterschiede zwischen Menschen in erster Linie auf soziale Ungleichheiten zurückzuführen sind. Die alternative These, dass die Unterschiede ganz wesentlich auch individuelle Ursachen haben könnten, wird von vornherein ausgeschlossen, da sie politisch inkorrekt und somit tabuisiert ist (sie entspricht nicht der Antibiologismus/Tabula-rasa-Grundannahme). Dass ein solches Vorgehen zutiefst unwissenschaftlich ist, scheint nicht weiter zu stören.

Der selbst verordnete angebliche Antibiologismus, bei dem es sich in Wirklichkeit um eine antibiologische Ideologie handelt, führt selbst bei relativ einfachen Untersuchungsgegenständen in aller Regelmäßigkeit zu geradezu kapitalen Fehlschlüssen. Beispielsweise wurde in einer Studie aufgezeigt, dass der Anteil der Studierenden mit mindestens einem akademischen Elternteil in Deutschland über viele Jahre hinweg kontinuierlich angestiegen ist, und zwar von 29 Prozent in 1985 auf 44 Prozent im Jahr 2000[115]. Die Autoren der Studie folgerten daraus[116],

dass der gleichberechtigte Zugang zum Studium unabhängig vom Einkommen und Bildungstradition der Eltern ein immer noch unerreichtes Ziel ist.

Unter der Voraussetzung einer nennenswerten Korrelation der Intelligenz zwischen Eltern und Kindern[117] ist die beobachtete Entwicklung aber in einem durchlässigen, fairen Bildungssystem geradewegs zu erwarten, und zwar auch dann, wenn es in dem beobachteten Zeitraum zu einer Bildungsexpansion gekommen ist. Sie könnte deshalb ein Ausdruck der teilweisen Erblichkeit von Intelligenz sein.

In den Sozial- und Kulturwissenschaften werden politisch relevante Themen häufig methodisch viel zu ungenau abgehandelt. Bevor man aufgrund einer bestimmten Datenlage den offenkundig politisch motivierten Schluss zieht, "*dass der gleichberechtigte Zugang zum Studium unabhängig vom Einkommen und Bildungstradition der Eltern ein immer noch unerreichtes Ziel ist*", sollte im Rahmen einer ernsthaften wissenschaftlichen Vorgehensweise zunächst einmal dargelegt werden, welche Ergebnisse denn in einer Gesellschaft mit einem eben solchen gleichberechtigten Zugang zum Studium zu erwarten wären, und auf welchen grundsätzlichen Annahmen sich eine solche Erwartung stützt.

Beispielsweise könnte man sich eine fiktive Gesellschaft vorstellen, in der alle Eltern ihre Kinder bei der Geburt an zentrale staatliche Erziehungseinrichtungen abzugeben hätten. Die Erzieher erhielten keinerlei Informationen darüber, wer die konkreten Eltern sind. Erst zum 18. Geburtstag dürften die Kinder ihre leiblichen Eltern kennenlernen. Ansonsten wäre die Gesellschaft genauso marktwirtschaftlich und sozialstaatlich organisiert wie unsere. Folgte man ihren üblichen Thesen, müssten Sozial- und Kulturwissenschaftler dann eigentlich annehmen, dass es in der fiktiven Gesellschaft zu keiner nennenswerten Korrelation zwischen dem Bildungserfolg von Eltern und Kindern käme. So etwas kann aber tatsächlich nur jemand behaupten, der erstens in einer Parallelwelt lebt, zweitens noch nie Kinder hat aufwachsen sehen und drittens beim Biologieunterricht in der Schule geschlafen hat.

Der Vorteil solcher fiktiven Denkmodelle – wie gerade vorgetragen – ist, dass die eigenen Prämissen dabei konkret benannt werden müssten, so wie dies in den Naturwissenschaften allgemein üblich ist. Hinter der weiter oben zitierten soziologischen Erwartung, dass bei einem tatsächlich gleichberechtigten Zugang zum Studium das Elternhaus keinerlei Einfluss mehr auf die individuellen Zugangschancen haben sollte, würde dann nämlich die – üblicherweise verschwiegene – Grundannahme stehen, dass Eltern in der Hinsicht absolut nichts an ihre Kinder weitergeben, und zwar weder genetisch noch kulturell. Und damit würde offenkundig werden, dass man in den Sozial- und Kulturwissenschaften nicht nur die Erkenntnisse der Biologen, Psychologen und Mediziner unausgesprochen und in Gänze ignoriert, sondern gleichzeitig in höchstem Maße bedenklichen Theorien folgt.

Stattdessen hat man sich eine Argumentationsstrategie zurechtgelegt, mit deren Hilfe man die kühnsten Behauptungen aufstellen kann, ohne sich in irgendeiner Weise angreifbar zu machen, denn die zugrunde liegenden Prämissen werden ja nicht benannt. Entsprechend nennen sich die verschiedenen Theoretiker auch lediglich Antibiologisten, obwohl sie bei Lichte betrachtet eher Kulturalisten und Vertreter der Unbeschriebenes-Blatt-Hypothese sind, was aber niemals offen ausgesprochen wird. Im

Endergebnis führt dies dann zu sonderbar widersprechenden bis geradezu grotesken Resultaten, hinter denen nicht wissenschaftliche Erkenntnisse, sondern in erster Linie ökonomische und politische Interessen stecken. Beispielsweise behauptet die Neurologie seit geraumer Zeit – möglicherweise sogar zutreffend –, dass die Veranlagung zur Migräne vererbt werden kann, um daraus dann etwa zu folgern[118]:

Die Tatsache, dass die Vererbung bei der Migräne eine wichtige Rolle spielt, erklärt auch, warum die Krankheit selbst nicht heilbar ist. Es ist lediglich möglich, akute Migräneattacken zu behandeln und bei häufigen Attacken mit Hilfe von Medikamenten vorzubeugen.

Umgekehrt nimmt man in den Sozial- und Kulturwissenschaften mehrheitlich an, dass die individuelle, von den leiblichen Eltern erworbene genetische Ausstattung eines Menschen bestenfalls eine vernachlässigbare Bedeutung für dessen intellektuelle Fähigkeiten und sozialen Erfolg habe. Man beachte die Absurdität der Situation: Aus der beobachtbaren Tatsache, dass ein bestimmter Kopfschmerztyp familiär gehäuft auftritt, schließt die Neurologie auf eine wesentliche genetische Beteiligung am Krankheitsgeschehen, während die gleichfalls beobachtbaren familiären Häufungen beim Bildungserfolg oder bei sonstigen intellektuellen Leistungen für die Sozial- und Kulturwissenschaften lediglich Ausdruck sozialer Privilegierungen sind.

Man fragt sich unwillkürlich, wie es sein kann, dass die Neurologie bei vergleichbarer Datenlage zu einem genau umgekehrten Ergebnis wie die Sozial- und Kulturwissenschaften kommt. Die Antwort darauf folgt unmittelbar aus den Prinzipien der Systemischen Evolutionstheorie: In beiden Fällen geht es primär um Kompetenzbewahrung und damit letztlich um wirtschaftliche Interessen und Einfluss. Die Botschaft der Neurologie lautet in etwa, dass die Kopfschmerzgeplagten nichts anderes tun können, als zu ihr zu kommen, da sie im alleinigen Besitz der lindernden chemischen Wunderwaffen ist. Lebensstilmaßnahmen, wie zum Beispiel Ernährungsumstellungen, sind dagegen vollkommen sinnlos, da Migräne "natürlich" ist. Man kann sie nur mit Medikamenten behandeln (vgl. dazu auch meinen Artikel *Der Fall Charlie Abrahams*[119]). Ganz ähnlich ist der Standpunkt der Sozial- und Kulturwissenschaften: Intelligenz, Bildungserfolg, sozialer Erfolg, Gender etc. sind in ihren Augen allesamt Merkmale, deren individuelle Ausprägungen sich primär aus den jeweiligen sozialen Verhältnissen ergeben, und dafür sind nun einmal in erster Linie die Sozial- und Kulturwissenschaften zuständig. Oder noch härter abgrenzend formuliert: Soziales muss durch Soziales erklärt werden[120]. In beiden Fällen steht folglich nicht die interdisziplinäre

Forschung oder gar der Erkenntnisgewinn im Vordergrund, sondern die disziplinäre Nischenbildung zwecks optimaler Kompetenzbewahrung und -reproduktion.

6.3 Der Verlust der generationenübergreifenden Sicht

Allerdings gehen die einschränkenden Vorstellungen der Sozial- und Kulturwissenschaften noch weiter. Die Bedeutung der Gene wird nämlich auch für die generationenübergreifende Entwicklung kritischer Merkmale – wie zum Beispiel der Intelligenz – negiert. Damit zweifeln sie aber im Grunde die Evolutionstheorie an, und zwar nicht nur für Menschen, sondern für weite Teile der Natur ebenso, denn die dabei von ihnen für gewöhnlich vorgebrachten Argumente lassen sich unmittelbar ins Tierreich übertragen.

Stellen wir uns als Beispiel einmal zwei fiktive patriarchalisch organisierte Populationen A und B vor. Während in A im Allgemeinen die klügsten Männer den höchsten sozialen Status erlangen und in der Folge dann auch die meisten Nachkommen hinterlassen, wären es in B die stärksten Männer. Biologen würden in einem solchen Fall erwarten, dass die Population A nach etlichen Generationen auf "natürliche" Weise im Mittel klüger (intelligenter) wäre als B, B hingegen stärker als A. Sozial- und Kulturwissenschaftler hielten eine solche Annahme jedoch mehrheitlich für Rassismus. Doch wie soll es dann überhaupt zur menschlichen Entwicklung gekommen sein? Durch Gottes Werk?

Richard Dawkins merkt in diesem Zusammenhang an[121]:

> *Das Gespenst Hitlers hat einige Wissenschaftler sogar "Sollen" mit "Sein" verwechseln und leugnen lassen, dass die gezielte Züchtung menschlicher Eigenschaften möglich wäre. Doch wenn man Kühe für hohen Milchertrag, Pferde für Schnelligkeit bei Rennen und Hunde für umsichtiges Hüten züchten kann, warum eigentlich sollte es dann unmöglich sein, Menschen für mathematische, musikalische oder sportliche Leistungen zu züchten? Solche Einwände wie der, dass es keine "eindimensionalen" Fähigkeiten gibt, gelten genauso für Kühe, Pferde und Hunde und haben in der Praxis nie jemanden aufgehalten.*

In menschlichen Gesellschaften stellt der soziale Erfolg von Männern einen Fitnessindikator dar, der das weibliche Partnerwahlverhalten bis heute dominiert[122]. Denn auch in modernen Gesellschaften gilt noch immer: Nichts steigert die Attraktivität eines Mannes gegenüber dem anderen Geschlecht so sehr wie der soziale Status beziehungsweise der berufliche Erfolg[123]:

Zahlreiche Studien scheinen zu belegen, dass Frauen bei Männern Eigenschaften wie finanziellen Wohlstand attraktiv finden, während Männer nach jungen – und damit fruchtbaren – Frauen Ausschau halten.

Solche Präferenzen sind weltweit in allen Kulturen so einheitlich anzutreffen, dass einige Autoren dafür biologische Ursachen vermuten[124].

Die spezifischen weiblichen Partnerwahlpräferenzen des Menschen dürften sehr viel zum überragenden Erfolg der Menschheit beigetragen haben, denn dabei werden auf geschickte Weise Individual- mit Gruppenkompetenzen kombiniert. Man könnte sie – stark vereinfacht – wie folgt umschreiben: "Wir wählen bevorzugt die Männer, die am meisten zum Gesamterfolg der Gruppe beigetragen haben." Dass dies für die Gesamtgruppe effizienter ist, als Männchen mit ausladendem Gefieder und somit rein individuellen Merkmalen zu wählen, dürfte auf der Hand liegen.

Auffällig ist hierbei jedoch, dass Frauen wohl schon immer primär anhand sozialer beziehungsweise kultureller und damit erworbener Merkmale selektierten. Allerdings ist der Mensch in dieser Hinsicht keineswegs einzigartig, denn bei vielen Vogelarten ist der Gesang der Männchen der wohl entscheidende Fitnessindikator für die Weibchen. Bei einigen Arten ist der Melodienpool, aus dem die Männchen ihren Vortrag gestalten, jedoch erworben. Er wird sogar innerhalb der Population tradiert. Richard Dawkins inspirierten die entsprechenden Verhältnisse bei den Neuseeland-Lappenstaren zu seiner Memetik[125].

Es fragt sich dann allerdings, wie in diesem Falle die Lappenstare dennoch biologisch evolvieren und sich fortlaufend an die Widrigkeiten der Umwelt anpassen können. Die simple Antwort darauf lautet: Dies funktioniert deshalb, weil der Gesang nicht nur aus erworbenen und eingeübten Melodien besteht, sondern weil sich dahinter auch genetisch vermittelte Merkmale verbergen, die sich auf Ausdauer, Lautstärke, Intonationssicherheit, Innovationsfähigkeit etc. des Gesangs auswirken. Nichts anderes nimmt der normale, nicht sozial- und kulturwissenschaftlich vorgebildete Mensch auch gegenüber anderen Menschen an: In seinen Augen konnte etwa Luciano Pavarotti deshalb so wunderschön singen, weil er in einer dafür günstigen Umgebung aufwuchs, zeitlebens sehr viel übte und an seinem Gesang feilte und gleichzeitig das dafür erforderliche (genetisch vermittelte) Talent besaß. Und ganz entsprechend war Srinivasa Ramanujan deshalb in der Lage, seine berühmten mathematischen

Formeln zu entwickeln, weil er sich früh darin übte und gleichzeitig (aufgrund seiner Gene) ein mathematisches Genie war.

Wenn es in einer Gesellschaft von Vorteil wäre, möglichst schnell sprechen zu können, dann würde das Merkmal Schnellsprechen vermutlich aus einem Mix aus Umwelt, Training und Genen bestehen, so wie es heute beim Bildungserfolg der Fall ist, auch wenn im Einzelfall die "Umwelt" (zum Beispiel Ernährung, Schichtzugehörigkeit) der entscheidende Einflussfaktor sein mag.

Menschen, die sich viel mit Computern beschäftigen oder gar Informationstechnologen sind, ist so etwas geläufig. Für sie ist es ganz selbstverständlich, dass sich die Leistung eines PCs aus der Leistung der Hardware (= Gene) und der Software (= Kultur, Lernen) zusammensetzt. Sie würden niemals erwarten, dass man einen PC, der über eine leistungsschwächere, ältere CPU verfügt, allein durch den Austausch der Software (des Erlernten) auf das gleiche potenzielle Leistungsniveau bringen kann, wie einen PC mit einer moderneren, schnelleren CPU. In den Sozial- und Kulturwissenschaften wird dies jedoch – im übertragenen Sinne – immer wieder behauptet. Dort hat man gewissermaßen die Vorstellung, eine vergleichbare Computerevolution könnte auch ohne Hardwareevolution stattfinden, und zwar ausschließlich durch die Verbesserung der Software und die raschere und gleichmäßigere Verteilung der aktualisierten Programme auf alle Rechner. Das ist völlig haltlos. Die Gehirnstruktur, die Verarbeitungsgeschwindigkeit der Neuronen, das Verhältnis der Neurotransmitter L-Glutamat und GABA zueinander etc., all das unterliegt ganz wesentlich auch dem Einfluss der individuellen genetischen Ausstattung, sonst könnte es zum Beispiel nicht sein, dass von zwei Kindern, die in einer vergleichbaren Umwelt aufwachsen und ganz ähnlich ernährt werden, eines davon mit epileptischen Anfällen reagiert, während das andere keine vergleichbaren Symptome aufweist.

Die Antwort der Sozial- und Kulturwissenschaften auf solche Einwände ist im Grunde immer die Gleiche: "Wir gestehen der Biologie ja durchaus einen gewissen Einfluss zu. Allerdings sind wir davon überzeugt, dass die soziale Umwelt für die individuelle Entwicklung eines Menschen die viel größere Bedeutung hat als dessen genetische Ausstattung, siehe etwa Lewontins Gleichnis von den zwei Feldern. Deswegen verwahren wir uns gegen jede Form des Biologismus."

6.4 Lewontins Gleichnis von den zwei Feldern

Der Einwand der Sozial- und Kulturwissenschaftler ist so trickreich, dass er in seiner ganzen Tragweite und Fehlerhaftigkeit meist überhaupt nicht verstanden wird, vermutlich nicht einmal in den eigenen Disziplinen selbst.

Betrachten wir dazu einmal Lewontins Gleichnis von den zwei Feldern. Wikipedia erklärt es wie folgt[126][127]:

Man stelle sich vor, man habe einen Sack voll Weizenkörner. Man teile diesen Sack rein zufällig in zwei Hälften. Die eine Hälfte säe man auf einem fruchtbaren Boden, den man gut wässert und düngt. Die andere Hälfte werfe man auf einen kargen Acker.

Wenn man nun das erste Feld betrachtet, wird einem auffallen, dass die Weizenähren verschieden groß sind. Man wird dies auf die Gene zurückführen können, denn die Umwelt war für alle Ähren gleich. Wenn man das zweite Feld betrachtet, wird man die Variation innerhalb des Feldes auch auf die Gene zurückführen können. Doch es wird auch auffällig sein, dass es große Unterschiede zwischen dem ersten Feld und dem zweiten Feld gibt. Auf dem ersten Feld sind die Unterschiede zu 100 % genetisch, auf dem zweiten Feld sind die Unterschiede zu 100 % genetisch, doch das heißt nicht, dass die Unterschiede von Feld 1 und Feld 2 auch genetisch sind.

Analog betrachtet Lewontin das Verhältnis sozialer Schichten. Laut Lewontin könnten die IQ-Unterschiede innerhalb einer Schicht zu einem gewissen Prozentsatz genetisch sein, doch dies würde nicht zur Folge haben, dass die Unterschiede zwischen zwei Schichten auch genetisch sein müssten.

Das mag alles richtig sein. Und in der Tat wäre die Beobachtung, dass die Mitglieder einer oberen Schicht über einen durchschnittlich höheren IQ verfügen als die einer unteren zunächst noch kein Beweis für die These, dass dahinter genetische Gründe steckten. Allerdings, was heißt schon "kein Beweis"? "Kein Beweis" ist nicht gleichbedeutend mit "ist falsifiziert", obwohl dies wohl implizit angedeutet werden soll. Womit ich bei der ersten argumentativen Sünde wäre.

Schwerer wiegt jedoch ein anderer Umstand. Grundgedanke der Darwinschen Evolutionstheorie ist es, dass genetisch günstiger ausgestattete (besser angepasste) Individuen unter vergleichbaren Umweltbedingungen durchschnittlich mehr Nachkommen hinterlassen als solche, die schlechter angepasst sind und sich folglich nicht so gut entwickeln. Mit anderen Worten: In dem fruchtbaren Feld des obigen Gleichnisses werden sich die Pflanzen mit den günstigeren Genen stärker vermehren als Pflanzen mit einer ungünstigeren genetischen Ausstattung.

Ferner – und das folgte je nach Evolutionsmodell entweder aus der Theorie der egoistischen Gene oder aus dem Prinzip Reproduktionsinteressen der Systemischen Evolutionstheorie – wäre anzunehmen, dass die auf dem fruchtbaren Boden gedeihenden Pflanzen durchschnittlich mehr Nachkommen hinterlassen als ihre Artgenossen auf dem kargen Feld. Davon geht auch Richard Lewontin aus, zumal die im Rahmen des Gleichnisses üblicherweise präsentierten Zeichnungen dies bereits andeuten. Aber auch die Lebenserfahrung lässt erwarten, dass ein fruchtbarer Boden nach einiger Zeit vollständig und dicht bewachsen ist, während ein karger Boden eben tatsächlich einen kargen Eindruck hinterlässt. Anders gesagt: Dort wo Armut vorherrscht, wird sich die Armut nicht beliebig ausbreiten können. Beim Evolutionsprinzip und dem Prinzip Generationengerechtigkeit handelt es sich nämlich letztlich um Synonyme, wie es in meinem Artikel *Systemische Evolutionstheorie*[128] erläutert wird.

Evolutionstheoretiker und Biologen gehen aber zusätzlich auch noch von einer "Durchlässigkeit" beziehungsweise "Fairness" in den Ährenfeldern aus. Sollte der Wind einige Samenkörner der "armen" Pflanzen auf den fruchtbaren Boden tragen, dann würden sich die daraus entstehenden Pflanzen – so die unverzichtbare Zusatzannahme der Darwinschen Evolutionstheorie[129] – auch dort entsprechend ihren genetischen Potenzialen entwickeln. Anders gesagt: Die Pflanzen würden im Allgemeinen nun ebenfalls munter gedeihen und viele Ähren und Körner – das heißt potenzielle Nachkommen – produzieren und damit für die Verbreitung ihrer genetisch bedingten Kompetenzen sorgen.

Genau das ist in modernen menschlichen Gesellschaften jedoch nicht der Fall. Lewontin zog bereits selbst den Vergleich zwischen unterschiedlich fruchtbaren Böden und sozialen Schichten, die sich insbesondere im unterschiedlichen Zugang zu Ressourcen unterscheiden. Entsprechend gibt es in menschlichen Gesellschaften ein natürliches Bestreben, sozial aufzusteigen und nicht abzusteigen, denn mit dem Aufstieg gewinnt man Ressourcen, während man sie mit dem Abstieg verliert. Sozialer Erfolg erleichtert folglich die Reproduktion der eigenen Kompetenzen (zumindest mit hoher Zeitpräferenz). Allein schon deshalb ist er wünschenswert. Hinzu kommt, dass – wie bereits dargelegt wurde – der soziale Erfolg bei

Männern einen Fitnessindikator darstellt, der das weibliche Partnerwahlverhalten bis heute dominiert. Sozialer Erfolg macht Männer attraktiv.

Man kann zwar auch in einer modernen Gesellschaft einen hohen sozialen
Status ererben, in dem man zum Beispiel direkt in die Oberschicht
hineingeboren wird, normalerweise (dies gilt im Grunde für die gesamte
Mittelschicht) muss der eigene soziale Erfolg jedoch erworben werden.
Wichtigste Voraussetzung dafür ist üblicherweise der Aufbau sozial
nutzbarer Kompetenzen wie Bildung, berufliche Qualifikationen, Um-
gangsformen, Sprachkenntnisse, kommunikative Fähigkeiten etc.

Allerdings ergibt sich dabei ein Problem, und das trägt in den Wissenschaften den Namen demografisch-ökonomisches Paradoxon. Wikipedia
fasst es in den folgenden Worten zusammen[130]:

*Mit dem Begriff Demografisch-Ökonomisches Paradoxon wird damit
die global gültige Beobachtung beschrieben, wonach Gesellschaften
umso weniger Kinder bekommen, je wohlhabender, freier und gebilde-
ter sie sind.*

*In (engerer) wirtschaftswissenschaftlicher Formulierung lautet das
Paradoxon: Je höher das Pro-Kopf-Einkommen und der Bildungsgrad
einer Menschen-Population, desto niedriger ist deren Geburtenrate.*

*Diese Beziehung bestehe weltweit erst in den letzten Jahrzehnten, in
Mittel- und Westeuropa jedoch bereits seit etwa 1850/1880. Vor dieser
Zeit war es die soziale Oberschicht, deren Kinder bis zum Heiratsalter
in der größeren Zahl überlebten.*

Um es einmal in konkreten Zahlen auszudrücken: In dem im Jahr 2011
von einer schweren Dürrekatastrophe heimgesuchten Somalia bekommen
die Frauen (alle Zahlen sind Schätzungen für 2011) durchschnittlich 6,35
Kinder[131], im äußerst heißen und trockenen Niger gar 7,6[132], in Deutschland 1,41[133] und in Japan nur 1,21[134]. Die aktuelle Populationsdichte
scheint dagegen keinen nennenswerten Einfluss auf das Fortpflanzungsverhalten zu haben, denn selbst im kaum besiedelten Sibirien ist die
Geburtenrate äußerst niedrig.

Doch das demografisch-ökonomische Paradoxon gilt nicht nur zwischen
unterschiedlichen Nationen, sondern ganz entsprechend innerhalb von
Industrienationen (das heißt zwischen den Schichten) auch, wie sich am
Beispiel der Bundesrepublik Deutschland unmittelbar deutlich machen
lässt[135 136 137]:

*Tendenziell ist ein negativer Zusammenhang zwischen Bildung und
sozialem Status der Eltern einerseits und der Kinderzahl andererseits*

festzustellen: Bei Personen (Frauen beziehungsweise Paaren) mit höherem Bildungsabschluss ist die durchschnittliche Kinderzahl je Frau niedriger, das durchschnittliche Gebäralter höher und der Anteil dauerhaft Kinderloser ebenfalls höher als bei Personen mit niedrigerem Bildungsniveau. Schätzungen zufolge beträgt die zusammengefasste Geburtenziffer bei Akademikerinnen ca. 0,9 Kinder je Frau, bei Frauen ohne Schulabschluss hingegen ca. 1,8, also rd. das Doppelte. Das mittlere Gebäralter liegt bei Akademikerinnen bei ca. 34 Jahren, bei Frauen ohne Ausbildung bei ca. 23 Jahren.

Zu erwähnen ist auch die im Durchschnitt höhere Geburtenhäufigkeit in der zugewanderten Bevölkerung im Vergleich mit der einheimischen. Obwohl im Durchschnitt in Migrationsfamilien das Ausbildungs- und Einkommensniveau niedriger ist, kann die höhere Geburtenrate nur teilweise mit dem letztgenannten Zusammenhang erklärt werden. Hinzu treten kulturelle Unterschiede insbesondere in bestimmten Migrantengruppen. Der amtlichen Statistik zufolge liegt die Geburtenrate einheimischer Frauen bei ca. 1,1 bis 1,3 Kindern je Frau, bei der zugewanderten hingegen bei ca. 1,7. Hier wiederum heben sich (von den großen Gruppen) insbesondere die Türkischstämmigen mit Geburtenraten deutlich über 2,0 hervor, wobei auch dort die Kinderzahl mit abnehmender Bildung, insbesondere der Mutter, zunimmt.

Wikipedia verschweigt nicht, dass das Fortpflanzungsverhalten des modernen Menschen damit nicht mehr dem in der Natur üblichen entspricht[138]:

Das menschliche Reproduktionsverhalten widerspricht in der Industriegesellschaft dem biologisch gängigen: von Einzellern bis hin zu höheren Tieren nutzen Lebewesen den Zugang zu Nahrungsressourcen zur Vermehrung. Sowohl Thomas Robert Malthus als auch, ihm in dieser Frage folgend, Charles Darwin gingen davon aus, dass der Mensch sich wie das Tier umso schneller vermehre, je mehr Mittel ihm zur Verfügung stünden, und es galt auch noch in ihrer Zeit. Das offensichtlich abweichende Verhalten des modernen Menschen und dessen mögliche Folgen beschäftigt sowohl Biologen wie Wirtschaftswissenschaftler und Demografen.

Damit lässt sich jedoch auch Lewontins Gleichnis von den zwei Feldern nicht mehr von der Natur auf soziale Schichtungen in menschlichen Gesellschaften übertragen. Denn stellen wir uns den folgenden Fall vor: Ein gering gebildetes und von Transferleistungen lebendes Ehepaar hat vier Kinder, von denen eins keinen Schulabschluss erlangt, zwei den Hauptschulabschluss und das vierte einen Dr.-Titel in Volkswirtschaft.

Die drei erstgenannten Kinder sind als Erwachsene zeitlebens erwerbslos, während das vierte eine steile Karriere in einer deutschen Großbank macht. Dann wäre in unserer Gesellschaft aufgrund des demografisch-ökonomischen Paradoxons zu erwarten, dass die ersten drei Kinder im Durchschnitt deutlich mehr eigene Nachkommen haben werden als das vierte, während es sich bei Lewontins zwei Feldern genau umgekehrt verhielte. Dort würde der vom Winde verwehte Erfolgssamen viel besser gedeihen als auf dem trockenen Boden seiner Eltern und in der Folge auch deutlich mehr Nachkommen hinterlassen. Würde man also in Lewontins Gleichnis genau umgekehrt von den sozialen Schichtungen in modernen menschlichen Gesellschaften auf die Ährenfelder schließen, dann müsste man prognostizieren, dass das Feld mit dem fruchtbaren Boden nur wenige Pflanzen trägt, während der karge Acker dicht bewachsen ist.

Anders gesagt: Bei Lewontins Gleichnis von den zwei Feldern handelt es sich um Biologismus, denn es wird dabei versucht, eine biologische Konstellation auf moderne menschliche Gesellschaften und hier insbesondere auf soziale Schichtungen zu übertragen, obwohl dazu die Voraussetzungen fehlen. Viele Sozial- und Politikwissenschaftler scheint dies jedoch nicht zu stören, wie zum Beispiel der frühere taz-Ressortleiter Ralph Bollmann in einer geradezu grotesken Feststellung deutlich machte[139]:

Erst die geringe Kinderzahl altrömischer Senatoren oder moderner Akademiker gibt dem Nachwuchs aus unteren Gesellschaftsschichten Raum für die eigene Karriere.

Die Gesellschaftswissenschaften müssten sich in diesem Zusammenhang die Frage stellen, ob das von ihnen hingenommene und mitunter – siehe Ralph Bollmann – sogar positiv bewertete Fortpflanzungsverhalten der Bevölkerung auch dann noch als unproblematisch oder gar sinnvoll zu bezeichnen wäre, wenn die Gesellschaft auf geradezu ideale Weise sozial durchlässig wäre, das heißt im Grunde also genauso organisiert wäre, wie man es sich angeblich die ganze Zeit von ihr erwünscht. Anders gefragt: Könnte eine sozial durchlässige Gesellschaft, in der eine negative Korrelation zwischen sozialem Erfolg und Nachkommenzahlen besteht, weiterhin evolvieren?

Das ist nicht der Fall, wie die bisherigen Ausführungen gezeigt haben. Ein entsprechendes Reproduktionsverhalten der Bevölkerung könnte nur dann als relativ unproblematisch angesehen werden, wenn der soziale Erfolg zu exakt null Prozent auf der individuellen genetischen Ausstattung beruhte. Genau das ist jedoch in sozial durchlässigen Gesellschaften nicht zu erwarten, wie dargelegt wurde[140].

6.5 Antibiologismus widerspricht der Evolutionstheorie

Und damit offenbart sich auch, was es mit dem Biologismus-Vorwurf der Sozial- und Kulturwissenschaften gegenüber biologischen Argumenten auf sich hat: Biologen und Evolutionstheoretiker haben kein Problem damit, wenn Merkmalsausprägungen nicht nur auf den Genen beruhen, sondern ganz entscheidend auch von den Umweltbedingungen abhängen. Auch damit ist weiterhin Evolution möglich und die Evolutionstheorie müsste nicht geändert werden. Es ist schließlich bereits jedem Kind geläufig, dass selbst das Gedeihen einer Zimmerpflanze ganz wesentlich davon abhängt, wie viel Licht, Wasser, Raum und Nährstoffe sie erhält. Dass die Umwelt einen ganz entscheidenden Einfluss auf die Ontogenese eines Individuums nehmen kann, wird selbst von Hardcore-Genetikern und -Darwinisten nicht bestritten. Zu echten Fehlannahmen kommt es erst dann, wenn aus solchen Beobachtungen im Umkehrschluss gefolgert wird, dass der Einfluss der Gene praktisch vernachlässigbar ist, und zwar nicht nur im Rahmen der Ontogenese (beziehungsweise den proximaten Ursachen), sondern der Phylogenese – das heißt, der stammesgeschichtlichen Entwicklung (beziehungsweise den ultimaten Ursachen) – gleich mit dazu. Genau das geschieht aber in "antibiologistischen" sozial- und kulturwissenschaftlichen Arbeiten praktisch unentwegt.

Die Vorstellungen der sogenannten Antibiologisten funktionieren aus diesem Grund nur dann, wenn die zur Diskussion stehenden Merkmale zu null Prozent genetischen Ursprungs sind, ansonsten stünden ihre Theorien bereits im direkten Widerspruch zu Kernaussagen der Evolutionstheorie. Entsprechend würde das aktuelle Fortpflanzungsverhalten unserer Gesellschaft nur dann nicht zu einer zunehmenden Bevölkerungsverdummung führen, wenn Intelligenz zu 100 Prozent erworben und in keiner Weise durch Gene beeinflusst wird. Davon geht jedoch heute kein ernsthafter Wissenschaftler mehr aus.

Hinter den Vorstellungen der Sozial- und Kulturwissenschaften verbirgt sich ein statisches, nichtevolutionäres und damit letztlich sogar kreationistisches Weltbild. Dies wäre für sich gesehen noch nicht weiter schlimm, wenn damit nicht gleichzeitig etliche fatale Folgen verbunden wären, wie zum Beispiel:

- Globale und nationale Ausbreitung von Armut

- Kriege, Terror, Hunger, Völkerwanderungen, Seuchen (vgl. dazu auch meinen Artikel *Bevölkerungsplanung*[141])

- Globaler und nationaler Rückgang menschlicher Intelligenz

- Rückgang sozialer und kultureller Kompetenzen; Bildungs- und Kulturverluste

- Zunahme chronischer Erkrankungen, Gesundheitsverschlechterungen

Gegen Vorstellungen und Theorien, wie sie von Ralph Bollmann und anderen vorgetragen werden, wäre nichts einzuwenden – und ich persönlich würde dafür sogar notfalls die Evolutionstheorie "opfern" – wenn ihre Vertreter deren Gültigkeit anhand von Beobachtungsdaten belegen könnten. Das genaue Gegenteil ist jedoch der Fall: Die globale Armut nimmt nicht ab, sondern zu; der durchschnittliche IQ in den Industrienationen steigt nicht, sondern fällt, unseren Kindern geht es nicht besser, sondern schlechter; sie werden nicht gesünder und wohlhabender, sondern kränker[142] und ärmer, ihr Wissen nimmt nicht zu, sondern ab usw. Wir sprechen hier über eine fundamentale Verletzung der Generationengerechtigkeit.

6.6 Antibiologismus und Totalitarismus

Die Tabula-rasa-Hypothese, das heißt die Annahme, dass alle Menschen über das gleiche genetische Potenzial verfügen und erst im Rahmen der Sozialisation zu dem gemacht werden, was sie später sind, war auch für einige der schlimmsten Verbrechen verantwortlich, die sich im Laufe der Geschichte der Menschheit ereigneten. Da sich in der Praxis immer wieder Abweichungen (beziehungsweise Abweichler) gegenüber der reinen Lehre zeigten, wurde die Gleichheit der Menschen dann oftmals mit Gewalt und Mord erzwungen, so etwa geschehen unter Mao Tse-tung, vor allem aber der Herrschaft der Roten Khmer und ihres "Bruders Nummer Eins" Pol Pot[143]:

Mit dem Fall Phnom Penhs begann eines der blutigsten Kapitel der Geschichte. Die Roten Khmer begannen, die radikalen Ideen ihres "Bruders Nummer 1" vom kommunistisch-primitivistischen Bauernstaat konsequent umzusetzen, und zwangen die Bevölkerung unter Androhung der Todesstrafe, die Hauptstadt binnen 48 Stunden zu verlassen. Sie sollten auf dem Lande als Bauern und Landarbeiter eingesetzt werden. Intellektuelle (auch Brillenträger wurden dafür gehalten) galten als überflüssig und unerwünscht. In den folgenden vier Jahren wurden vor allem der gebildete Teil der Bevölkerung und Regimekritiker von den Roten Khmer ermordet. So überlebten diese Episode der kambodschanischen Geschichte landesweit nur 50 Ärzte und 5.000 von vormals 20.000 Lehrern. Außerdem kam es infolge von Enteignungen und einer desaströsen Wirtschafts- und Handelspolitik zu Hungersnöten. Es wird vermutet, dass unter den Roten Khmer 1,7 bis 2 Millionen Menschen ums Leben kamen. Die Herrschaft Pol Pots war ebenso von seiner Paranoia und der seiner Anhänger geprägt, die jeden, der nicht pünktlich zur Arbeit erschien, als Volksverräter bestraften. Die Kambodschaner waren gezwungen worden, schwarze Einheitskleidung zu tragen, und mussten täglich 12 Stunden und mehr unter schwersten Bedingungen Landarbeit verrichten, ohne entsprechend mit Nahrungsmitteln und Medizin versorgt zu werden.

Sich auf Karl Marx berufende kulturalistische, "antibiologistische" Gleichheitsideologien sorgten in der jüngsten Geschichte immer wieder für größtes menschliches Leid. Allen gemeinsam waren die damit einhergehenden Herrschaftsformen des Totalitarismus und des Kollektivismus, unter denen es zu einer Unterdrückung des Individuums und zu massiven Menschenrechtsverletzungen kam. Die durch die Regimes verursachten Ungerechtigkeiten entsprangen aber nicht Ungleichheiten, sondern eher dem genauen Gegenteil davon, nämlich dem ausgeübten Zwang zur Gleichheit und der damit verbundenen Missachtung des Individuums beziehungsweise der Leugnung individueller Unterschiede und der menschlichen Natur.

Wer der Auffassung ist, das Soziale müsse ausschließlich durch das Soziale erklärt werden und diese Sichtweise dann auch auf fast alle individuellen menschlichen Merkmale – wie zum Beispiel die Intelligenz, die körperliche Leistungsfähigkeit oder gar das Geschlecht – ausgeweitet wissen möchte, der bestreitet letztlich jegliche naturgegebene, per Evolution entstandene menschliche Individualität. Eine solche Person glaubt dann aber eben auch, dass Individuen bereits zu ihren Lebzeiten mittels geeigneter Maßnahmen – insbesondere durch Erziehung und die Veränderung von sozialen Verhältnissen – nach Belieben geformt werden könnten. Damit begibt derjenige sich jedoch in den Dunstkreis des Totalitarismus, über den es auf Wikipedia etwa heißt[144]:

Totalitarismus bezeichnet in der Politikwissenschaft eine diktatorische Form von Herrschaft, die, im Unterschied zu einer autoritären Diktatur, in alle sozialen Verhältnisse hinein zu wirken strebt, oft verbunden mit dem Anspruch, einen "neuen Menschen" gemäß einer bestimmten Ideologie zu formen.

Der Anspruch, einen neuen Menschen zu formen, ist bei vielen Antibiologisten, Gleichheits- und Gendertheoretikern deutlich vorhanden, wie auch Äußerungen Simone de Beauvoirs[145] und Alice Schwarzers[146] belegen.

Trotz der Verbrechen Stalins, Mao Tse-tungs und Pol Pots ist es den Antibiologisten und Gleichheitstheoretikern bislang noch stets gelungen, den eigenen Standpunkt als human, modern, freiheitlich und demokratisch hinzustellen und davon abweichende, die Biologie nicht gänzlich ablehnende Vorstellungen in die Nähe totalitärer Ideologien zu rücken und als biologistisch, eugenisch, sozialdarwinistisch, rassistisch, sexistisch, rechts-konservativ, nationalsozialistisch und was der Teufel sonst noch zu diskreditieren. Charakteristisch für solche Vorgehensweisen ist, dass dabei jegliche Differenzierungen unterbleiben. Beispielsweise setzt sich eine Form der Eugenik – auf der Grundlage von Anreizsystemen – für höhere Geburtenraten bei intelligenten, gebildeten und generell sozial erfolgreichen Menschen ein – was in Demokratien ein ganz normaler Standpunkt ist (Anreize; Recht des Besitzenden) –, während andere Formen für die Zwangssterilisierung von geistig oder körperlich behinderten Menschen, das heißt für schwere Menschenrechtsverletzungen (Dominanz; Recht des Stärkeren) waren. Ganz entsprechend ist die Behauptung, alle Verhaltensweisen eines Menschen seien letztlich Ausdruck seiner Gene tatsächlich Biologismus, während die Aussage, die unterschiedliche Bildungsfähigkeit zweier Menschen habe häufig auch etwas mit deren unterschiedlicher genetischer Ausstattung zu tun, es nicht ist. Und der gern erhobene Vorwurf, der Rassismus der Nationalsozialisten habe etwas mit Darwins Lehre zu tun, ist ohnehin völlig abwegig[147].

Ein typisches Beispiel einer solchen Vorgehensweise liefert Vanessa Lux in ihrem Artikel *Biologismen in Soziobiologie und Evolutionärer Psychologie – Eine Funktionskritik*[148]. Nachdem sie zunächst – meiner Meinung nach durchaus vertretbar[149] – den in weiten Teilen der Biologie vorherrschenden Gen-Zentrismus kritisiert, heißt es im Abschnitt "Die 'gesellschaftliche Natur' des Menschen" dann unvermittelt[150]:

> *Dies bedeutet (...) die Aufhebung des Selektionsprinzips (...) durch die Evolution selbst.*

Es mag zwar zutreffend sein, dass der moderne Mensch die natürliche Selektion in seinem sozialen Umfeld weitestgehend aufgehoben hat – das behauptet schließlich auch die Systemische Evolutionstheorie –, dafür existiert jedoch in den heutigen Wohlfahrtsstaaten eine ausgeprägte, von Menschen selbst geschaffene "soziale Selektion", bei der die jeweiligen Opportunitätskosten von Kindern der maßgebliche Selektionsfaktor sind.

Gemäß der *ökonomischen Theorie der Fertilität* erklärt sich hierdurch die in modernen menschlichen Gesellschaften bestehende negative Korrelation zwischen sozialem Erfolg beziehungsweise Bildung und der Zahl an Nachkommen, ich erwähnte es bereits. Richard Dawkins sehr verhaltenen Hinweis auf die denkbaren ungünstigen Langzeitfolgen einer solchen Entwicklung kontert die Autorin mit der polemischen Anmerkung[151]:

> *Hiermit lassen sich bevölkerungspolitische Zwangsmaßnahmen gegen sozial Schwache rechtfertigen.*

Die Autorin übersieht, dass gesellschaftliche Verhältnisse, unter denen sozial Schwache die niedrigsten Opportunitätskosten für Kinder besitzen, nicht natürlich, sondern menschengemacht sind. Und selbstverständlich besitzen Menschen dann das Recht, an solchen sozialen Verhältnissen Kritik zu üben und Änderungen anzuregen, ohne sich dabei der Gefahr aussetzen zu müssen, von Politikern, Journalisten, Sozial- und Kulturwissenschaftlern, gemäß deren nichtevolutionären Weltbildern individuelle menschliche Merkmale wie Intelligenz, Körperkraft und Geschlecht Produkte der gesellschaftlichen Verhältnisse sind, der individuelle Reproduktionserfolg dagegen – oh Wunder – nicht, als Biologist, Sozialdarwinist oder Eugeniker beschimpft zu werden. Was gesellschaftlich machbar und wandelbar ist, darüber haben nicht nur diejenigen mitzureden, deren Meinungen auf Vorstellungen beruhen, von denen sich auch Pol Pot leiten ließ.

Unabhängig davon fragt man sich bei den obigen Formulierungen natürlich, welche Absurditäten es denn sonst noch sein dürfen. Dass es nicht sinnvoll sein kann, wenn ausgerechnet diejenigen Gesellschaftsmitglieder die meisten Kinder bekommen, die im Sozialstaat weder sich noch ihre eigenen Nachkommen auf eigenständige Weise ernähren können, dürfte selbst den einfachsten Gemütern einleuchten, da auf diese Weise ja vor allem Armut reproduziert und die Generationengerechtigkeit verletzt wird. Die gesellschaftlichen Entwicklungen in den Industrienationen belegen dies seit mehreren Jahrzehnten auf eindrucksvolle Weise. Auch werden durch solche Verhältnisse Begriffe wie Nächstenliebe und Altruismus regelrecht pervertiert. Hilfe kann auf lange Sicht stets nur Hilfe zur Selbsthilfe sein. Alles andere stellte eine Entwürdigung von Menschen und damit eine Menschenrechtsverletzung dar.

6.7 Wem Armut nützt

Dass man das in den Sozialwissenschaften und in linken Kreisen mehrheitlich ganz anders sieht, hat einen einfachen Grund, und der lautet einmal mehr: Kompetenzerhalt. So wie Ärzte die Kranken brauchen, um überleben zu können, so benötigen Soziologen und die linke Politik die sozial Schwachen, denen gegenüber man sich in einer Position der Stärke beziehungsweise Dominanz (Kompetenzerhalt) präsentiert, was ganz nebenbei fürchterlich gut fürs eigene Ego ist. Die einfache Rechnung lautet: Je mehr soziale Brennpunkte es gibt und je ärmer die Gesellschaft wird, desto mehr Soziologen werden benötigt und umso bedeutsamer wird die Disziplin und damit man selbst natürlich auch. Und die linke Politik erhofft sich davon mehr linke Wähler, die mit der eigenen Lebenswirklichkeit unzufrieden sind. Tatsächlich aber gestalten Soziologie und linke Politik die immer unhaltbarer werdenden sozialen Zustände maßgeblich mit, zum Teil auf demografische Weise, zum Teil durch eine Überforderung des Sozialstaates, wie noch dargelegt wird. Es ist ein Geschäft mir dem Leid anderer.

Antibiologismus und Tabula-rasa-Hypothese sind für die Sozialwissenschaften letztlich Lizenzen zum Gelddrucken. Die Motivation dabei ist in etwa die: "Alle Menschen sind gleich. Mit geeigneten Bildungsmaßnahmen kann man jeden Menschen beliebig qualifizieren. Deshalb ist es auch völlig egal, wenn bildungsferne und berufslose Menschen in unserem Land durchschnittlich deutlich mehr Kinder bekommen als die gebildete berufstätige Mittelschicht. Der Staat sollte dann allerdings mehr in Bildung, Sozialarbeit und Sozialwissenschaften investieren. Doch, oh Schreck lass nach, der Anteil der bildungsfernen und berufslosen Menschen ist gegenüber dem Stand von vor 10 Jahren schon wieder angestiegen. Deshalb sollten jetzt noch mehr Sozialarbeiter und Soziologen beschäftigt werden." Auf diese Weise kommt es zu einer schweren Verletzung der Generationengerechtigkeit beziehungsweise zur Ausbeutung der kommenden Generationen.

Und es kommt zu einer Entwürdigung von Menschen, die dem abgehängten Prekariat zugerechnet werden[152]. Gesellschaftlich nutzbare Kompetenzen besitzen sie angeblich nicht, weswegen sie arbeitslos sind und von staatlichen Transferleistungen leben. Auch traut man ihnen nicht zu, ihre oftmals zahlreichen Kinder angemessen zu erziehen, zu bilden und zu sozialisieren. Aus diesem Grund soll die Aufgabe möglichst frühzeitig von staatlichen Erziehungseinrichtungen übernommen werden. Im Grunde wird von ihnen nichts weiter erwartet, als ihre Gene weiterzugeben. Damit behandelt man sie jedoch letztlich wie Tiere, deren Kompetenzen gleichfalls ausschließlich genetischer Art sind.

---

[102] The Telegraph, 22.07.2011: Charles Moore: I'm starting to think that the Left might actually be right - http://www.telegraph.co.uk/news/politics/8655106/Im-starting-to-think-that-the-Left-might-actually-be-right.html

[103] FAZ, 15.08.2011: Frank Schirrmacher: Bürgerliche Werte - "Ich beginne zu glauben, dass die Linke recht hat" - http://www.faz.net/aktuell/feuilleton/buergerliche-werte-ich-beginne-zu-glauben-dass-die-linke-recht-hat-11106162.html

[104] FAZ, 15.08.2011: Frank Schirrmacher: Bürgerliche Werte - "Ich beginne zu glauben, dass die Linke recht hat" - http://www.faz.net/aktuell/feuilleton/buergerliche-werte-ich-beginne-zu-glauben-dass-die-linke-recht-hat-11106162.html

[105] Spiegel, 09.03.2009 (11/2009): Brinkbäumer, Klaus; Goos, Hauke; Hornig, Frank; Ludwig, Udo; Pauly, Christoph: Gorillas Spiel - http://www.spiegel.de/spiegel/print/d-64497194.html

[106] Baader, Roland (2010): Geldsozialismus. Die wirklichen Ursachen der neuen globalen Depression, Gräfelfing: Resch, S. 22ff.

[107] Taghizadegan, Rahim (2011): Wirtschaft wirklich verstehen. Einführung in die Österreichische Schule der Ökonomie, München: FinanzBuch Verlag, S. 194ff.

[108] Taghizadegan, Rahim (2011): Wirtschaft wirklich verstehen. Einführung in die Österreichische Schule der Ökonomie, München: FinanzBuch Verlag, S. 215ff.

[109] Die Achse des Guten, 17.08.2011: Manfred Gillner: Schirrmacher und die Reichen - http://www.achgut.com/dadgdx/index.php/dadgd/article/schirrmacher_und_die_reichen/

[110] Die Achse des Guten, 17.08.2011: Manfred Gillner: Schirrmacher und die Reichen - http://www.achgut.com/dadgdx/index.php/dadgd/article/schirrmacher_und_die_reichen/

[111] Leonhard, Hans-Walter(2008): Recht und Grenzen evolutionsbiologischer Betrachtungen im Bereich des Humanen, In: Antweiler, C./Lammers C./Thies N. (Hrsg.): Die unerschöpfte Theorie. Evolution und Kreationismus in Wissenschaft und Gesellschaft, Aschaffenburg: Alibri, S. 145f.

[112] Faller, Hermann/Lang, Hermann (2006): Medizinische Psychologie und Soziologie, 2. Auflage, Heidelberg: Springer Medizin Verlag, S. 96

[113] Faller, Hermann/Lang, Hermann (2006): Medizinische Psychologie und Soziologie, 2. Auflage, Heidelberg: Springer Medizin Verlag, S. 96

[114] FAZ, 02.09.2010: Jeder kann das große Los ziehen - http://www.faz.net/artikel/C30297/die-intelligenzforscherin-elsbeth-stern-im-interview-jeder-kann-das-grosse-los-ziehen-30038371.html

115   Schnitzer E/Isserstedt W/Middendorff E (2001): Die wirtschaftliche und soziale Lage der Studierenden in der Bundesrepublik Deutschland 2000. 16. Sozialerhebung des Deutschen Studentenwerks durchgeführt durch HIS Hochschul-Informations-System, Bonn: Bundesministerium für Bildung und Forschung - http://www.studentenwerke.de/se/2001/Soz16Ges.pdf

116   Schnitzer E/Isserstedt W/Middendorff E (2001): Die wirtschaftliche und soziale Lage der Studierenden in der Bundesrepublik Deutschland 2000. 16. Sozialerhebung des Deutschen Studentenwerks durchgeführt durch HIS Hochschul-Informations-System, Bonn: Bundesministerium für Bildung und Forschung, Vorwort III - http://www.studentenwerke.de/se/2001/Soz16Ges.pdf

117   Institut und Poliklinik für Medizinische Psychologie, Hamburg: Intelligenz - http://zpm.uke.uni-hamburg.de/Webpdf/PrIntelligenz05.pdf

118   MSD - Aktiv gegen Migräne: Genetische Ursachen - http://www.aktivgegenmigraene.de/wissenswertes-ueber-migraene/ursachen/genetische-ursachen.html

119   Mersch, Peter: Der Fall Charlie Abrahams - http://knol.google.com/k/der-fall-charlie-abrahams

120   Vgl. Durkheim, Émile (1984): Die Regeln der soziologischen Methode. Herausgegeben und eingeleitet von René König, Frankfurt: Suhrkamp. Die Forderung ist äußerst problematisch und im Grunde unwissenschaftlich bis pseudowissenschaftlich, weil sie das Denken und Forschen unnötig limitiert und tabuisiert und auf Letztbegründungen innerhalb der gleichen Disziplin zurückführt, wodurch sie den Charakter einer Tautologie annehmen können. Mit dem gleichen Recht könnten andere die folgenden "wissenschaftlichen" Regeln aufstellen: Chemisches muss durch Chemisches erklärt werden, Neurologisches durch Neurologisches, Psychologisches durch Psychologisches, Somatisches durch Somatisches etc. Die allseitige wissenschaftliche Nischenbildung wäre dann perfekt und auf interdisziplinäre Forschungsvorhaben könnte verzichtet werden.

121   Brockman, John (2009): Was ist Ihre gefährlichste Idee? Die führenden Wissenschaftler denken das Undenkbare. Frankfurt: Fischer, S. 336

122   Woinoff, Stefan (2008): Überlisten Sie Ihr Beuteschema. Warum immer mehr Frauen keinen Partner finden – und was sie dagegen tun können, München: Mosaik

123   Weber, Thomas P. (2003): Soziobiologie, Frankfurt: Fischer, S. 77

124   Kanazawa, Satoshi (2003): Can evolutionary psychology explain reproductive behavior in the contempory United States? Sociological Quaterly, 44 (2003), 291-301

125   Dawkins, Richard (2007): Das egoistische Gen: Jubiläumsausgabe, München: Spektrum Akademischer Verlag, S. 316f.

[126] Wikipedia: Richard Lewontin (abgerufen am 17.07.2011) - http://de.wikipedia.org/wiki/Richard_Lewontin

[127] Lewontin, Richard (1996): How Heritability Misleads about Race. The Boston Review, XX, no 6, January, 1996, S. 30-35 - http://www.nyu.edu/gsas/dept/philo/faculty/block/papers/Heritability.html

[128] Mersch, Peter et al: Systemische Evolutionstheorie - http://knol.google.com/k/systemische-evolutionstheorie

[129] Genauer: Würde man sich dieser Annahme entledigen, könnte die Darwinsche Evolutionstheorie die biologische Evolution nicht mehr erklären.

[130] Wikipedia: Demographisch-ökonomisches Paradoxon (abgerufen am 17.07.2011) - http://de.wikipedia.org/wiki/Demographisch-%C3%B6konomisches_Paradoxon

[131] CIA - The World Fact Book: Somalia (abgerufen am 17.07.2011) - https://www.cia.gov/library/publications/the-world-factbook/geos/so.html

[132] CIA - The World Fact Book: Niger (abgerufen am 17.07.2011) - https://www.cia.gov/library/publications/the-world-factbook/geos/ng.html

[133] CIA - The World Fact Book: Germany (abgerufen am 17.07.2011) - https://www.cia.gov/library/publications/the-world-factbook/geos/gm.html

[134] CIA - The World Fact Book: Japan (abgerufen am 17.07.2011) - https://www.cia.gov/library/publications/the-world-factbook/geos/ja.html

[135] Kopp, Johannes (2002): Geburtenentwicklung und Fertilitätsverhalten. Theoretische Modellierungen und empirische Erklärungsansätze. Konstanz: UVK, S. 89

[136] Birg, Herwig (2003): Strategische Optionen der Familien- und Migrationspolitik in Deutschland und Europa, in: Leipert, Christian (Hrsg.): Demographie und Wohlstand. Neuer Stellenwert für Familie in Wirtschaft und Gesellschaft. Opladen: Leske + Budrich, S. 30

[137] Wikipedia: Demografie (abgerufen am 17.07.2011) - http://de.wikipedia.org/wiki/Demografie

[138] Wikipedia: Demographisch-ökonomisches Paradoxon (abgerufen am 17.07.2011) - http://de.wikipedia.org/wiki/Demographisch-%C3%B6konomisches_Paradoxon

[139] Bollmann, Ralph (2006): Lob des Imperiums. Der Untergang Roms und die Zukunft des Westens. Berlin: wjs Verlag, S. 84

[140] FAZ, 02.09.2010: Jeder kann das große Los ziehen - http://www.faz.net/artikel/C30297/die-intelligenzforscherin-elsbeth-stern-im-interview-jeder-kann-das-grosse-los-ziehen-30038371.html

[141] Mersch, Peter: Bevölkerungsplanung -
http://knol.google.com/k/bev%C3%B6lkerungsplanung

[142] WELT, 05.07.2011: Studie - Gesundheitszustand der Kinder hat sich verschlechtert -
http://www.welt.de/gesundheit/article13468579/Gesundheitszustand-der-Kinder-hat-
sich-verschlechtert.html

[143] Wikipedia: Pol Pot (abgerufen am 17.07.2011) - http://de.wikipedia.org/wiki/Pol_Pot

[144] Wikipedia: Totalitarismus (abgerufen am 17.07.2011) -
http://de.wikipedia.org/wiki/Totalitarismus

[145] Friedan, Betty (1976): It Changed My Life. Writings on the Women's Movement.
New York: Random House, S. 397

[146] Schwarzer, Alice (2007): Die Antwort. Köln: Kiepenheuer & Witsch, S. 168

[147] Anhalt, Utz (2008): Darwin ist unschuldig - Warum Rassismus in Deutschland wenig
mit Darwin zu tun hat, In: Antweiler, C./Lammers C./Thies N. (Hrsg.): Die unerschöpfte Theorie. Evolution und Kreationismus in Wissenschaft und Gesellschaft,
Aschaffenburg: Alibi, S. 173-190

[148] Lux, Vanessa (2008): Biologismen in Soziobiologie und Evolutionärer Psychologie -
Eine Funktionskritik, In: Antweiler, C./Lammers C./Thies N. (Hrsg.): Die uner-
schöpfte Theorie. Evolution und Kreationismus in Wissenschaft und Gesellschaft,
Aschaffenburg: Alibi, S. 157-172

[149] In diesem Punkt hat sie noch meine volle Unterstützung, denn anders als es die
Synthetische (Darwinsche) Evolutionstheorie postuliert, werden gemäß der Systemischen Evolutionstheorie nicht primär Gene, sondern ganz allgemein Kompetenzen
reproduziert.

[150] Lux, Vanessa (2008): Biologismen in Soziobiologie und Evolutionärer Psychologie -
Eine Funktionskritik, In: Antweiler, C./Lammers C./Thies N. (Hrsg.): Die uner-
schöpfte Theorie. Evolution und Kreationismus in Wissenschaft und Gesellschaft,
Aschaffenburg: Alibri, S. 167

[151] Lux, Vanessa (2008): Biologismen in Soziobiologie und Evolutionärer Psychologie -
Eine Funktionskritik, In: Antweiler, C./Lammers C./Thies N. (Hrsg.): Die uner-
schöpfte Theorie. Evolution und Kreationismus in Wissenschaft und Gesellschaft,
Aschaffenburg: Alibri, S. 171

[152] Castel, Robert/Dörre, Klaus von (2009): Prekarität, Abstieg, Ausgrenzung: Die
soziale Frage am Beginn des 21. Jahrhunderts, Frankfurt: Campus

7 Geschlechterverhältnis

7.1 Nachwuchsverhalten

Ein weiterer allgemein verbreiteter Denkfehler ist die Vorstellung, das Nachwuchsverhalten in modernen menschlichen Gesellschaften sei natürlich. Wenn etwa Akademiker durchschnittlich besonders wenige Kinder bekommen und Sozialhilfeempfänger im Vergleich dazu mehr, dann heißt es oftmals in klassischer darwinistischer Ausdrucksweise, Sozialhilfeempfänger seien unter den gegebenen Umständen eben fitter als Akademiker. Das Problem daran ist: Weder die Darwinsche Evolutionstheorie noch deren Begrifflichkeiten lassen sich auf menschliche Gesellschaften anwenden. Der Darwinismus ist in der aktuellen Fassung eine rein biologische (und damit eigentlich sogar biologistische) Theorie, deren Anwendungsgebiet die Biologie ist und bleiben sollte. Ihm fehlen die erforderlichen sozialen Konzepte, um Aussagen über die Evolution komplexer Sozialstaaten tätigen zu können.

Der Lebensraum moderner Menschen ist der Sozialstaat selbst. Richard Dawkins schreibt dazu im *Das egoistische Gen*[153]:

Nun ist, was den modernen, zivilisierten Menschen betrifft, folgendes geschehen: Die Größe der Familie ist nicht mehr durch die begrenzten Mittel beschränkt, die die einzelnen Eltern aufbringen können. Wenn ein Mann und seine Frau mehr Kinder haben, als sie ernähren können, so greift einfach der Staat ein, das heißt der Rest der Bevölkerung, und hält die überzähligen Kinder am Leben und bei Gesundheit. Es gibt in der Tat nichts, was ein Ehepaar, welches keinerlei materielle Mittel besitzt, daran hindern könnte, so viele Kinder zu haben und aufzuziehen, wie die Frau physisch verkraften kann. Aber der Wohlfahrtsstaat ist eine sehr unnatürliche Sache. In der Natur haben Eltern, die mehr Kinder bekommen, als sie versorgen können, nicht viele Enkel, und ihre Gene werden nicht an zukünftige Generationen vererbt.

Damit behauptet Dawkins – in die Terminologie der Systemischen Evolutionstheorie übersetzt –: In Wohlfahrtsstaaten wird der Reproduktionserfolg nicht mehr durch die genetische Fitness bestimmt, sondern durch die individuellen Reproduktionsinteressen (den individuellen Kinderwunsch). Welche Gene die nächste Generation erreichen, ist demgemäß in erster Linie eine Folge des individuellen Kinderwunsches

(Reproduktionsinteresses), der – gemäß der ökonomischen Theorie der Fertilität der modernen Demografie – primär auf sozioökonomischen Faktoren beruht.

Entsprechend spielt die natürliche Selektion in modernen Wohlfahrtsstaaten so gut wie keine Rolle mehr. Stattdessen kommt es dort primär zur sozialen Selektion, wie in meinen Artikeln *Systemische Evolutionstheorie*[154], *Darwinismus und Sozialdarwinismus*[155] und *Der Fall Thilo Sarrazin*[156] eingehender erläutert wird. Anders gesagt: Der individuelle Reproduktionserfolg in modernen menschlichen Gesellschaften beruht nicht – wie in der Natur – in erster Linie auf einer günstigen oder weniger günstigen genetischen Ausstattung, sondern auf menschengemachten Rahmenbedingungen, die änderbar sind. Wenn sich von Transferleistungen lebende Frauen aktuell häufiger für mehrere Kinder entscheiden als etwa Akademikerinnen, dann heißt dies zunächst nichts anderes, als dass in unserer Gesellschaft akademisch ausgebildete Frauen bezogen auf ihre jeweilige persönliche Situation im Mittel ungünstigere Fortpflanzungsbedingungen vorfinden als Sozialhilfeempfängerinnen. Anders gesagt: Sie werden in der Fortpflanzungsfrage benachteiligt.

Die häufig gemachte Anmerkung, dass alle Kinder gleich sind und folglich die gleichen staatlichen Zuwendungen erhalten sollten, ist in diesem Zusammenhang wenig hilfreich, da sich ja nicht die Kinder, sondern deren Eltern für oder gegen Nachwuchs zu entscheiden haben. Und die leben gegebenenfalls in völlig unterschiedlichen Lebenswirklichkeiten.

Beispielsweise dürfte es sehr wahrscheinlich sein, dass eine 5.000 Euro im Monat verdienende Akademikerin bei drei eigenen Kindern ihren stressigen und anspruchsvollen Job aufgeben muss. In der Folge hätte sie deutlich höhere Ausgaben bei gleichzeitig viel geringeren Einnahmen. Außerdem verlöre sie aufgrund der reichlichen Familienarbeit sukzessive ihre beruflichen Kompetenzen, das heißt ihre Fähigkeiten, im Lebensraum Sozialstaat auf eigenständige Weise Ressourcen (Geld) zu erlangen, um ihre Kompetenzen reproduzieren zu können. Es käme somit zu einem erheblichen Kompetenzverlust, den das Leben – wie gezeigt wurde – aufgrund des thermodynamischen Zeitpfeils unseres Universums aber eben gerade zu vermeiden versucht. Unter solchen Bedingungen werden sich deshalb nicht viele Akademikerinnen für drei eigene Kinder entscheiden, zumal sie sich dann auch noch aus dem Munde der sogenannten Qualitätsmedien anhören müssten, dass "*es uns ein Vermögen kostet, wenn bestens ausgebildete Frauen wegen der Kinder zu Hause bleiben*"[157]. Bezieherinnen von Transferleistungen hätten solche Probleme nicht. Ihre persönliche Situation verschlechterte sich – ganz im Gegensatz zur Akademikerin mit gutem Job – bei mehreren eigenen Kindern nicht. Es ist deshalb zu erwarten, dass Bezieherinnen von Transferleistungen häufiger drei Kinder haben werden als Akademikerinnen.

All dies ist im Grunde seit mehr als 40 Jahren bekannt.

Trotzdem meinte der frühere Ministerpräsident Baden-Württembergs, Erwin Teufel, in diesem Zusammenhang[158]:

In der Familienpolitik muss sich das "C" zeigen: Das Wohl des Kindes muss Vorrang haben vor den Interessen der Wirtschaft. In einer Anerkennung und finanziellen Anerkennung der Erziehungsleistung der Eltern, in einer vorrangigen Hilfe für Familien mit einem Normaleinkommen und mehreren Kindern. Früher gab es ein von der CDU eingeführtes Bundeserziehungsgeld für zwei Jahre. Es war von niedrigen Einkommensgrenzen abhängig. Das Erziehungsgeld ging also an Eltern, die es am dringendsten brauchten.

Heute hat die CDU ein Elterngeld geschaffen. Es wird aber nur noch ein Jahr gewährt und ist an das letzte Nettoeinkommen gekoppelt. Eine Mutter, die als Kassiererin im Supermarkt arbeitet, erhält also etwa 600 Euro im Monat, eine Bankkauffrau 1200 Euro und eine Akademikerin 1800 Euro. Mütter mit dem geringsten Einkommen erhalten den niedrigsten Betrag. Das ist die größte Ungerechtigkeit, die man sich denken kann.

Für mich ist Erwin Teufels Aussage ein klassisches Beispiel dafür, wie fehlendes evolutionär-systemisches Denken zu falschen Schlussfolgerungen führen kann: Zeitlich vor dem Kind liegt zunächst einmal die Entscheidung für das Kind, und die wird von den Eltern getroffen, und hierbei insbesondere von der Frau, die im Allgemeinen zuvor Empfängnisverhütungsmittel genommen hat und nachher das Kind auszutragen und zu stillen hat. Eine Frau ist jedoch ein Lebewesen und als solches auf natürliche Weise bestrebt, dem thermodynamischen Zeitpfeil zu entrinnen und Kompetenzverluste zu vermeiden. Das Dilemma ist nun aber, dass das Risiko von nennenswerten beruflichen/kulturellen Kompetenzverlusten (von Kompetenzen, mit denen im Lebensraum Sozialstaat auf eigenständige Weise Ressourcen, das heißt Geldmittel, erlangt werden können) bei eigenen Kindern mit der Höhe der Kompetenzen steigt. Anders gesagt: Die Akademikerin verliert bei eigenen Kindern aller Voraussicht nach mehr Kompetenzen – und damit indirekt auch mehr Geld – als die Kassiererin im Supermarkt. Noch anders gesagt: Die Akademikerin wird in unserer Gesellschaft bei einer Entscheidung für ein Kind gegenüber der

Kassiererin substanziell benachteiligt – ich erwähnte es bereits. Sie mag weiterhin ökonomische und kulturelle Vorteile beim Aufziehen eines Kindes haben, aber so weit kommt es ja meist erst gar nicht, da sich das politisch korrekte – auch von Erwin Teufel vorgetragene – Denken nicht dafür interessiert, dass sie als Frau ein durch Evolution entstandenes lebendes System ist, welches sich – vielleicht nicht immer in jedem Einzelfall, jedoch statistisch signifikant – nach ganz bestimmten Kriterien für oder gegen Kinder entscheidet.

Mit dem gestaffelten Elterngeld wurde primär versucht, beruflich erfolgreiche Frauen zu mehr Kindern zu bewegen. Auch ohne dass es laut gesagt wurde, verbarg sich dahinter gewissermaßen ein "eugenischer" Grundgedanke, demgemäß es nicht gerade wünschenswert ist, wenn ausgerechnet diejenigen Frauen überproportional keine oder nur wenige Kinder bekommen, die genetisch und kulturell die größten Kompetenzen besitzen und somit auch die meisten Kompetenzen an ihre Nachkommen beziehungsweise die nächste Generation weiterzugeben hätten. Erreicht hat man diese Frauen in der Praxis jedoch kaum, da ihr Entscheidungskriterium weniger das Geld, sondern primär der potenzielle Kompetenzverlust ist.

Es klärt sich damit auch auf, warum Frauen bis vor wenigen Jahrzehnten nicht gleichberechtigt waren, keine freie Berufswahl besaßen, stattdessen Mutter und Hausfrau werden sollten und im Allgemeinen auch weniger Bildung erhielten: Ihre Kompetenzen konzentrierten sich hierdurch auf ihre reproduktiven/biologischen Aufgaben. Ein weiteres Kind hatte deshalb auf ihrer Seite auch keinen Kompetenzverlust zur Folge, sondern ganz im Gegenteil: Es stellte einen Kompetenzgewinn dar, denn sie reproduzierte damit mehr ihrer eigenen genetischen Kompetenzen (und die des Vaters) und viele ihrer kulturellen Fähigkeiten (zum Beispiel die Muttersprache) in die nächste Generation. Gleichzeitig wuchsen damit auch ihre sozialen Kompetenzen (ihre soziale Anerkennung im unmittelbaren Umfeld).

Und es klärt sich damit ebenfalls, warum Bildung für Frauen überall auf der Welt und sogar kulturübergreifend[159] eine fertilitätssenkende Wirkung besitzt. Mario Zankl erläutert dies am Beispiel Südostasiens[160]:

Betrachtet man nun die Fertilitätsraten und deren Abnahme mit zunehmender Bildung, wird in Vietnam die stärker fertilitätssenkende Wirkung von Grundschulbildung gegenüber höherer Bildung erkennbar, also umgekehrt dem Falle Kambodscha oder Laos. Demzufolge ist die Fertilitätsrate von Frauen mit Grundschulausbildung um 1,24 (1992-96) beziehungsweise 1,08 (1994-96) Geburten pro Frau niedri-

ger als jene von Frauen ohne schulische Bildung. Die fertilitätssenken-
de Wirkung höherer Bildung beschränkt sich in Vietnam auf einen
Rückgang von 0,57 (1992-96) beziehungsweise 0,59 (1994-96).

Investitionen in schulische Bildung bringen allgemein substantielle
Gewinne und großen ökonomischen Nutzen.

"Female education produces social gains by improving health, in-
creasing child schooling and reducing fertility through demand for
familiy planning and promoting more effective contraceptive use.
Economic benefits are increased by female education since it in-
creases the value of women's time in economic activities by raising
labour productivity, level of employment and wages, and creates
competition for women's time spent in child bearing and rearing in
favour of smaller families" (Asian Development Bank, 2003).

Die genannten Zahlen konkretisieren sich wie folgt: Im Zeitraum 1994-
1996 bekamen vietnamesische Frauen ohne schulische Bildung durchschnittlich ca. 3,5 Kinder, Frauen mit Grundschulausbildung durchschnittlich ca. 2,5 und Frauen mit höherer Bildung durchschnittlich ca. 2
Kinder. Das Zitat der Asian Development Bank zeigt den entscheidenden
Mechanismus mit aller Klarheit auf: Mit zunehmender Bildung erhöhen
sich die weibliche Arbeitsbeteiligung und deren Einnahmen, das heißt,
die sozialen/kulturellen Kompetenzen von Frauen, und damit geraten
diese in einen zeitlichen Konflikt mit den weiblichen reprodukti-
ven/biologischen Kompetenzen. Je größer die sozialen/kulturellen
Kompetenzen sind, desto größer würde der Kompetenzverlust bei aus-
schließlicher Familienarbeit ausfallen. Also wird sich eine negative
Korrelation zwischen Bildung und Fertilität einstellen. Maßnahmen zur
Verbesserung der Vereinbarkeit von Familie und Beruf mögen manch
mildernden Effekt besitzen, lösen werden sie das gravierende Problem
jedoch aus prinzipiellen Gründen nicht. Wer etwa behauptet, das demografische Problem Deutschlands lasse sich durch geeignete Maßnahmen
zur Verbesserung der Vereinbarkeit von Familie und Beruf "beheben",
hat das grundlegende Dilemma nicht einmal ansatzweise verstanden.

Die beschriebenen vietnamesischen Verhältnisse müssen sich übrigens
nicht unmittelbar negativ auf den Gen-Pool auswirken, denn man weiß ja
– ohne weitere Angaben – nicht, warum manche Frauen keinen Schulabschluss erlangen. Möglicherweise sind diese Frauen (genetisch) genauso
intelligent wie die restliche Bevölkerung, aufgrund ihrer traditionellen,
ländlichen Lebensweise jedoch bislang noch ohne Schulbildung geblie-
ben. In einer bildungsdurchlässigen Wissensgesellschaft, in der bereits
eine Bildungsexpansion stattgefunden hat, und in der Frauen genauso viel

Bildung, wie Männer erlangen, würden solche Verhältnisse jedoch zwangsläufig einen gesellschaftsweiten generationenübergreifenden Kompetenzverlust zur Folge haben[161]. Es käme dann zu einer Verletzung der Generationengerechtigkeit.

7.2 Gleichberechtigung der Geschlechter

Eine wesentliche Ursache der Verletzung der Generationengerechtigkeit und vieler anderer sozialer Probleme unserer Gesellschaft stellt die misslungene Gleichberechtigung der Geschlechter dar, die – mangels eines geeigneten evolutionstheoretischen Ansatzes – bislang noch immer nicht richtig verstanden wird. Wie ich noch zeigen werde, dürfte es sich in ihrer jetzigen Form dabei um die wohl größte Plünderung und Vernichtung von Humanvermögen in der Geschichte der Menschheit handeln.

Auch zum Thema Gleichberechtigung äußert sich Ernst Teufel[162]:

Ich glaube, die Menschen müssen spüren, dass Wirtschaft kein Selbstzweck ist, sondern von Menschen für Menschen gemacht wird. Noch heute bekomme ich Briefe von jungen Akademikerinnen und Akademikern, die ein Praktikum nach dem anderen machen und keine feste Anstellung haben, und ich lese jeden Tag, wir müssen Fachleute importieren aus anderen Ländern. Nein, wir müssen zuerst unseren eigenen jungen Leuten Beschäftigungschancen ermöglichen. Unsere Wirtschaft muss den Frauen gleichwertige und gleich bezahlte Beschäftigungschancen bieten. Ich kann es nicht für gerecht halten, dass eine Frau 30 Prozent weniger verdient, wenn sie die exakt gleiche Arbeit tut wie ein Mann.

Unsere Wirtschaftspolitik muss Arbeitslose und Hartz-IV-Empfänger in Arbeit bringen. Arbeit muss sich lohnen, und wer nicht arbeitet, darf nicht genauso gestellt werden wie ein Arbeiter.

In Deutschland gibt es keinen einzigen Tarifvertrag, gemäß dem eine Frau für die exakt gleiche Arbeit 30 Prozent weniger Einkommen erhielte als ein Mann. Doch lassen wir das einmal beiseite: Erwin Teufel ist ein Politiker, der es gewohnt ist, Dinge zu sagen, die seine potenziellen Wähler gerne hören möchten (Wiederwahl, Kompetenzerhalt). Seine obige Feststellung gehört dazu. Problematisch ist jedoch der Gesamtkontext, in welchem sie vorgetragen wird, denn im gleichen Atemzug sagt er auch[163]:

Einer meiner Landsleute, ein großer Nationalökonom, Friedrich List, hat vor 160 Jahren gesagt, die Aufzucht von Schweinen gehe in das

Bruttosozialprodukt ein. Die Aufzucht von Kindern geht nicht in das Bruttosozialprodukt ein. Wir sind 160 Jahre später keinen Schritt weiter. Selbstverständlich gehen die Erziehung eines Kindes im Kindergarten, die Betreuung eines Kindes im Hort in das Bruttosozialprodukt ein, und die Erzieherin bekommt einen Lohn. Selbstverständlich geht die Leistung einer Grundschullehrerin in das Bruttosozialprodukt ein, und sie wird bezahlt, und ich habe den größten Respekt vor unseren Grundschullehrerinnen – meistens sind es ja Lehrerinnen – die sechs und acht und zehn Nationen in einer Klasse haben. Sie bringen einen größeren Beitrag für die Integration von Ausländern als alle Parlamente zusammengenommen.

Aber: Die Erziehung einer Mutter, die Erziehung eines Vaters geht nicht ins Bruttosozialprodukt ein. Eines hat sich jedoch verändert in diesen 160 Jahren. Heute ist etwas nur noch etwas wert, wenn es in Geldwert ausgedrückt werden kann. Und was nicht im Geldwert ausgedrückt werden kann, ist nichts wert. Und deswegen ist die Erziehung in einer Familie nichts wert, obwohl von ihr alles abhängt und für alles der Grund gelegt wird. Ein Kind wird zum Leser in der Familie oder nicht. Ein Kind gewinnt Sprachkompetenz in der Familie. Das kann gar nicht mehr in der Grundschule nachgeholt werden oder im Kindergarten. Ein Kind lernt spielen, ein Kind lernt teilen, ein Kind lernt streiten und versöhnen, ein Kind lernt ein Urvertrauen in der Familie – oder nicht.

Gänzlich unerwähnt lässt Erwin Teufel dabei die von der CDU eingeführte gesetzliche Rentenversicherung, bei der ein gut ausgebildetes kinderloses Paar deutlich mehr Rentenansprüche erwerben kann[164], als etwa ein gleich gut ausgebildetes Paar mit vier Kindern, obwohl die vier Kinder in ihrem Erwachsenenleben letztlich die Rentenbeiträge für beide Paare zu erwirtschaften hätten. Ich werde später noch einmal auf das Thema zurückkommen. Konrad Adenauer wischte die damaligen Bedenken bezüglich einer fehlenden Stützung der Umlageversicherung durch ausreichenden Nachwuchs mit der Bemerkung "*Kinder kriegen die Leute immer*" vom Tisch[165]. Ihm mag zugutegehalten werden, dass er die Äußerung vor der Erfindung der hormonellen Kontrazeptiva (der Pille) – und folglich in Unkenntnis ihrer sozialen Wirkungen – tätigte. Allerdings haben auch spätere "C"-Politiker nie einen ernsthaften Versuch unternommen, an dem völlig haltlosen und bedenklichen Zustand etwas zu ändern. Das mag – neben dem naheliegenden Wunsch, wiedergewählt zu werden – auch an ungeeigneten Weltbildern gelegen haben: Wenn Menschen als selbstreproduktive Systeme schließlich begreifen, dass sie ihre Kompetenzen im Lebensraum Sozialstaat auch im Alter besser bewahren können, wenn sie keine Kinder haben, dann wird sich ein Großteil von ihnen für genau diesen Lebensstil entscheiden.

Mich stört aber noch etwas ganz anderes daran, nämlich die Summe der in Ernst Teufels Ausführungen implizit erhobenen Forderungen, die für sich alleine genommen alle richtig und wichtig sein mögen, die aber als Ganzes überhaupt nicht funktionieren können und damit dann tatsächlich falsch werden. In diesem Fall ist das Ganze ausnahmsweise einmal weniger als die Summe der Einzelteile.

Politikern geht es – wie allen Lebewesen – primär um den eigenen Kompetenzerhalt: Sie wollen gewählt und wiedergewählt werden. Und dazu geben sie gerne Sätze von sich, die schön klingen, in der Summe aber letztlich unsinnig sind[166]: Frauen sollen gleichberechtigt sein? Ja, klar! Sie sollen für die gleiche Leistung das Gleiche wie Männer verdienen? Ja. Und im Sport bei geringerer Leistung auch? Ja, natürlich. Und sie sollen neben dem Beruf auch Kinder haben können? Klar. Und hierdurch in ihrer beruflichen Karriere nicht behindert werden? Selbstverständlich nicht! Und Frauen und Männer sollen sich die Familienarbeit paritätisch teilen? Richtig, nur das wäre gerecht. Und Familienarbeit soll ausreichend anerkannt und vergütet werden? Aber Hallo! Und alle Frauen und Männer sollen Arbeit haben? Selbstredend. Und die Rente soll sicher sein? Das sowieso. Und der Staat soll keine Schulden machen? Niemals. Und Deutschland soll bei den Frauen und Männern immer Fußballweltmeister werden? Wer denn sonst? Und die Sonne soll immer scheinen? ...

Die Wunschliste ließe sich beliebig fortsetzen. Doch um Machbarkeit oder gar Logik ging es der Politik noch nie, wie in einem späteren Abschnitt noch eingehend erläutert wird. Das zeigt sich auch bereits daran, dass die Gleichberechtigung der Geschlechter nicht vorrangig im Interesse der Gesellschaft beziehungsweise der Menschen – oder auch der nächsten Generation – umgesetzt wurde, sondern primär zum Nutzen der Wirtschaft (der Superorganismen). Es ging nämlich vor allem um die Mobilisierung von Frauen als billige Arbeitskräfte. Entsprechend handelt es sich für Alice Schwarzer bei Müttern um ein "*Brachliegen einsetzbarer Kräfte*"[167], während für Susanne Mayer von der ZEIT gut ausgebildete Mütter, die wegen ihrer Kinder zu Hause bleiben, dem Staat ein Vermögen kosten[168].

Gehen in einer (gleichberechtigten) Gesellschaft üblicherweise sowohl Frauen als auch Männer einer Erwerbsarbeit nach, dann gibt es darin anteilsmäßig deutlich mehr Erwerbspersonen als in einer (patriarchalischen) Gesellschaft, in der ein Großteil der Frauen Mutter und Hausfrau wird. Die naheliegenden negativen Folgen einer solchen Entwicklung sind: Arbeitskräfteüberangebot, Langzeitarbeitslosigkeit, Frühverrentungen, Jugendarbeitslosigkeit, Altersarmut, vermehrte Teilzeitjobs, prekäre Arbeitsverhältnisse und Lohneinbußen. Tatsächlich nahm die Zahl der Erwerbspersonen in Deutschland von 1970 bis 2010 – umgerechnet auf die heutige Bevölkerungsgröße – um ca. 7 Millionen zu[169] [170], da der Anteil der Erwerbspersonen an der Gesamtbevölkerung im genannten Zeitraum von ca. 44 Prozent auf ca. 53 Prozent anstieg[171], ein Effekt, der maßgeblich auf die gestiegene Frauenerwerbsquote zurückzuführen ist.

Gleichzeitig sank die Kaufkraft des durchschnittlichen Einkommens pro Arbeitnehmer, denn man kann den produzierten Warenkorb nicht mehrfach teilen. Für die Mehrkindfamilie hatte dies fatale Konsequenzen, da sie aufgrund der hohen Aufwände bei der Familienarbeit üblicherweise nur einen Ernährer hat: Konnte in einer patriarchalischen Gesellschaft ein einzelner Mann mit einem leicht überdurchschnittlichen Gehalt noch seine Frau und beispielsweise vier Kinder ernähren, so kann er das in einer gleichberechtigten Gesellschaft nun möglicherweise nicht mehr. Die gesellschaftsweite Priorisierung von Erwerbsarbeit (Produktion, hohe Zeitpräferenz) gegenüber der Nachwuchsarbeit (gesellschaftliche Reproduktion, niedrige Zeitpräferenz) bei beiden Geschlechtern führte auf diese Weise zu einer Entwertung von Familienarbeit und einer zunehmenden Verarmung von Familien und Kindern. Obwohl die Geburtenrate drastisch sank und von Jahr zu Jahr immer weniger Kinder geboren wurden[172], nahmen die Zahl und der Anteil armer Kinder beständig zu[173].

Parallel dazu kam es zu einem Aufblähen des Sozialstaates. Unter dem sogenannten patriarchalischen Ernährermodell ernährte der Familienvater seine Frau und seine Kinder. Reichte sein Einkommen nicht aus, um die Familie zu versorgen beziehungsweise die gemeinsamen Wünsche zu erfüllen, ging in der Regel auch noch die Ehefrau in Teilzeit arbeiten, jedenfalls soweit es die Familienarbeit erlaubte. Wesentlich ist, dass sich die Familie damals im Allgemeinen selbst trug: Sie besaß – in der Sprache der Soziologen – eine Wirtschaftsfunktion. Unter dem Vereinbarkeitsmodell blieb jedoch aufgrund der hierdurch bedingten starken Zunahme der Zahl an Erwerbspersonen ein nennenswerter Teil der Erwerbswilligen arbeitslos. Diese Menschen waren dann vom Staat zu ernähren, was – sofern sie Kinder hatten – auch für ihre Familie galt. Davon betroffen waren in erster Linie Personen mit geringer Ausbildung und jüngere und ältere Erwerbspersonen. Für den Staat waren die vielen Arbeitslosen ein Indikator für eine Rezession, gegen die er entsprechende Konjunkturprogramme startete – auf Pump. Da aufgrund der dargelegten evolutionär-systemischen Zusammenhänge (Vermeidung von Kompetenzverlusten) Menschen mit geringen Berufsaussichten überproportional viele Kinder bekamen, hatte der Staat entsprechend viele Kinder und Jugendliche zu versorgen. Das, was zu Zeiten des Ernährermodells noch im Gehalt des Ehemanns enthalten war (nämlich die Mittel zur Ernährung der eigenen Familie), verschob sich hierdurch mehr und mehr in Richtung Staat. Während sich Letzterer dabei immer weiter verschuldete, wurden die Unternehmen indirekt entlastet (ihre Löhne und Gehälter deckten nun oftmals nur noch die Bedürfnisse von Einzelpersonen ab).

Und schließlich kam es durch die niedrigen Geburtenraten auch noch zu einer Absenkung des Binnenbedarfs (Bedarf für Kinder) und damit zu einer weiteren Erhöhung der Arbeitslosigkeit. Da es wohl aktuell beabsichtigt ist, die durch die fehlenden Kinder entstehenden Humankapitallücken später durch Migranten aus der Dritten Welt aufzufüllen, handelt es sich bei der schwachen deutschen Fertilität letztlich um eine Verlagerung von (Familien-)Arbeit in Niedriglohngebiete, im Grunde also um die gleiche Vorgehensweise, die man gelegentlich den global operierenden Unternehmen vorwirft, nur mit dem Unterschied, dass den Unternehmen dabei meist Egoismus und Gier unterstellt werden, während es sich bei den geringen eigenen Geburtenraten – so die politisch korrekte Argumentation – um einen Beitrag zur Milderung der globalen Überbevölkerung, das heißt um einen Akt purer Humanität handeln soll. Das Streben nach Kompetenzerhalt (die Gier) treibt halt viele Blüten, peinliche Argumente gehören dazu. Der Demograf Herwig Birg bezeichnete das deutsche Geburtenverhalten demgegenüber sehr treffend als demografischen Kolonialismus[174]:

Ein ganzes Buch wäre nötig, um die fünfte Legende zu kommentieren: "Deutschland braucht Einwanderer". Deutschland ist de facto ein Einwanderungsland. Es hat seit den 70iger Jahren des 20. Jahrhunderts auf seine Bevölkerung bezogen ein Vielfaches an Zuwanderern aufgenommen wie die klassischen Einwanderungsländer USA, Kanada oder Australien. Aber ob Deutschland Einwanderer braucht, läßt sich nicht mit Hinweis darauf beantworten, daß es viele Einwanderer aufgenommen hat oder daß die Wirtschaft ohne die Einwanderer zusammenbräche. Ob Deutschland Einwanderer braucht, hängt davon ab, welche Ziele es sich setzt. Deutschland verfolgt seit Jahrzehnten eine kompensatorische Einwanderungspolitik, indem es sich zum Ziel setzt, die im Inland fehlenden Geburten durch die Geburten anderer Länder zu ersetzen. Es ist die Politik eines demographischen Kolonialismus, wenn im "Wettbewerb um die Besten" die Früchte der Erzie-

hungs- und Ausbildungsleistungen anderer Länder ohne Gegenleistungen beansprucht werden.

Ähnlich äußerte sich Club-of-Rome-Mitglied Franz Josef Radermacher[175] [176]:

Wer kommen darf, sind die Green Cards, also "beste Gehirne" oder sonstwie selektierte Untermengen. Die saugt man sich zum Nulltarif heraus, einer der größten Plünderungsfeldzüge unserer Zeit.

Dabei sprechen Birg und Radermacher die kolonialistische Plünderung der betroffenen Gen-Pools nicht einmal offen an, weil so etwas in soziologischen Kontexten problematischer "Biologismus" wäre. Dass Menschen bereits aus genetischen Gründen ungleiche Potenziale besitzen, darf es in den Augen der soziologischen Antibiologisten und Gleichheitstheoretiker schließlich nicht geben. Konsequenterweise hinterlassen wir mit unseren niedrigen Geburtenraten – speziell der "hoch qualifizierten Fachkräfte" beziehungsweise der Bildungsschicht – und dem hierdurch verursachten Sog nach ausländischen "hoch qualifizierten Fachkräften" angeblich auch keinerlei langfristige Schäden in den beiderseitigen Gen-Pools. Eine solche Sichtweise erlaubt es unserer Wirtschaft und unserer Gesellschaft dann, sich ohne jedes schlechte Gewissen unter den Zuwanderern zu bedienen und die (genetischen) Rosinen herauszupicken. Tatsächlich werden auf diese Weise sowohl das eigene Humanvermögen – gewissermaßen durch reproduktiven Autogenozid – als auch das des abgebenden Landes geplündert. Am Ende sind beide Seiten genetisch ein Stückchen dümmer geworden, jedenfalls im Mittel.

Durchaus vergleichbare Effekte lassen sich bei inländischen Wanderungsbewegungen aus ökonomischen Gründen beobachten. Beispielsweise liegt der durchschnittliche IQ Süditaliens mittlerweile signifikant unter dem Norditaliens. Ähnliche Differenzen lassen sich auch innerhalb Deutschlands nachweisen (zum Beispiel Bremen versus Bayern). Die plausibelste Erklärung für das Phänomen scheint zu sein: Die klügsten Köpfe wandern aus Gebieten mit hoher Arbeitslosigkeit oder geringen ökonomischen Entfaltungsmöglichkeiten in andere Gebiete oder Länder mit günstigeren Arbeitsmarktbedingungen ab (Grund: Kompetenzerhalt)[177]. Die DDR ließ sogar eine Mauer errichten, um entsprechende Bevölkerungsbewegungen zu verhindern.

Der hierdurch verursachte Brain Drain hat für die abgebenden Gebiete meist fatale Folgen. Wenn bei bereits bestehender hoher Arbeitslosigkeit auch noch die klügsten Köpfe das Land verlassen, dürfte wenig Aussicht auf eine rasche wirtschaftliche Erholung bestehen, da das Gebiet dann

auch für Investoren immer unattraktiver wird. Erhöhen die in ihrer
Heimat verbliebenen Menschen schließlich auch noch ihre Geburtenrate,
könnte das ganze Gebiet in einen Abwärtsstrudel geraten, aus dem es sich
kaum mehr aus eigener Kraft wird befreien können.

7.3 Demografischer Wandel

Einige Autoren erwarten im Rahmen des europäischen demografischen
Wandels eine entsprechende globale Entwicklung, die die gesamte Welt
erfassen und in Mitleidenschaft ziehen könnte. Denn einerseits werden
die Europäer aufgrund ihres hohen Bedarfs an qualifiziertem Humankapital der Dritten Welt regelmäßig die klügsten Köpfe entziehen, andererseits werden die in ihren Heimatländern zurückgebliebenen Menschen
weiterhin mehr Kinder pro Frau in die Welt setzen, als ihre in die Industrienationen ausgewanderten Brüder und Schwestern. Schätzungen
zufolge könnte die Kombination beider Effekte (Abwanderung über-
durchschnittlich intelligenter Menschen von der Dritten Welt in die
Industrienationen, negative Korrelation zwischen Intelligenz und Kinderzahl) einen Rückgang des weltweiten genotypischen IQs von 95 im Jahre
1950 auf 87 in 2050 bewirken[178 179].

Eine der von mir genannten Quellen ist vom Intelligenzforscher Volkmar
Weiss, was für sich allein schon politisch inkorrekt sein soll[180]. Aus
diesem Grund sei der zusätzliche Hinweis auf das interessante und
faktenreiche Buch *Die IQ-Falle*[181] des gleichen Autors erlaubt.

Eine weitere unschöne Auswirkung des demografischen Wandels dürfte
die drastische Verschärfung der bereits beschriebenen staatlichen Schul-
denproblematik sein. Erschwerend kommt unter anderem hinzu, dass ein
Großteil der häufig kinderlos gebliebenen, gut ausgebildeten und gut
verdienenden Babyboomer-Jahrgänge hohe Renten- und Pensionsansprüche erworben hat. Aber auch die steigenden Gesundheits- und Pflegekos-
ten werden für die öffentlichen Haushalte eine erhebliche Zusatzbelastung
darstellen. Konrad und Zschäpitz merken in diesem Zusammenhang für
den europäischen Raum an[182]:

Die Finanz- und Wirtschaftskrise ist nach Ansicht der Kommission
jedoch nur für einen Teil der Nachhaltigkeitsprobleme der Länder
Europas verantwortlich. Ein Großteil der erforderlichen Sparanstren-
gungen ergibt sich aus Veränderungen in der Größe und Altersstruktur
der Bevölkerung: Die niedrige Geburtenrate von etwa 1,5 Kindern pro
Frau und eine bereits erheblich gestiegene und vermutlich weiter

wachsende Lebenserwartung (...) sind die Hauptursachen dafür, dass sich die Altersstruktur der Bevölkerung dramatisch verändert.

Diese Entwicklungen haben Auswirkungen auf Sozialausgaben, besonders auf die Renten und Pensionen, Gesundheitsausgaben und Pflegeleistungen. Für die Altersversorgung, das Gesundheitswesen, die Langzeitpflege und die Arbeitslosenunterstützung haben die Staaten des Euro-Währungsgebietes 2007 durchschnittlich 20,1 Prozent des Bruttoinlandsprodukts aufgewendet. Die Europäische Zentralbank rechnet bis 2060 mit einem Anstieg der alterungsbedingten Haushaltslasten um 15 bis 35 Prozent.

Sollten die öffentlichen Haushalte nicht den demographischen Gegebenheiten angepasst werden, droht eine exponentiell steigende Schuldenquote. Den Berechnungen der Kommission zufolge läge andernfalls der Schuldenstand innerhalb Europas im Jahr 2050 bereits bei weit über 300 Prozent, zehn Jahre später bei annähernd 500 Prozent. Dieses Problem gab es bereits vor der Finanzkrise. Der Anpassungsbedarf hat sich durch die zusätzlichen Belastungen aus der Krise nur erhöht.

Nur wenige Kinder in die Welt setzen, überproportional viele darunter aus bildungsfernen und sozial schwachen Schichten und gleichzeitig immer mehr Staatsschulden aufbauen ist eine letztlich absolut tödliche Kombination. Sie demonstriert die frappierende Verantwortungslosigkeit der Sozial- und Kulturwissenschaftler und der mit ihnen konform gehenden Umverteilungspolitiker in den Parlamenten: "Wenn Kinder besonders häufig in bildungsfernen Schichten heranwachsen, dann muss der Staat eben mehr in die Bildung investieren, um so für mehr Bildungsgerechtigkeit zu sorgen", heißt es dann meist. "Vater vergib ihnen, sie wissen nicht was sie tun", möchte man ausrufen.

7.4 Gendertheorie

Endgültig zur Pseudowissenschaft mutierten weite Bereiche der Sozialwissenschaften dann schließlich mit dem Aufkommen der *Gendertheorie*.

Mit dem auf den amerikanischen Psychologen und Sexologen John Money zurückgehenden Begriff *Gender*[183] wird das sogenannte *soziale Geschlecht* bezeichnet, welches sowohl die *soziale Geschlechterrolle* als auch die *Geschlechtsidentität* umfasst. Gemäß Gendertheorie handelt es sich dabei um soziale Konstruktionen. Demgemäß kann das soziale Geschlecht bei einer konkreten Person identisch mit dem biologischen sein, muss es aber nicht. Beispielsweise könnte sich eine vollständig fortpflanzungsfähige biologische Frau tatsächlich als Mann fühlen (Geschlechtsidentität) und auch so leben wollen (Geschlechterrolle).

John Money nahm zusätzlich an, dass die Geschlechtsidentität eines Menschen erst mit etwa drei Jahren entwickelt und vorher beliebig veränderbar sei. Dies versuchte er[184]

1966 an dem damals 22 Monate alten Bruce Reimer zu belegen, den er nach einer missglückten Genitalbeschneidung einer chirurgischen Geschlechtsumwandlung unterzog und von seinen Eltern als Mädchen Brenda aufziehen ließ. Das Experiment scheiterte, und als Brenda von ihrer Geschichte erfuhr, nahm sie den Namen David an und ließ die Umwandlung rückgängig machen. David Reimer nahm sich 2004 das Leben.

In den Naturwissenschaften wäre die Theorie damit falsifiziert, nicht jedoch in den Sozialwissenschaften, wo man es offenbar nicht so fürchterlich genau mit dem Sollen und Sein nimmt[185].

Einige Gendertheoretiker verneinen selbst die biologische Geschlechterbinarität und halten das biologische Geschlecht gleichfalls für sozial konstruiert. Dazu gehören unter anderem Judith Butler und Heinz-Jürgen Voß. Der Standpunkt ist einerseits banal, andererseits jedoch auch völlig abwegig.

Mit den zentralen Genderbegriffen und deren Inhalten habe ich zunächst noch kein Problem. Warum sollte zum Beispiel ein Mensch, der biologisch als Mann geboren ist (mit XY-Chromosomen, Penis und Hoden), sich aber in seinem Geschlecht nicht wohlfühlt, nicht wie eine Frau leben dürfen? Oder noch profaner: Warum sollte ein Mann nicht Hausmann und seine Frau Kraftfahrzeugmechanikerin werden dürfen? Warum sollten Männer nicht Männer und Frauen nicht Frauen lieben dürfen? Grundsätzlich ist dagegen überhaupt nichts einzuwenden.

Problematisch wird die Sache immer dann, wenn mit solchen Theorien und Begrifflichkeiten primär politische Ziele verfolgt werden, was sich zum Beispiel im konkreten Fall darin auszudrücken pflegt, dass die Gendertheorie zwar einerseits individuell einschränkende Normen abzuschaffen versucht ("mehr Freiheit für das Individuum"), gleichzeitig aber auch neue einführt ("antiquiertes Rollenmodell"), jedenfalls, wenn es nach dem Willen ihrer Hauptprotagonisten ginge.

So genügte es beispielsweise Simone de Beauvoir, die wesentliche Elemente der Gendertheorie begründete ("*man wird nicht als Frau geboren ...*"), keineswegs, dass Frauen statt Hausfrau und Mutter nun auch Kraftfahrzeugsmechanikerin werden konnten, sondern Frauen sollten, wie sie in einem in 1975 mit der amerikanischen Feministin Betty Friedan geführten Gespräch deutlich machte, überhaupt nicht mehr Hausfrau werden können[186]:

Friedan: "I don't think they should have to. The children should be the equal responsibility of both parents – and of society – but today a great many women have worked only in the home when their children were growing up, and this work has not been valued at even the minimum wage for purposes of Social Security, pensions and division of property. There could be a voucher system which a woman who chooses to continue her profession or her education and have little children could use to pay for child care. But if she chooses to take care of her own children full time, she would earn the money herself."

Beauvoir: "No, we don't believe that any woman should have this choice. No woman should be authorized to stay at home to raise her children. Society should be totally different. Women should not have that choice, precisely because if there is such a choice, too many women will make that one. It is a way of forcing women in a certain direction."

Und Alice Schwarzer möchte am liebsten die Geschlechterbinarität gänzlich aufheben und dafür einen neuen Menschen schaffen. Entsprechend heißt es in ihrem Buch *Die Antwort*[187]:

Ja, es stimmt, die schlimmsten Albträume der Fundamentalisten und Biologisten müssten wahr werden: Das werden nicht mehr die gewohnten "Frauen und Männer" sein (...), sondern herauskommen wird ein "neuer Mensch". Ein Mensch, bei dem die individuellen Unterschiede größer sein werden als der Geschlechtsunterschied.

Auch in ihren sonstigen Werken plädiert sie für eine angeblich "freie Sexualität". Den Primat der "Zwangsheterosexualität" hält sie für lediglich kulturell bedingt[188].

Ähnliches liest man bei Heinz-Jürgen Voß[189]:

Aus emanzipatorischer Sicht heißt es daher, nicht weiter an binärer Geschlechtlichkeit festzuhalten, gerade weil mit ihr so viele Ungleichbehandlungen und Ungerechtigkeiten verbunden waren und sind.

Das Problem all dieser Formulierungen ist der fehlende evolutionäre Bezug oder anders gesagt: Sie stehen nicht im "Lichte der Evolution". Denn wie noch gezeigt werden soll, ergibt sich der Sinn der Geschlechtertrennung weder aus den Körperkräften, Gehirnstrukturen, Hormonsystemen, Verhaltensmustern noch sonstigen "typischen" Merkmalen des Männlichen oder Weiblichen, sondern vor allem aus deren evolutionärer Funktion und Vorteilhaftigkeit.

Und deshalb wird man noch so oft in die Gehirne von Frauen und Männern schauen können, um nach unterschiedlichen Arealen, sprachlichen, mathematischen beziehungsweise räumlichen Kompetenzen oder gar Einparkfähigkeiten zu fahnden, der Sinn des Männlichen und Weiblichen wird sich einem darin nicht erschließen.

Das fehlende Verständnis für grundsätzliche evolutionäre Zusammenhänge hat Autoren wie Simone de Beauvoir, Judith Butler, Alice Schwarzer oder Heinz-Jürgen Voß jedoch zu keinem Zeitpunkt daran gehindert, gewagte steile Thesen zu formulieren, aus denen sich genau die politischen Forderungen ableiten ließen, die im jeweiligen beruflichen, persönlichen und intellektuellen Kontext die meisten Vorteile versprachen.

Beispielsweise möchte Voß – wie bereits erwähnt – allein schon deshalb die binäre Geschlechtlichkeit überwinden, weil mit ihr "*so viele Ungleichbehandlungen und Ungerechtigkeiten verbunden waren*"[190]. Dabei übersieht er, dass sich der evolutionäre Sinn der Geschlechtertrennung eben gerade erst aus der Ungleichheit der Geschlechter ergibt, wie noch gezeigt werden wird. Entsprechendes kann im Grunde für die gesamte Natur behauptet werden: In einem Universum ohne unterschiedliche Energieverteilungen – das heißt ohne "*Ungleichbehandlungen und Ungerechtigkeiten*" – könnte sich überhaupt nichts mehr entwickeln. Es wäre dann den Wärmetod gestorben, wie Physiker zu sagen pflegen.

Nun könnte man die Gendertheorie und die in ihrem Zusammenhang aufgestellten Thesen ihrer Protagonisten als eine weitere Absurdität des Lebens abtun, über die sich nicht weiter aufzuregen lohnte, resultierte daraus nicht eine substanzielle Verletzung des Prinzips der Generationengerechtigkeit[191]. Wie noch dargelegt wird, fehlt der Gendertheorie – wie dem Antibiologismus generell – die Nachhaltigkeit. Ihre Grundannahmen führen zu einer Plünderung vorhandener, gesellschaftlich nutzbarer Humanressourcen im Interesse der aktuellen und zum Nachteil der kommenden Generationen. Es handelt sich letztlich um die gleiche Geisteshaltung, die den nachfolgenden Generationen bedenkenlos immer weitere Schulden aufbürdet, indem man die Gegenwart mit den Mitteln der Zukunft finanziert.

7.5 Was ist ein Mann?

Gemäß den Ausführungen des Kapitels *Das evolutionär-systemische Weltbild* auf Seite 3 ist Evolution in erster Linie ein Kompetenz bewahrender beziehungsweise entwickelnder Prozess. Dies lässt dann aber erwarten, dass Populationen evolutionär umso erfolgreicher sind, je leichter und schneller sich in ihnen neue, überlegene Kompetenzen ausbreiten können. Dies erklärt unmittelbar die überragende Bedeutung kultureller Kompetenzen, denn diese können sich – anders als Gene – gegebenenfalls noch in der aktuellen Generation horizontal in der gesamten Population ausbreiten. Beispielsweise kann heute eine geeignete Therapie für eine irgendwo auf der Welt ausgebrochene Seuche (zum Beispiel EHEC) binnen Stunden allen behandelnden Ärzten zur Verfügung gestellt werden, wodurch sich deren medizinische Kompetenzen praktisch zeitgleich global verbessern. Das setzt allerdings voraus, dass der horizontalen Distribution keine unnötigen künstlichen Barrieren im Wege stehen. Zu nennen wären hier vor allem Nationen-, Sprach-, Kultur-, Klassen- und Schichtgrenzen und andere soziale Undurchlässigkeiten, aber auch religiöse Vorgaben, Dogmen, Ideologien, Denkverbote etc.

Umgekehrt sollten aber auch die Populationsmitglieder ausreichend bestrebt sein, für eine Verbreitung ihrer Kompetenzen zu sorgen. Anders gesagt: Sie sollten über ein ausreichendes Reproduktionsinteresse verfügen. Man stelle sich beispielsweise vor, ein auf die Erde zurasender Komet würde allen Berechnungen zufolge in ca. 50 Jahren auf unserem Planeten einschlagen und dann vermutlich alles Leben auslöschen. Gemäß den Aussagen der Wissenschaften kann das Ereignis nicht mehr verhindert werden. Allerdings ist ein 60-jähriger Physiker davon überzeugt, dass man den Kometen mit einer von ihm vor vielen Jahren erdachten Technologie, die er aus Angst vor Missbrauch bislang für sich behalten hat, doch noch rechtzeitig zerstören könnte. Würde er sein Wissen (seine Kompetenzen) mit ins Grab nehmen, dann würde mit ihm das Leben – und damit alle Kompetenzen gleich welcher Art – von diesem Planeten verschwinden. Sein fortgesetztes Schweigen wäre gewissermaßen inhuman, denn Leben bedeutet Evolution und Evolution wiederum Kompetenzerhalt, und genau den würde er mit seiner Haltung verhindern. Die zu erwartende normale menschliche Reaktion wäre dagegen, alles daran zu setzen, um andere von der eigenen Entdeckung zu überzeugen, das heißt dafür zu sorgen, dass die eigenen Kompetenzen bewahrt bleiben.

Gene werden bei Vielzellern ausschließlich mittels Fortpflanzung, das heißt vertikal von den Eltern zu ihren Kindern, reproduziert. Hierdurch scheint eine zügige horizontale Ausbreitung neuer genetischer Kompetenzen in Populationen nicht möglich zu sein. Ist es deshalb sinnvoll, die Vererbung genetischer Kompetenzen im Kontext des sozialen Wandels nahezu vollständig zu ignorieren, wie es in den Sozial- und Kulturwissenschaften gerne geschieht?

Dies ist weder sinnvoll noch möglich, wie ich zeigen werde, zumal die Natur ein effizientes Mittel zur Beschleunigung des horizontalen Gen-Transfers in Populationen hervorgebracht hat, und zwar das männliche Geschlecht.

In Anlehnung an Simone de Beauvoir soll deshalb zunächst die Frage gestellt werden[192]:

Wenn die Funktion des 'ganzen Kerls' nicht ausreicht, um den Mann zu definieren, wenn wir es auch ablehnen, ihn mit dem Ewig-Männlichen zu erklären, aber gelten lassen, dass es, zumindest vorläufig, Männer auf der Erde gibt, die von der Evolution geschaffen wurden, müssen wir uns wohl die Frage stellen: Was ist ein Mann?

Ja, was ist eigentlich ein Mann? Die Frage darf erlaubt sein, da im Feminismus und in der Genderforschung mittlerweile ein ausgeprägter weiblicher Größenwahn (beziehungsweise Sexismus) festzustellen ist, der auf die folgende Kurzformel gebracht werden könnte:

- Zwischen Frauen und Männern bestehen keine prinzipiellen, über Mittel- oder Spitzenwerte messbaren Leistungsunterschiede[193].

- Nur Frauen können Kinder in die Welt setzen und stillen.

Folgte man dabei der von Alice Schwarzer propagierten Vorstellung vom "*neuen Menschen*", "*bei dem die individuellen Unterschiede größer sein werden als der Geschlechtsunterschied*", dann ließe sich die obige Frage ganz leicht beantworten: Ein Mann ist eine unvollständige Frau[194] [195].

Davon scheint auch Heinz-Jürgen Voß überzeugt zu sein. So heißt es etwa in seinem Buch *Geschlecht. Wider die "Natürlichkeit"*[196]:

Anders stellen sich die Debatten bei "Geschlecht" dar. Hier wird selbst in linken und linksliberalen Kreisen die biologische Bedingtheit von Unterschieden nicht grundsätzlich in Zweifel gezogen. Ist bei Verstandeskräften der Vorbehalt geschlechtlicher Unterschiede nur teilweise vorhanden – etwa dass Mädchen "natürlich" mehr sprachliche Fähigkeiten besäßen und Jungen besser logisch denken könnten –, so werden

*bei körperlichen Leistungen Geschlechterdifferenzen als grundsätzlich
vorhanden behauptet. Mädchen und Frauen würden geringere Leistungen im Sport bringen als Jungen und Männer, auf jeden Fall würden sie sich für andere Sportarten eignen. Auch hier ist zu widersprechen. Und es sei auch hier noch einmal im Anschluss an Beauvoir
betont: Es geht nicht darum, ob aktuell Differenzen zwischen "Frau"
und "Mann" feststellbar sind, sondern es geht gegen die Annahme,
dass diese Differenzen "natürlich" seien.*

Und an anderer Stelle zu den Leistungsunterschieden beim Marathon[197]:

*Später haben sich die Laufbestzeiten der besten "Männer" und besten
"Frauen" stetig angenähert und nahezu angeglichen (...). Konnten so
1964 noch Unterschiede von mehr als einer Stunde in den Laufzeiten
gemessen – und als "natürliche" Geschlechterdifferenzen beschrieben
– werden, so liegen diese Unterschiede heute bei etwa zehn Minuten.*

Eine solche Argumentation ist in höchstem Maße unseriös. Zum einen ist
der Marathonlauf ein denkbar schlechtes Beispiel, weil bei ihm typisch
männliche Attribute (Muskeln, Kraft, Schnelligkeit, Gewicht) möglicherweise sogar von Nachteil sind. Beispielsweise wurde der Weltrekord
bei den Männern in den Jahren 2008 bis 2011 von dem nur 56kg schweren und 1,65m großen Haile Gebrselassie (2:03:59, aufgestellt beim
Berlin-Marathon 2008) gehalten. Aber auch diese Zeit ist noch immer
sehr weit vom im Jahr 2011 gültigen Weltrekord bei den Frauen (2:15:25,
Paula Radcliffe, 2002, Chicago-Marathon) entfernt. Männer liefen
vergleichbare Zeiten schon in den 1950er Jahren. Ferner ist es bereits aus
physikalischen Gründen naheliegend, dass sich auf den Langstrecken ein
niedriges Gewicht günstig auf die Laufzeiten auswirken kann. Und
Frauen wiegen im Durchschnitt weniger als Männer.

Sehr problematisch ist auch die Argumentation über absolute Laufzeitdif-
ferenzen. Sollten Männer die Strecke irgendwann einmal in 10 Minuten
ablaufen können, dann wären für die besten Frauen vielleicht 11 Minuten
zu erwarten. In diesem Falle lägen "die Unterschiede" absolut nur noch
bei etwa einer Minute, und dennoch wäre man sich in der Leistung relativ
gesehen nicht wirklich näher gekommen.

Und schließlich ist der Marathonlauf für Frauen eine relativ junge Disziplin, so wurde er erst 1984 in das olympische Programm aufgenommen.
Das allein lässt aber bereits einen erheblichen Nachholbedarf aufseiten
der Frauen verbunden mit deutlichen Leistungssteigerungen in der Spitze
erwarten.

Ganz anders sieht die Situation dagegen in Sportarten aus, bei denen eher männliche Attribute von Vorteil sind, wie zum Beispiel beim 100- beziehungsweise 200-Meter-Lauf oder dem Gewichtheben. Beispielsweise steigerten die Männer in der Zeit von 1952 bis 2011 die durchschnittliche Laufgeschwindigkeit bei den Weltrekorden im 200-Meter-Lauf von 34,95 auf 37,52 km/h, das heißt um ca. 7,3 Prozent, während sich die Frauen im gleichen Zeitraum von 30,77 auf 33,74 km/h und damit um 9,7 Prozent verbesserten. Lässt man allerdings die von Florence Griffith-Joyner und anderen schon vor etlichen Jahren erzielten Fabelzeiten außen vor – zu den Gründen komme ich noch – und orientiert sich beim im Jahr 2011 Möglichen stattdessen eher an den persönlichen Bestzeiten von Allyson Felix (21,81 Sekunden) oder Veronica Campbell-Brown (21,74 Sekunden), dann ergeben sich bei den Frauen und Männern für den genannten 60-jährigen Zeitraum praktisch identische relative Geschwindigkeitssteigerungen.

Auch beim Gewichtheben verbesserten sich die Rekorde bei den Frauen in den letzten Jahren stärker als bei den Männern. Dies mag einerseits auf einen Nachholbedarf wie beim Marathonlauf zurückzuführen sein (beispielsweise ist Gewichtsheben für Frauen erst seit dem Jahr 2000 olympische Disziplin), andererseits auf die bereits angedeutete Dopingproblematik, die vermutlich dafür gesorgt hat, dass die Männer vielfach nicht mehr an die noch vor 20 Jahren erzielten Werte herankommen.

Gewichtheben ist allerdings eine Disziplin, in der die Teilnehmer nicht nur nach Geschlecht, sondern zusätzlich auch noch nach Körpergewicht in unterschiedliche Klassen aufgeteilt werden. Bei den Frauen bestehen Gewichtsklassen von -48kg (bis 48 kg) bis +75kg (75 kg und mehr) und bei den Männern von -56kg (bis 56 kg) bis +105kg (105 kg und mehr). Die Gewichtsaufteilung soll letztlich dafür sorgen, dass sich – gegebenenfalls aus genetischen Gründen – körperlich ähnlich ausgestattete Athleten unter relativ vergleichbaren Bedingungen kräftemäßig miteinander messen können. Man geht also in der Disziplin davon aus, dass ein 56 kg schwerer austrainierter Mann im Allgemeinen nicht die gleiche Hebeleistung erzielen wird wie ein 110 kg schwerer austrainierter Mann. Wenn also schon unter Männern "natürliche" Leistungsunterschiede zu erwarten sind, warum dann eigentlich nicht zwischen Frauen und Männern auch?

Die unterschiedliche Gewichtsklassenaufteilung bei Frauen und Männern macht deutlich, dass bereits beim Körpergewicht erhebliche mittlere Unterschiede zwischen den Geschlechtern bestehen. Denn offenbar lassen sich – anders als bei den Frauen – stets ausreichend viele männliche Gewichtsheber in der Gewichtsklasse +105kg finden, um einen regulären

Wettkampfbetrieb zu ermöglichen. Und ganz entsprechend sind wohl –
anders als bei den Männern – stets ausreichend viele Gewichtsheberinnen
in der Gewichtsklasse -48kg aktiv.

Sprint und Gewichtheben gehören zu den Sportarten, bei denen am
häufigsten mit anabolen Steroiden gedopt wurde (und wohl auch wird),
zumal sich dabei die stärksten Leistungsverbesserungen erzielen lassen.
Entsprechend führt Wikipedia zum Anabolika-Doping aus[198]:

*Unter Anabolika werden in der Regel anabole Steroide verstanden.
Fast alle anabolen Steroide sind Derivate (= Abkömmlinge) des männlichen Sexualhormons Testosteron (auch reines Testosteron zählt zu
den Anabolika). Die Zuführung von exogenem Testosteron bewirkt in
erster Linie eine Zunahme der Muskelmasse ohne die Einlagerung von
Körperfett; unter Umständen kann sich das vorhandene Körperfett
sogar verringern. Auf Grund dieser Auswirkungen werden anabole
Steroide im Lauf, Weitsprung und Gewichtheben beziehungsweise im
Bodybuilding genutzt, da bei diesen Sportarten die Schnellkraft und
eine große Muskelmasse wichtige Erfolgsfaktoren sind. Auch in Aus-
dauersportarten werden anabole Steroide eingesetzt, da sie über ihre
die Proteinsynthese anregende Wirkung hinaus massiv die Regenera-
tionsfähigkeit verbessern und für einen besseren Sauerstofftransport im
Organismus sorgen. Insbesondere in Trainingsphasen, in denen mit
hoher Intensität trainiert wird, bringt dies entscheidende Vorteile.
Belege für den selbst kurzfristig Wirkung zeigenden leistungssteigern-
den Effekt von anabolen Steroiden finden sich zuhauf: Unvergessen ist
beispielsweise die Siegesfahrt von Floyd Landis, der in der 17. Etappe
der Tour de France 2006 überragend gewann, nachdem er am Tag
zuvor einen brutalen Einbruch erlitten und zehn Minuten auf den
Tagessieger verloren hatte. Die Erklärung lieferte der positive Test auf
Testosteron im Anschluss.*

Der Testosteronspiegel liegt bei Männern normalerweise im Bereich von
10 – 40 nmol/l, bei Frauen zwischen 0,2 – 2,8 nmol/l. Da zusätzliches
Testosteron nachweislich sowohl langfristig als auch kurzfristig leistungssteigernd sein kann, ist allein schon deshalb von einer höheren
mittleren körperlichen Leistungsfähigkeit bei Männern auszugehen.
Frauen dürften von den anabolen Dopingmitteln in besonderem Maße
profitieren, da sie damit ähnlich viel Muskelmasse aufbauen können wie
Männer, wodurch ihr Körper eine insgesamt deutlich männlichere Gestalt
annimmt. Bei Spitzensprinterinnen ist dies unmittelbar zu erkennen.

Im Frauensport gab es darüber hinaus immer wieder Diskussionen über
Teilnehmerinnen mit anscheinend unklarer Geschlechtszuordnung. Zu

nennen sind unter anderem die beiden Leichtathletinnen Tamara und Irina Press, die während ihrer aktiven Zeit ihre jeweiligen Disziplinen nach Belieben dominierten. Einige Beobachter behaupteten, es handele sich bei ihnen um Hermaphroditen, nach anderer Ansicht waren sie mit männlichen Sexualhormonen gedopt. In den letzten Jahren sorgte insbesondere der Fall Caster Semenya für einige Aufmerksamkeit, was nicht verwundern dürfte, denn immerhin geht es im Leistungssport mittlerweile um sehr viel Geld und Prestige. Jede unklare biologische Geschlechtszuordnung bei einer Teilnehmerin könnte aber zu einer substanziellen Benachteiligung aller anderen "echten" Konkurrentinnen führen, da ihr denkbarer höherer biologischer männlicher Anteil in ganz erheblichem Maße leistungssteigernd sein könnte, wie eingehend dargelegt wurde. Im Grunde wäre es gleich, ob eine Teilnehmerin bereits aus erkennbaren biologischen Gründen "männlicher" als die anderen ist (indem sie zum Beispiel über ein Y-Chromosom verfügt), oder ob sie als einzige mit männlichen Sexualhormonen gedopt ist.

Trotz der insgesamt eindeutigen Faktenlage behaupten Gendertheoretiker wie Heinz-Jürgen Voß weiterhin, dass die Unterschiede in der mittleren körperlichen Leistungsfähigkeit zwischen Jungen und Mädchen beziehungsweise Frauen und Männern nicht "natürlich", sondern letztlich das Ergebnis der sozialen Verhältnisse seien. Es gehe – so seine Worte – nicht darum, ob aktuell Unterschiede zwischen "Frau" und "Mann" feststellbar sind, sondern gegen die Annahme, dass diese Differenzen "natürlich" seien.

Unter "natürlich" versteht Voß eine Macht, auf die der einzelne Mensch und die Gesellschaft keinen Einfluss nehmen könnten und die damit vorgegeben und unabänderlich die Möglichkeiten von Menschen beschränkt[199].

Gemäß der Systemischen Evolutionstheorie entsteht auf unserer Erde alles per Evolution. Unveränderlich "natürliche" Merkmale von Lebewesen gibt es ihr zu Folge nicht. Betrachten wir in diesem Zusammenhang einmal die Laktoseintoleranz, über die etwa 75% der erwachsenen Weltbevölkerung verfügen. Während beispielsweise in Südostasien ca. 98% der Erwachsenen laktoseintolerant sind, leiden in Schweden nur 2% der erwachsenen Bevölkerung unter einer solchen Milchzuckerunverträglichkeit. Auf Wikipedia wird dazu weiter ausgeführt[200]:

Aus einer 2007 veröffentlichten Studie des Mainzer Hochschullehrers für molekulare Anthropologie Joachim Burger geht hervor, dass die Laktoseintoleranz erwachsener Menschen eine stammesgeschichtlich ursprüngliche Eigenschaft des Menschen ist, dass also die Fähigkeit,

Laktose problemlos zu verdauen, eine relativ junge genetische Neue-rung bei Erwachsenen ist[201]. Burger hatte gemeinsam mit englischen Kollegen neun europäische Skelette aus der Jung- und Mittelsteinzeit (7800 bis 7200 Jahre alt) untersucht und bei der Analyse ihrer Gene entdeckt, dass keines dieser Individuen in der Lage war, Milch zu verdauen. Ein zur Kontrolle analysiertes, rund 1500 Jahre altes Skelett aus der Merowinger-Zeit besitzt hingegen die genetische Veränderung, sodass dieses Individuum Laktose verdauen konnte. Die Fähigkeit der Erwachsenen, Milch zu verdauen, hätte sich in Europa demnach erst parallel zur Ausweitung der Landwirtschaft und nach Einführung der Tierzucht, die hier seit etwa 12000 Jahren stattfand, in der Bevölke-rung verbreitet.

Wie im Kapitel *Das evolutionär-systemische Weltbild* auf Seite 3 erläutert wurde, ist im Rahmen evolutionärer Prozesse grundsätzlich zwischen genetischen/biologischen und kulturellen Kompetenzen zu unterscheiden. Genetische Kompetenzen werden mittels Fortpflanzung vertikal von den Eltern an ihre Kinder und damit von einer Generation an die nächste vererbt, während kulturelle Kompetenzen im Idealfall bereits innerhalb der aktuell lebenden Generation horizontal an eine große Zahl anderer Populationsmitglieder verteilt werden können. Allerdings lassen sich zahlreiche kulturelle Kompetenzen wohl nur im Kleinkindalter wirklich tief greifend vermitteln, wozu zum Beispiel auch die jeweilige Kultur-sprache zählt, da entsprechende Fähigkeiten in einem höheren Alter entweder gar nicht mehr, oder nur noch sehr schwer erworben werden können. Auch in diesem Fall erfolgt die Vererbung kultureller Kompeten-zen also letztlich von einer Generation zur anderen, allerdings nicht zwangsläufig vertikal von den Eltern zu ihren Kindern, sondern durchaus horizontal, unter anderem mit wesentlicher Beteiligung der jeweiligen Peers.

Im Fall der Laktoseintoleranz ist nun aber festzuhalten, dass es sich bei der Fähigkeit, Milchzucker verdauen zu können, um ein genetisch vermitteltes individuelles Merkmal handelt, das jedoch nicht durch Anpassung an die wilde Natur, sondern an ein soziales Umfeld bezie-hungsweise an eine Getreide- und Milchkultur evolviert ist. Menschen ohne eine solche genetische Fähigkeit bekamen in einer Milchkultur häufiger gesundheitliche Probleme, konnten nicht den sozialen Erfolg erlangen, der für sie sonst möglich gewesen wäre, eventuell wurden sie krank und starben früh, sodass sie insgesamt weniger Nachkommen hinterließen als andere. Das Merkmal ist damit gewissermaßen kulturell bedingt, allerdings nur stammesgeschichtlich (phylogenetisch).

Es ist kaum anzunehmen, dass etwa Judith Butler oder Heinz-Jürgen Voß unter "natürlich" beziehungsweise "biologisch" etwas anderes verstehen als "genetisch bedingt", ansonsten müsste ihnen vorgeworfen werden, die Evolutionstheorie nicht verstanden zu haben. Das, was per "natürlicher" Selektion stammesgeschichtlich evolviert und in der Folge in den Genen festgehalten wurde, ist nämlich aus Sicht der Evolutionstheorie "natürlich". Ein anderes Kriterium hat sie nicht. In diesem Sinne wäre dann auch die Fähigkeit, Laktose problemlos verdauen zu können, als natürlich beziehungsweise biologisch zu bezeichnen.

Und selbstverständlich ließen sich auf die gleiche Weise auch ganz andere Kräfteverhältnisse unter den Geschlechtern realisieren. Hätte beispielsweise eine steinzeitliche Gesellschaft über Hunderttausende Jahre ganz anders gelebt, als dies unsere Vorfahren taten, dann könnten die Frauen darin vielleicht heute sogar deutlich größer und kräftiger als die Männer sein. Allerdings redeten wir dann nicht über Gender, sondern weiterhin über das biologische Geschlecht und die damit verbundenen Geschlechtsmerkmale. Wenn also Voß der Behauptung, die geringeren sportlichen Leistungen von Mädchen und Frauen gegenüber Jungen und Männern seien "natürlich", ausdrücklich widerspricht, dann kann er damit eben gerade nicht meinen, dass in einer vollständig egalisierten Gesellschaft Frauen nach vielleicht 300.000 Jahren körperlich genauso leistungsfähig wären wie Männer, weil sich die Geschlechter dann schließlich biologisch egalisiert hätten, sondern nur, dass sich dies bereits in der heutigen oder spätestens der nächsten Generation realisieren ließe, da der Unterschied soziale Gründe habe und nicht "biologisch" sei. Wenn Voß den geringeren sportlichen Leistungen von Frauen die "Natürlichkeit" abspricht, dann behauptet er nichts weniger, als dass diese Unterschiede weder vorgegeben noch unabänderlich seien, sondern durch heute lebende Personen aufhebbar wären. Und das ist leider vollkommener Unfug. Wie Harald Martenstein[202] scheint mir das vor allem eine Fantasie von Menschen zu sein, die nie Jungen und Mädchen haben zusammen aufwachsen sehen.

Nach diesem längeren Einschub über den von den Gendertheoretikern vertretenen Antibiologismus möchte ich zur eigentlichen Ausgangsfrage zurückkehren: Was ist ein Mann? Und wofür braucht man Männer?

Der Einschub war notwendig, da für die Gendertheoretiker beide theoretischen Ansätze ganz eng miteinander verwoben sind, wie auch Heinz-Jürgen Voß herausstellt[203]:

Wenn man Theorien der gesellschaftlichen Bestimmtheit und Einge-
bundenheit des Menschen, wie sie unter anderem Karl Marx und –

bezüglich "Geschlecht" – Judith Butler formulierten, konsequent wei-
terdenkt, muss sich auch "Geschlecht" – und zwar auch "biologisches
Geschlecht" – als gesellschaftlich hervorgebracht erweisen und nicht
als "natürlich".

Mit anderen Worten: Die Frage nach der "Natürlichkeit" der Intelligenz
oder der Körperkräfte ist keine andere als die zur "Natürlichkeit" des
männlichen Geschlechts: Alle diese Merkmale werden gemäß Heinz-
Jürgen Voß gesellschaftlich hervorgebracht, sind also letztlich sozial
erworben.

Ich muss gestehen, dass ich zunächst einmal tief Luft holen musste, als
ich diese Gedanken das erste Mal las. Offenbar existieren in den Wissenschaften längst Parallelwelten. *Asexuelle Vermehrung, Parthenogenese,*
Hermaphroditismus und *Getrenntgeschlechtlichkeit* sind Reproduktions-
mechanismen, die sich im Rahmen der Evolution in unterschiedlichen
ökologischen Situationen bewährt und schließlich durchgesetzt haben. Sie
sind Produkte und Mechanismen der Evolution, und zwar entscheidende,
da es in der Evolution bekanntlich ganz wesentlich um die Fortpflanzung
geht. Was sich nämlich in der Natur nicht fortpflanzt, ist in der Folge
ausgeschieden.

Theodosius Dobzhanskys berühmten Satz "*Nichts macht in der Biologie*
Sinn, außer im Lichte der Evolution." erwähnte ich bereits. Er soll
aufgrund seiner enormen Triftigkeit und Tragweite auch in diesem Fall
zur Anwendung kommen. Da sich in der Natur die heterosexuelle Fortpflanzung mit zwei getrennten Geschlechtern insbesondere bei höheren
Lebensformen weitestgehend durchgesetzt hat, stellt sich die Frage nach
dem evolutionären Sinn der Geschlechtertrennung. Es geht also nicht so
sehr um die Frage, worin sich Frauen und Männer voneinander unterscheiden und ob überhaupt, sondern worin der evolutionäre Vorteil eines
separaten männlichen Geschlechts liegt, welches nur zeugen, aber selbst
keine eigenen Nachkommen produzieren kann.

Betrachten wir dazu einmal den besonders leistungsfähigen natürlichen
Sozialstaat der westlichen Honigbiene, in denen die Aufgaben der
Männchen praktisch auf ein absolutes Minimum reduziert wurden. Der
Honigbienenstaat (der gelegentlich auch als *Bien* im Sinne eines Super-
organismus bezeichnet wird) ist nämlich im Grunde ein feministischer
Staat, in dem alle sozialen Aufgaben von den Weibchen wahrgenommen
werden[204] [205]. Daneben existieren jedoch noch weitere evolutionäre
Aufgaben, die die Weibchen aus prinzipiellen Gründen nicht erledigen
können, wie gezeigt werden soll.

Bei den Honigbienen fällt zunächst auf, dass die Weibchen – Königinnen und Arbeiterinnen – genetisch gesehen *diploid* sind (sie besitzen 2 Chromosomensätze), die Männchen hingegen *haploid* (ein Chromosomensatz). Letztere werden von den Königinnen per Parthenogenese (Jungfernzeugung) erzeugt. Geschlechtstiere sind nur die Königinnen und Männchen (Drohnen), während die Arbeiterinnen ausschließlich soziale Aufgaben verrichten. Königinnen und Drohnen sind somit die einzigen Individuen im Bienenstaat, die ihre Gene an die nächste Generation weitergeben. Da die einzige Aufgabe der Drohnen darin besteht, eine (meist) fremde Jungkönigin (einer anderen Bienenkolonie) zu befruchten, macht ihre Haploidität großen Sinn. Sie operieren hierdurch gewissermaßen nach dem WYSIWYG Prinzip: What You See Is What You Get. Eine Jungkönigin bekommt von ihnen genau die Gene, aus denen sie konstruiert wurden.

Drohnen gibt es im Bienenvolk nur im Zeitraum von April bis Juli, danach werden die verbliebenen Drohnen von den Arbeiterinnen im Rahmen der sogenannten Drohnenschlacht unsanft aus dem Bienenstock gedrängt. Wehren können sie sich nicht, da sie keinen Stachel besitzen. Sie verenden spätestens in der darauf folgenden Nacht. Während der Schwarmzeit finden sich die Drohnen auf den Drohnensammelplätzen ein. Dort hocken sie allerdings nicht friedlich herum, sondern fliegen in einer gewissen Höhe und so schnell umher, dass sie mit dem Auge kaum zu erkennen sind. Die Antennen des Drohns sind darauf spezialisiert, den Pheromonduft einer sich auf dem Hochzeitsflug befindlichen Jungkönigin aufzunehmen, um sich dann hoch in der Luft (im Flug) mit ihr zu paaren und im Anschluss daran zu verenden.

So gesehen sind Drohnen kamikazeartige Spermabomber, die nur eine einzige Aufgabe besitzen, nämlich mit weiteren Drohnen in einen Wettbewerb um die Paarung mit Jungköniginnen aus (meist) fremden Kolonien zu treten. Sie haben nichts anderes als Sperma anzubieten, das exakt das gleiche Genom besitzt, aus dem sie selbst konstruiert wurden.

Doch warum gibt es sie dann überhaupt? Warum betreiben die weiblichen Bienen einen solchen Aufwand, indem sie im Frühjahr etwa 500 bis 2.000 Drohnen pro Kolonie erzeugen und heranfüttern, deren Lebensaufgabe nur einem einzigen Zweck dient? Warum produzieren sie Drohnen, wie es Pflanzen mit ihren Früchten tun?

Der Grund ist Evolution. Die Männchen stehen letztlich für die Darwinschen Evolutionsprinzipien *Variation* und *Selektion*, die Weibchen stattdessen vorwiegend für die *Reproduktion*[206]. Da die Drohnen von den Königinnen per *Parthenogenese* und *Meiose* inklusive *sexueller Rekom-*

bination erzeugt werden, unterscheiden sie sich alle genetisch voneinander (Variation). Sie sind keineswegs Klone ihrer Mutter. Auf den Drohnensammelplätzen kommt es dann unter ihnen zu einem erschöpfenden Wettbewerb um die Befruchtung von Jungköniginnen im Sinne eines Survival of the Fittest (Selektion).

Die Männchen stellen für die Honigbienen praktisch Testobjekte dar. Die Vorgehensweise des Biens ist mit der eines Porzellanherstellers vergleichbar, der nach einer möglichst bruchfesten Mixtur für seine Waren sucht und deshalb zunächst jede Menge Teller mit den unterschiedlichsten Materialzusammensetzungen produziert, um sie dann allesamt gegen eine Wand zu werfen. Mixturen, die beim Test besonders gut abschneiden, kommen in die nächste Runde.

Die Funktion der Männchen in Honigbienenkolonien ist bei statischer Betrachtung des sozialen Gebildes "Honigbienenstaat" überhaupt nicht verstehbar, sondern tatsächlich nur "*im Lichte der Evolution*": Die Aufgaben der Drohnen sind evolutionärer, nicht sozialer Art. Die Aufgaben der Arbeiterinnen liegen dagegen im Sozialen.

Nun sollte man sich allerdings davor hüten, die verschiedenen männlichen und weiblichen Rollen in Honigbienenstaaten aus einem allzu menschlichen Blickwinkel heraus zu betrachten und zu "werten". Je nach Standpunkt könnte man dann nämlich entweder von faulen Drohnen sprechen, die den arbeitsamen Weibchen das Futter wegfressen, oder von armen Männchen, die von den dominierenden Weibchen für "höhere" Ziele missbraucht werden. Und auch bei den weiblichen Rollen stellen sich dabei erhebliche Schwierigkeiten ein. Aus evolutionsbiologischer Sicht sind Königinnen Egoistinnen und ihre Arbeiterinnen Altruistinnen oder gar die Vasallinnen ihrer Herrscherinnen. Moderne Menschen dürften in der Königin dagegen eher die dumme Hausfrau, Altruistin und Gebärmaschine sehen, in der kinderlosen Arbeiterin dagegen die emanzipierte Frau oder vielleicht auch nur die Egoistin. Dennoch kommt den Honigbienen auch für das Verständnis der Geschlechterrollen in menschlichen Gesellschaften eine große Bedeutung zu, haben sie doch klargemacht, was das absolute "Minimum" des männlichen Geschlechts ist, was also letztlich von Männchen noch übrig bleibt, wenn man ihnen möglichst viele Aufgaben nimmt.

Welche "eigentliche" Aufgabe haben also Männer in menschlichen Gesellschaften, und zwar "*im Lichte der Evolution*"?

Stellen wir uns dazu in einem Gedankenexperiment vor, ein moderner Mensch habe durch eine genetische Mutation die Gabe erhalten, durch zehnminütiges, äußerst konzentriertes Handauflegen jeglichen Krebs zu heilen. Die Mutation wäre erblich, sodass im Mittel 50 Prozent seiner Nachkommen über die gleichen Fähigkeiten verfügten. Zu beachten ist: Es handelt sich hierbei um ein Merkmal, welches ausschließlich sozial nutzbar ist, in der freien Natur (im Rahmen der natürlichen Selektion) aber keine unmittelbaren Vorteile bietet.

Wir können drei Fälle unterscheiden:

- Die Person ist eine Frau.

  Vermutlich würde die Frau ihre Bestimmung darin sehen, möglichst viele Krebskranke zu heilen. Sie würde zwar viel Geld verdienen, aber kaum Zeit für eigene Kinder haben. Gegebenenfalls würde sie kinderlos bleiben. In der nächsten Generation wäre die genetische Mutation wahrscheinlich bereits wieder verschwunden.

- Die Person ist ein Mann in einer patriarchalischen Gesellschaft mit klarer Geschlechterrollentrennung.

  Der Mann würde ebenfalls seine Bestimmung darin sehen, möglichst viele Krebskranke zu heilen. Er würde viel Geld verdienen, eine Ehefrau, viele Freundinnen und viele Kinder haben. Auch würden ihm viele Patientinnen Sex gegen Heilung anbieten. In der nächsten Generation gäbe es wahrscheinlich bereits fünf oder mehr Menschen mit der gleichen genetischen Mutation.

- Die Person ist ein Mann in einer gleichberechtigten Gesellschaft ohne unterschiedliche Geschlechterrollen.

  Der Mann würde gleichfalls seine Bestimmung darin sehen, möglichst viele Krebskranke zu heilen. Er würde zwar viel Geld verdienen, aber kaum Zeit für eigene Kinder haben, da er für jedes Kind die Hälfte der Familienarbeit zu leisten hätte. Gegebenenfalls würde er kinderlos bleiben. In der nächsten Generation wäre die genetische Mutation wahrscheinlich bereits wieder verschwunden.

Während die Natur also dem weiblichen Teil den Hauptteil der Fortpflanzungsarbeit zugewiesen hat, ist eine Hauptaufgabe des männlichen Geschlechts, die Evolution zu beschleunigen und für eine möglichst rasche Anpassung an den Lebensraum zu sorgen[207], das heißt, die Evolutionsfähigkeit zu verbessern[208]. Es ist folglich von Vorteil, wenn das männliche Geschlecht stärker von Mutationen betroffen ist, denn dann können ungünstige Mutationen leichter "eliminiert" und günstige gefördert werden, und zwar alles auf ganz natürliche Weise[209] [210]. Möglicherweise ist sogar ein Großteil des menschlichen Intellekts auf genau diese

Weise entstanden[211]. Insgesamt ist das männliche Geschlecht so etwas wie ein "Turbolader" der Evolution, denn es unterliegt aufgrund der aus seiner Sicht knappen weiblichen Ressourcen einem erhöhten Selektionsdruck, und zwar selbst dann, wenn der Lebensraum nicht begrenzt ist.

Man versteht nun also, warum Männer nur ein X-Chromosom besitzen, Frauen aber deren zwei. Ihr fehlendes zweites X-Chromosom und ihr angeblich verkrüppeltes Y-Chromosom machen Männer nicht genetisch minderwertiger, wie es gelegentlich behauptet wurde[212], sondern variabler, wozu möglicherweise auch das kurze Y-Chromosom noch zusätzlich beigetragen haben könnte, wie Untersuchungen gezeigt haben wollen[213].

Es stellt also einen evolutionären Vorteil dar, wenn die Fortpflanzungsaufgaben in einer Population nicht von allen Individuen in gleichem Maße getragen werden (wie etwa beim Hermaphroditismus), sondern sich in unterschiedlicher Gewichtung und Fokussierung auf verschiedene soziale Rollen verteilen. Die Honigbienen haben es in besonderem Maße exemplarisch vorgeführt: Bei ihnen gibt es Königinnen, die die eigentlichen Reproduktionsaufgaben erledigen, Arbeiterinnen, denen die sozialen Aufgaben zufallen, und Drohnen (Männchen), die für Variation und Selektion sorgen. Wie beim Menschen zeichnen sich bei den Bienen die männlichen Geschlechtstiere durch eine stärkere Variabilität (Variation) und eine wesentlich größere Varianz beim individuellen Fortpflanzungserfolg (Selektion) aus. Dies macht letztlich das Wesen des männlichen Geschlechts aus: Seine primäre Aufgabe ist es, den Evolutionsprozess zu beschleunigen. In ihm entstehen nicht nur die meisten neuen genetisch bedingten Kompetenzen (Variation), sondern es kann aufgrund der viel größeren Varianz beim Fortpflanzungserfolg (beziehungsweise der potenziellen Fruchtbarkeit) zudem maßgeblich dafür sorgen, dass sich die Kompetenzen – sofern vom weiblichen Geschlecht als wünschenswert erachtet – relativ rasch bedingt "horizontal" in der gesamten Population ausbreiten können. Obwohl der Hermaphroditismus – quantitativ betrachtet – reproduktiv leistungsfähiger als die Getrenntgeschlechtlichkeit ist, produziert die heterosexuelle Fortpflanzung die weitaus kompetenteren Nachkommen. Komplexe Lebewesen wie der Mensch konnten in der Natur nur getrenntgeschlechtlich entstehen.

Angesichts solcher Ergebnisse darf es erstaunen, dass die Gendertheoretikerin Astrid Deuber-Mankowsky in den modernen Naturwissenschaften eine *"strukturelle Minderbewertung des Weiblichen und des Veränderlichen bzw. Vergänglichen (...) und die gleichzeitige Erhebung des Männlichen zur Norm"*[214] ausgemacht haben will.

7.6 Gender macht die Gesellschaft dümmer

Nun könnte man allerdings einwenden, dass es überhaupt nicht mehr darauf ankomme, ob sich der Mensch noch genetisch weiterentwickelt, da ja schon längst die kulturelle Evolution im Vordergrund steht. Aus diesem Grund sei es auch viel wahrscheinlicher, dass ein allgemeines Krebsheilverfahren auf kulturellem Wege statt per genetischer Mutation gefunden werde. Es genüge deshalb, wenn der Mensch seinen aktuellen genetischen Status beibehalte.

Wenn dem so wäre, könnte man darüber diskutieren. Leider stellt sich die Situation unter Gender weitaus weniger ermutigend dar. Um es auf eine Kurzformel zu bringen: Der Mensch würde unter solchen Verhältnissen seine genetischen Kompetenzen sukzessive verlieren, und zwar ausgerechnet die, auf denen seine wichtigsten Erfolgsmerkmale beruhen. Ich möchte das am Beispiel der Intelligenz verdeutlichen.

Stellen wir uns dazu eine Population vor, deren Mitglieder über drei verschiedene Intelligenzniveaus verfügen: Hoch, mittel und niedrig, wobei jeweils genau ein Drittel (= 33,33 Prozent) der Männer und Frauen hoch, mittel oder niedrig intelligent sind. Hohe Intelligenz entspräche einem Intelligenzquotienten (IQ) von 130, mittlere einem IQ von 100 und niedrige einem von 70.

Ferner sei angenommen, ein Kind erbe mit einer jeweils 30-prozentigen Wahrscheinlichkeit entweder die Intelligenz des Vaters oder der Mutter. Mit einer 40-prozentigen Wahrscheinlichkeit erlange das Kind seine Intelligenz dagegen durch eine zufällige Mutation. Es habe dann anteilsmäßig eine beliebige sonstige Intelligenz. Mit anderen Worten: Mit einer weiteren 13,33-prozentigen Wahrscheinlichkeit sei das Kind aufgrund einer Mutation hoch-, mittel- oder niedrigintelligent.

Für unsere fiktive patriarchalische Gesellschaft stellen wir uns nun weiter vor, Männer wählten aus der Gesamtheit der Frauen eine Partnerin aus, ohne deren geistige Kompetenzen vorher zu kennen. Da sich in unserem Modell die individuelle Fertilität einer Frau ausschließlich an den ökonomischen Möglichkeiten ihres Ehemannes orientiert, der berufliche Erfolg von Männern aber in keinem Zusammenhang zu den geistigen Kompetenzen ihrer Ehefrauen steht, würden folglich Frauen mit hoher, mittlerer und niedriger Intelligenz durchschnittlich gleich viele Kinder pro Person in die Welt setzen, beispielsweise genau zwei.

Bei den Männern sähe das etwas anders aus. Intelligente und damit häufig beruflich erfolgreiche Männer könnten sich mehr Kinder als andere

Männer leisten. Sie würden durchschnittlich 2,2 Kinder pro Person haben. Männer mit mittlerer Intelligenz kämen durchschnittlich auf zwei Kinder pro Kopf und Männer mit niedriger Intelligenz lediglich auf 1,8[215].

Die nächste Generation hätte dann die folgende Intelligenzverteilung:

- Hoch: 34,33 %

- Mittel: 33,33 %

- Niedrig 32,33 %

Mit anderen Worten: Die nächste Generation wäre durchschnittlich intelligenter als die vorangegangene. Hatte die Elterngeneration noch einen durchschnittlichen IQ von 100, so ist dieser bei der Folgegeneration bereits auf 100,6 angestiegen.

In modernen, der Gleichberechtigung der Geschlechter unterliegenden Gesellschaften streben sowohl Männer als auch Frauen nach gesellschaftlichen Positionen oder beruflichem Erfolg. Haben sie schließlich eine gute und sichere berufliche Stellung erreicht, können sie an eine Familiengründung denken. Meist sind beide Partner dann aber schon ein wenig älter[216].

Aufgrund der hohen Opportunitätskosten von Kindern bekommen Frauen dann umso weniger Kinder, je beruflich qualifizierter sie sind, denn für sie steht ja bei einer Familiengründung beruflich und finanziell am meisten auf dem Spiel (Kompetenzverlustvermeidung). Außerdem haben sie dann meist besonders wenig Zeit für Familienarbeit, da karriereorientierte Mütter in qualifizierten Berufen gleich viel in ihre Ausbildung und ihre Arbeit investieren müssen, wie kinderlose Frauen oder Männer. Sie konkurrieren also direkt mit anderen, die durch keinerlei Familienarbeit in der Ausübung ihres Berufes eingeschränkt sind. Dies gilt selbst dann, wenn sich beide Elternteile die Familienarbeit paritätisch teilen, und eine optimale Betreuungsinfrastruktur vorhanden ist. In diesem Fall würden sich auch für die beteiligten Männer nennenswerte Opportunitätskosten für weitere Kinder einstellen, da die Familienarbeit sie genauso wie ihre Frauen am Ausbau ihrer Karriere hinderte.

All diese Zusammenhänge sind empirisch und theoretisch sehr gut abgesichert. Ein Überblick über die dazugehörigen demografischen Theorien inklusive ihrer Begründungen findet sich in meinem Buch *Evolution, Zivilisation und Verschwendung*[217].

Stellen wir uns nun als Alternative zu unserer obigen patriarchalischen Population eine "gleichberechtigte" Gesellschaft vor, bei der die Frauen umso weniger Kinder bekommen, je qualifizierter sie sind. Wir nehmen also zum Beispiel an, Frauen mit hoher Intelligenz würden durchschnittlich 1,8 Kinder pro Person haben, Frauen mit mittlerer Intelligenz zwei, und Frauen mit niedriger Intelligenz immerhin 2,2.

Das generative Verhalten der Bevölkerung orientierte sich nun also sehr stark am sozialen Erfolg der Frauen. In patriarchalischen Gesellschaften war das – wie wir gesehen haben – genau umgekehrt.

Für die Männer kämen unter solchen Bedingungen zwei unterschiedliche generative Verhaltensweisen in Betracht. In einem ersten Modell würden sie sich unabhängig von ihrer Intelligenz mit einer beliebig intelligenten Partnerin verbinden und dann im Durchschnitt zwei Kinder pro Person haben. Und in einem zweiten Modell würden sie sich bevorzugt mit gleich qualifizierten Frauen verbinden (Bildungshomogamie) und dann natürlich genauso viele Kinder, wie ihre Partnerinnen haben[218]. Aber auch ganz unabhängig davon wären bei einer sehr starken Geschlechterangleichung Männer ganz ähnlich zu betrachten wie Frauen. Konkret hieße das: Männer mit hoher Intelligenz hätten dann 1,8 Kinder pro Person, Männer mit mittlerer Intelligenz zwei und Männer mit niedriger Intelligenz 2,2.

In der nächsten Generation stellte sich dann die folgende Intelligenzverteilung unter der Rahmenbedingung der Gleichberechtigung der Geschlechter ein:

- Hoch: 32,33 %

- Mittel: 33,33 %

- Niedrig: 34,33 %

Und unter der Rahmenbedingung der Gleichberechtigung der Geschlechter plus zusätzlicher Bildungshomogamie:

- Hoch: 31,33 %

- Mittel: 33,33 %

- Niedrig: 35,33 %

Mit anderen Worten: Der Anteil der Personen mit niedriger Intelligenz nähme in beiden Modellvarianten mit Gleichberechtigung der Geschlechter von Generation zu Generation zu, während immer weniger Menschen über eine hohe Intelligenz verfügten. Bei einer angenommenen Bildungshomogamie bei Paaren oder IQ-Korrelation unter Ehepaaren, aber auch einer starken Angleichung der Geschlechter, wäre diese Entwicklung ganz besonders markant.

Umgerechnet in IQs ergäbe sich das folgende Bild: In der ersten Modellvariante hätte die nächste Generation einen durchschnittlichen IQ von 99,4, bei der zweiten (realistischeren) Modellvariante sogar nur noch einen von 98,8.

Ein typischer – nichtevolutionärer – Einwand könnte lauten: Die Intelligenz eines Menschen ist vielleicht durchschnittlich nur zu 50 Prozent erblich. Mit entsprechenden Fördermaßnahmen könnte der durchschnittliche IQ der Bevölkerung also ganz leicht wieder angehoben werden.

Dagegen sprechen jedoch die folgenden Sachverhalte:

- Die Fördermaßnahmen müssten von Bürgern mit hoher Intelligenz erbracht werden, denn nur diese besitzen ja die entsprechenden Kompetenzen. Deren Zahl nimmt aber ab.

- Die Fördermaßnahmen übersetzten sich in zusätzliche gesellschaftliche Kosten. Einerseits müssten die zusätzlichen Lehrer von den restlichen Erwerbstätigen finanziert werden, andererseits fehlten sie als hoch qualifizierte Arbeitnehmer an anderen Stellen. Wenn die Wirtschaft schon angeblich nicht auf die qualifizierten Frauen verzichten kann, dann auf solche potenziellen Fachkräfte mit Sicherheit gleichfalls nicht.

- Gemäß der in der Biologie allgemein akzeptierten und als Weismann-Barriere bezeichneten Regel, nach der Erfahrungen, die ein Individuum mit der Umwelt macht, nicht in den Erbgang einfließen können, würden die zusätzlichen Bildungsmaßnahmen keinen Einfluss auf den erblichen Teil der Intelligenz nehmen. In der übernächsten Generation wäre der durchschnittliche IQ der Population bei Modellvariante 2 schon auf 97,8 gesunken. Von Generation zu Generation müsste folglich immer mehr in zusätzliche Bildungsmaßnahmen bei gleichzeitig schwindendem Lehrerpotenzial investiert werden.

Wir können also zusammenfassen: In patriarchalischen Gesellschaften korreliert die Zahl an Nachkommen mit dem sozialen Erfolg und der Intelligenz der Männer, wodurch die Bevölkerung von Generation zu Generation sukzessive an Intelligenz gewinnt. In modernen "gleichberechtigten" Gesellschaften besteht dagegen üblicherweise eine negative Korrelation zwischen der Zahl an Nachkommen und der Intelligenz der Männer und Frauen[219] [220] [221], wodurch die Bevölkerung von Generation zu Generation sukzessive an Intelligenz verliert[222]. Da der durchschnittliche IQ einer Bevölkerung auch mit dem Wohlstand des Landes korreliert[223], dürfte sich in solchen Gesellschaften zunehmend Armut ausbreiten. Kurz: Eine solche Gesellschaft brasilianisierte[224] [225] und entwickelte sich zurück in ein Entwicklungsland. Ihr fortwährender Kompetenzverlust würde normalen evolutiven Prozessen zuwiderlaufen. Man könnte in diesem Sinne dann von einer De-Evolution sprechen. In jedem Fall handelte es sich dabei um eine geradezu chronische Verletzung der Generationengerechtigkeit.

Das Schlimme daran ist: Man kann all das in unserer Gesellschaft längst beobachten[226] – und in den anderen Industrienationen auch[227] [228]. Da Kulturen ganz wesentlich auf den geistigen Kompetenzen ihrer Mitglieder basieren, kann – bei länger anhaltendem Fortbestehen der Entwicklung – schon jetzt prognostiziert werden, dass sich unsere Kultur in naher Zukunft von diesem Planeten verabschieden wird.

7.7 Gibt es Alternativen zu Gender?

An dieser Stelle fragt sich nun allerdings: Wenn die Gendertheorie allein schon deshalb keine Option ist, weil sie auf Dauer zu substanziellen gesellschaftlichen Kompetenzverlusten führt, sie also keine evolutionär stabile Strategie (ESS) darstellt, was könnte man denn sonst tun? Existiert eine Alternative, bei der es weder zum systematischen Bevölkerungswachstum, zur systematischen Bevölkerungsschrumpfung noch zu systematischen gesellschaftlichen Kompetenzverlusten kommt – die also eine ESS darstellt – und bei der Frauen und Männer dennoch gleichberechtigt sind?

Eine solche Alternative gibt es in der Tat. Die Honigbienen haben sie gefunden[229].

Die Evolutionsbiologie definiert Altruismus als ein Verhalten, welches den Reproduktionserfolg anderer auf Kosten des eigenen Reproduktionserfolges erhöht[230]. In der Terminologie der Systemischen Evolutionstheorie übersetzt sich das in: Altruismus ist ein Verhalten, welches das Reproduktionsinteresse anderer auf Kosten des eigenen Reproduktionsinteresses erhöht. Ein Absenken des eigenen Reproduktionsinteresses unterhalb Größen, die der individuellen Fitness entsprechen, setzt dann in arbeitsteiliger Weise Kräfte und Ressourcen frei, die anderen zur Erhöhung ihrer Reproduktionsinteressen und damit gegebenenfalls auch ihrer Reproduktionserfolge zur Verfügung gestellt werden können.

Der Lebensaufwand eines Individuums lässt sich in somatische, soziale und reproduktive Aufwände untergliedern[231], wobei unter somatischem Aufwand alle Leistungen eines Organismus verstanden werden, die seinem Wachstum, seiner Differenzierung und Reifung und seiner Selbsterhaltung dienen.

Die absolute Höhe des Reproduktionsaufwands und der Anteil des Reproduktionsaufwands am Lebensaufwand können – im direkten Vergleich zu anderen Individuen der gleichen Population und des gleichen Geschlechts – Indikatoren für das jeweilige individuelle Reproduktionsinteresse sein. In sozialen Gemeinschaften sind Individuen mit anteilsmäßig geringen Reproduktionsaufwänden (deren Reproduktionsinteressen also gegebenenfalls niedrig sind) in der Lage, dem entsprechend höhere soziale Beiträge (Aufwände) zu erbringen, die der Gemeinschaft zugutekommen.

Bei der Variable Reproduktionsinteresse der Systemischen Evolutionstheorie geht es deshalb letztlich auch darum, auf welche Weise soziale Gemeinschaften in Bezug auf die Fortpflanzung arbeitsteilig (eusozial) organisiert werden können, ohne dabei ihre Evolutionsfähigkeit zu verlieren. Anders gesagt: Welches Verhältnis muss zwischen Altruisten (sie sind weniger stark an der eigenen Fortpflanzung interessiert) und Egoisten (sie sind stärker an der eigenen Fortpflanzung interessiert) bestehen, damit die Population noch immer evolvieren kann?

Die aus der Price-Gleichung beziehungsweise dem Kriterium Reproduktionsinteresse der Systemischen Evolutionstheorie ableitbare Antwort lautet: Cov(r,f) >= 0 (r = Reproduktionsinteresse, f = Kompetenzen, Cov = Kovarianz). Evolutionär stabile soziale Gemeinschaften sollten folglich so organisiert sein, dass in ihnen Fortpflanzungsaltruismus nicht systematisch mit den Kompetenzen zunimmt.

Die Systemische Evolutionstheorie kann auf diese Weise die eusoziale Organisation von Insektensozialstaaten erklären, ohne dabei auf die biologische Hamilton-Regel der Verwandtenselektion Bezug nehmen zu müssen. Wären nämlich alle Arbeiterinnen darum bemüht, einen möglichst hohen eigenen Reproduktionserfolg zu erzielen (Egoismus, hohes Reproduktionsinteresse), würde der Sozialstaat schon bald in eine Opportunitätskostenfalle laufen und daran zugrunde gehen.

Zu beachten ist hierbei auch, dass etwa bei der Honigbiene die beiden weiblichen Rollen Königin und Arbeiterin soziale und keineswegs genetische Rollen sind. Die Differenzierung einer Larve zur Königin wird nämlich vor allem dadurch bestimmt, dass sie in weit größerem Maße als die Arbeiterinnenlarven den sogenannten Futtersaft Gelée Royale erhält. Hohe Reproduktionsinteressen (Egoismus, Königin) und niedrige Reproduktionsinteressen (Altruismus, Arbeiterin) werden somit nicht ererbt,

sondern erworben. Viele Argumentationen bezüglich der Unvorteilhaftig-
keit von Fortpflanzungsaltruismus werden hierdurch hinfällig. Beispielsweise wird häufig darauf hingewiesen, dass es aus Sicht der Evolutionsbiologie keinen echten Altruismus geben könne, da dieser sich selbst
ausrotten würde, denn echte Altruisten verzichteten letztendlich auf ihren
Fortpflanzungserfolg zugunsten anderer (unverwandter) Individuen und
deren Gene[232].

In einem Bienenstaat werden alle sozialen Aufgaben von den Weibchen
(Königinnen, Arbeiterinnen) wahrgenommen. Die männlichen Drohnen
dienen nur der Fortpflanzung. Es gibt sie bei der westlichen Honigbiene
ohnehin nur in den Monaten April bis Juni, wie bereits erwähnt wurde.
Ein Bienenstaat ist also vom Grundsatz her rein weiblich.

Angenommen, die Königinnen in Honigbienensozialstaaten verlangten
von einem Tag auf den anderen die Gleichberechtigung, und zwar ganz
so, wie es die Frauen in modernen menschlichen Gesellschaften vorgeführt haben: Sie wollten wie die anderen Arbeiterinnen von Blüte zu
Blüte durch die wunderschöne Natur fliegen und köstlichen Nektar und
Blütenpollen sammeln dürfen, statt die ganze Zeit eine gebärmaschinen-
hafte 'Queen' der anderen sein zu müssen. Jede Biene sollte in Zukunft
ihre eigenen Eier legen dürfen, und zwar so viele (oder auch so wenige),
wie es ihr beliebte beziehungsweise wie sie mit ihrer Sammeltätigkeit
vereinbaren könnte.

Die obigen Ausführungen konnten jedoch zeigen: Eine solche Organisation könnte auf Basis genetischer Merkmale prinzipiell nicht funktionieren, da der Insektensozialstaat dann in eine Opportunitätskostenfalle liefe.
In der Folge würden diejenigen die meisten Nachkommen haben, die die
wenigste soziale Arbeit leisten. Genetisch bedingtes altruistisches Verhalten hätte auf Dauer keine Chance mehr, und der Sozialstaat löste sich
sukzessive auf.

Es handelt sich bei der hier vorgetragenen, für alle eusozialen Fortpflan-
zungsgemeinschaften in ähnlicher Weise anwendbaren Argumentation,
um nahezu die gleiche Begründung, mit der Richard Dawkins in *Das
egoistische Gen*[233] darlegt, warum Tiere ihre Nachwuchszahlen bei
Nahrungsknappheit nicht im Sinne der Arterhaltung reduzieren werden.
Denn würden altruistische Individuen das tun (indem sie ihr Fortpflanzungsinteresse reduzierten), dann würden sie weniger Nachkommen als
egoistische Individuen hinterlassen, die ihr Fortpflanzungsinteresse
unvermindert hochhielten. Auf diese Weise würde sich genetisch bedingter Egoismus zwangsläufig in der Population ausbreiten. Egoisten wären
also so etwas wie Trittbrettfahrer der Nachwuchsbeschränkung der

Altruisten. Richard Dawkins zog daraus den nicht ganz unproblematischen Schluss, dass sich Gene im Rahmen der Fortpflanzung zwangsläufig (metaphorisch gemeint) egoistisch verhalten müssten. Ein solcher Schluss ist jedoch nur dann zutreffend, wenn Altruismus (relativ niedriges Reproduktionsinteresse) und Egoismus (relativ hohes Reproduktionsinteresse) stets genetische Merkmale sind. Genau das ist aber bei den eusozial organisierten Honigbienen nicht der Fall: Die beiden weiblichen Rollen Arbeiterin (Altruist, niedriges Reproduktionsinteresse, produktive Aufgaben) und Königin (Egoist, hohes Reproduktionsinteresse, reproduktive Aufgaben) sind soziale und keineswegs genetisch bedingte Rollen. Man könnte sagen: Eine Königin wird nicht als Königin geboren, sie wird dazu gemacht.

Die von den Honigbienen gefundene Lösung lässt sich – verkürzt – wie folgt zusammenfassen: Werden in einem Sozialstaat alle sozialen Aufgaben von den Weibchen wahrgenommen, dann müssen sie sich arbeitsteilig in berufstätige Weibchen ("Ernährerinnen") und Hausfrauen aufspalten, andernfalls löste sich der Sozialstaat mit der Zeit wieder auf. Ich wüsste nun allerdings nicht, wie Gendertheoretiker und Gleichheitsfeministinnen den Frauen ausgerechnet diesen Zusammenhang plausibel machen wollten.

Mit dem Familienmanager-Modell habe ich versucht, eine auf solch grundlegenden Überlegungen und Konzepten aufbauende tragfähige und zwangfreie Lösung für das globale Bevölkerungsproblem unter der Rahmenbedingung der Gleichberechtigung der Geschlechter vorzuschlagen. Eingehend theoretisch und praktisch begründet wird es in meinem Artikel *Familienarbeit in gleichberechtigten Gesellschaften*[234] und in meinen Büchern zum Thema[235] [236] [237] [238] [239]. Im Abschnitt *Sicherstellung der Nachhaltigkeit des Humanvermögens* auf Seite 223 wird es kurz erläutert und diskutiert.

Allerdings merke ich dort sogleich an, dass ich dafür auf absehbare Zeit keine Umsetzungschancen sehe, da die Vertreter des Antibiologismus, der Tabula-rasa-Hypothese und der Gendertheorie dies mit ihrem Einfluss nicht zulassen werden.

Thilo Sarrazin brachte deren groteskes Denken in seinem Buch *Deutschland schafft sich ab* wie folgt auf den Punkt[240]:

Wie viele Emotionen in all diesen Fragen stecken, offenbarte sich beim Kitastreik im Sommer 2009. Es ging dabei auch um die Qualität der Ausbildung von Erzieherinnen. Forderungen wurden laut, den Beruf des Erziehers an ein Hochschulstudium zu binden. Damit wäre der

Gipfel einer verqueren Logik erreicht, die durch folgende Überspitzung auf den Punkt gebracht wird: Kinderlose beziehungsweise kinderarme akademisch ausgebildete Erzieherinnen verzichten auf eigenen, möglicherweise intelligenten Nachwuchs, um sich der frühkindlichen Erziehung von Kindern aus der deutschen Unterschicht und aus bildungsfernem migrantischen Milieu zu widmen, die im Durchschnitt weder intellektuell noch sozial das Potential mitbringen, das ihre eigenen Kinder hätten haben können. Ist das die Zukunft der Bildungsrepublik Deutschland?

Hinter der von Sarrazin als verquere Logik bezeichneten Vorstellung verbirgt sich die Handschrift des Antibiologismus, der Tabula-rasa-Hypothese und der Gendertheorie. Und dahinter wiederum verbergen sich Kompetenzerhaltungsinteressen, die die MeinungsführerInnen auf Kosten der nächsten Generationen durchgesetzt wissen möchten, frei nach dem Motto: "*Es ist wunderbar, zu leben, wie wir das tun. Es hat viele Reize, wenn schlaflose Nächte angenehmere Ursachen haben als unruhigen Nachwuchs.*"[241] "Das niedere Kinderaufziehen überlassen wir dafür gerne den Sozialhilfeempfängerinnen, was aber nichts macht, denn schließlich sind alle Menschen gleich." Und sie schaffen es, ihre Interessen durchzusetzen, denn sie sitzen an den Schaltstellen der Meinungsmacht, wo sie ihre Auffassungen, im Vergleich zu denen der Glaube an den Mann im Mond wie wissenschaftlicher Realismus erscheinen muss, täglich unter das Volk bringen können.

Auch deshalb, befürchte ich, sehen wir äußerst stürmischen Zeiten entgegen.

---

[153] Dawkins, Richard (2007): Das egoistische Gen. München: Elsevier, S. 209f.

[154] Mersch, Peter et al: Systemische Evolutionstheorie -
http://knol.google.com/k/systemische-evolutionstheorie

[155] Mersch, Peter: Darwinismus und Sozialdarwinismus -
http://knol.google.com/k/darwinismus-und-sozialdarwinismus

[156] Mersch, Peter: Der Fall Thilo Sarrazin - http://knol.google.com/k/peter-mersch/der-fall-thilo-sarrazin/6u2bxygsjec7/120

[157] Mayer, Susanne: Im Land der Muttis - Die deutsche Hausfrau gilt als Stütze der Nation. Dabei kostet es uns ein Vermögen, wenn bestens ausgebildete Frauen zu Hause bleiben, DIE ZEIT, 47, Nr. 29, 13. Juli 2006

[158]   FAZ, 02.08.2011: Erwin Teufel - "Ich schweige nicht länger" -
        http://www.faz.net/artikel/C30923/erwin-teufel-ich-schweige-nicht-laenger-
        30476693.html

[159]   CIA - The World Fact Book: Iran (abgerufen am 17.07.2011). Demgemäß werden im
        Iran in 2011 durchschnittlich 1,88 Kinder pro Frau geboren. -
        https://www.cia.gov/library/publications/the-world-factbook/geos/ir.html

[160]   Zankl, Mario (2010): Dynamik und Ursachen des Fertilitätsrückganges in Südost-
        asien: Erklärungsansätze, Determinanten und empirische Befunde, dargestellt am
        Beispiel von Kambodscha, Laos, Thailand und Vietnam, München: Grin, S. 255

[161]   Ironischerweise wäre für gleichberechtigte Gesellschaften der beste Schutz vor einer
        systematischen Plünderung von Gen-Pool und Humanvermögen die soziale Nicht-
        durchlässigkeit.

[162]   FAZ, 02.08.2011: Erwin Teufel - "Ich schweige nicht länger" -
        http://www.faz.net/artikel/C30923/erwin-teufel-ich-schweige-nicht-laenger-
        30476693.html

[163]   FAZ, 02.08.2011: Erwin Teufel - "Ich schweige nicht länger" -
        http://www.faz.net/artikel/C30923/erwin-teufel-ich-schweige-nicht-laenger-
        30476693.html

[164]   Und es könnte ganz nebenbei auch noch mehr sonstige Rücklagen für das Alter
        (Riesterrente, Wohnungen, Aktien, Gold etc.) bilden.

[165]   Wikipedia: Konrad Adenauer (abgerufen am 17.07.2011) -
        http://de.wikipedia.org/wiki/Konrad_Adenauer

[166]   Darin unterscheiden sich die Parteien nicht. Anbei ein "Plan" der SPD, das Unmögli-
        che, das sie schon seit 40 Jahren verspricht und wozu sie auch schon oft genug das
        Mandat des Wählers besaß, nun endlich doch noch zu realisieren, nämlich: "SPD-
        Plan für den Ausbau von Kitas und Ganztagsschulen: Familie und Beruf müssen ver-
        einbar sein. Deutschland hat im Vergleich zu anderen Ländern großen Nachholbe-
        darf, die Vereinbarkeit von Familie und Beruf zu ermöglichen. Die SPD will bessere
        Rahmenbedingungen für eine partnerschaftliche Aufteilung von Familien- und Er-
        werbsarbeit für Frauen und Männer schaffen. Dafür ist ein ganzes Maßnahmenpaket
        notwendig." -
        http://www.spd.de/scalableImageBlob/12048/data/20110512_fb_vereinbarkeit-
        data.pdf

[167]   Schwarzer, Alice (2007): Die Antwort. Köln: Kiepenheuer & Witsch, S. 55

[168]   Mayer, Susanne (2006): Im Land der Muttis - Die deutsche Hausfrau gilt als Stütze
        der Nation. Dabei kostet es uns ein Vermögen, wenn bestens ausgebildete Frauen zu
        Hause bleiben, DIE ZEIT, 47, Nr. 29, 13. Juli 2006

[169]   Junge, Matthias (2002): Individualisierung. Frankfurt: Campus, S. 7

[170]   Statistisches Bundesamt, Arbeitsmarkt, Lange Reihen: Bevölkerung und Erwerbstätigkeit (Inländer) (seit 1970) - Werte in 1 000 Personen - http://www.destatis.de/

[171]   Statistisches Bundesamt, Arbeitsmarkt, Lange Reihen: Bevölkerung und Erwerbstätigkeit (Inländer) (seit 1970) - Anteile in % der Bevölkerung - http://www.destatis.de/

[172]   Wurden Mitte der 1960er Jahre im später vereinigten Deutschland noch zusammen ca. 1,365 Millionen Kinder pro Jahr geboren, so waren es ab 2005 nurmehr ca. 680.000, das heißt exakt die Hälfte. Vgl. Statistisches Bundesamt, Bevölkerung, Geburten und Sterbefälle, Lange Reihen: Geborene, Gestorbene, Geburten/Sterbeüberschuss (ab 1951) - http://www.destatis.de/jetspeed/portal/cms/Sites/destatis/Internet/DE/Navigation/Stat istiken/Bevoelkerung/GeburtenSterbefaelle/Tabellen.psml

[173]   Merten, Roland (2007): Kinderarmut in Deutschland – mehr als nur ein Randphänomen! www.widerstreit-sachunterricht.de/Ausgabe Nr. 9/Oktober 2007 - http://web.uni-frankfurt.de/fb04/su/ebeneI/didaktiker/merten/kinderarmut.pdf

[174]   Birg, Herwig (2006): Was auf Deutschland zukommt - die zwingende Logik der Demographie. In: Brunner, Jose (Hrsg.): Tel Aviver Jahrbuch für deutsche Geschichte XXXV (2007) "Demographie – Demokratie – Geschichte, Deutschland und Israel" - http://www.herwig-birg.de/downloads/dokumente/TelAviver.pdf

[175]   Radermacher, Franz Josef (2006): Die Brasilianisierung der Welt. Asymmetrien des globalen Reichtums - http://www.gazette.de/Archiv2/Gazette10/Radermacher.html

[176]   Bei der Bundeszentrale für politische Bildung heißt es ganz entsprechend wie von Radermacher dargelegt: "Zwei Handlungsfelder im Bereich 'Migration, Integration und Arbeitsmarkt' erfahren in den letzten Jahren vermehrt politische Aufmerksamkeit. Zum einen sind dies die teils ungünstige Arbeitsmarktsituation von Einwanderern sowie politische bzw. unternehmerische Ansatzpunkte für ihre Verbesserung. Andererseits sind es gesetzliche Steuerungsmöglichkeiten für die arbeitsmarktbezogene Zuwanderung hoch qualifizierter Fachkräfte, die vor dem Hintergrund des demografischen Wandels, eines befürchteten Fachkräftemangels und des internationalen 'Wettbewerbs um die besten Köpfe' diskutiert werden." - http://www.bpb.de/themen/4007ZM,0,0,Arbeitsmarktinitiativen.html

[177]   Ebenrett, H. J./Hansen. K./Puzicha, K. J. (2003): Verlust von Humankapital in Regionen mit hoher Arbeitslosigkeit. Aus Politik und Zeitgeschichte, Beilage zur Wochenzeitung Das Parlament, B6-7, S. 25-31

[178]   Weiss, Volkmar (2007): The population cycle drives human history - from a eugenic phase into a dysgenic phase and eventual collapse. Journal of Social, Political and Economic Studies, 32, S. 327-358

[179] Ähnliche Zahlen wie Weiss liefern Lynn, Richard/Harvey, John (2008): The decline of world's IQ. Intelligence, 36, S. 112-120

[180] FAZ, 20.09.2010: Frank Schirrmacher: Sarrazins ungelesenes Buch - Frau Merkel sagt, es ist alles gesagt - http://www.faz.net/artikel/C30673/sarrazins-ungelesenes-buch-frau-merkel-sagt-es-ist-alles-gesagt-30038361.html

[181] Weiss, Volkmar (2000): Die IQ-Falle. Intelligenz, Sozialstruktur und Politik. Graz: Leopold Stocker Verlag

[182] Konrad, Kai A./Zschäpitz, Holger (2010): Schulden ohne Sühne? Warum der Absturz der Staatsfinanzen uns alle trifft, München: Beck, S. 64

[183] Braun, Christin von/Stephan, Inge (Hrsg.) (2009): Gender@Wissen. Ein Handbuch der Gender-Theorien, Köln: Böhlau

[184] Wikipedia: Gender (abgerufen am 17.07.2011) - http://de.wikipedia.org/wiki/Gender

[185] Von manchen Wissenschaftlern entsprechend als Verbal- (Ulrich Kutschera, vgl. den Artikel der SZ) oder auch Anmerkungswissenschaften bezeichnet. Vgl. etwa Brockman, John (1996): Die dritte Kultur. Das Weltbild der modernen Naturwissenschaft, München: Goldmann, S. 15: "Ihr wesentliches Kennzeichen sind Anmerkungen zu Anmerkungen, und diese Spirale der Anmerkungen dreht sich so lange, bis die wirkliche Welt verlorengeht." Aus diesem Grund ist es in den genannten Disziplinen auch so wichtig, dass alle Gänsefüßchen in Dissertationen stets an der richtigen Stelle platziert sind. - http://www.sueddeutsche.de/kultur/geisteswissenschaften-angriff-auf-den-verbalwissenschaftler-1.613301

[186] Friedan, Betty (1976): It Changed My Life. Writings on the Women's Movement. New York: Random House, S. 397

[187] Schwarzer, Alice (2007): Die Antwort. Köln: Kiepenheuer & Witsch, S. 168

[188] Wikipedia: Alice Schwarzer (abgerufen am 11.07.2011) - http://de.wikipedia.org/wiki/Alice_Schwarzer

[189] Voß, Heinz-Jürgen (2011): Geschlecht. Wider die Natürlichkeit, Stuttgart: Schmetterling Verlag, S. 165

[190] Voß, Heinz-Jürgen (2011): Geschlecht. Wider die Natürlichkeit, Stuttgart: Schmetterling Verlag, S. 165

[191] Wie ich in "Systemische Evolutionstheorie" darzulegen versucht habe, kann man die Begriffe "Evolutionsprinzipien" und "Prinzip der Generationengerechtigkeit" gewissermaßen als Synonyme verstehen. - http://knol.google.com/k/systemische-evolutionstheorie

[192] In Beauvoir, Simone de (2000): Das andere Geschlecht. Sitte und Sexus der Frau. Hamburg: Rowohlt, S. 11, heißt es analog: "Wenn die Funktion des 'Weibchens' nicht

ausreicht, um die Frau zu definieren, wenn wir es auch ablehnen, sie mit dem Ewig-weiblichen zu erklären, aber gelten lassen, daß es, zumindest vorläufig, Frauen auf der Erde gibt, müssen wir uns wohl die Frage stellen: was ist eine Frau?"

[193] Was aber ganz im Gegensatz dazu Harald Martenstein in seiner TAGESSPIEGEL-Kolumne behauptete (DER TAGESSPIEGEL, 10.07.2011: Harald Martenstein - Es ist die Biologie). - http://www.tagesspiegel.de/meinung/es-ist-die-biologie/4376714.html

[194] Eine alternative Interpretation wäre: Frauen und Männer sind gleich, denn 'Kinder in die Welt setzen, stillen und aufziehen' sind völlig irrelevante Tätigkeiten.

[195] Astrid Deuber-Mankowsky schreibt in diesem Zusammenhang: "Die qualitative Differenzierung der Geschlechter kommt in Aristoteles' (384-322) Bestimmung der Frau als eines 'minderwertigen Mannes' zum Ausdruck, die sich durch die Geschichte des Mittelalters hindurch hielt bis zur Neubestimmung der Geschlechterdifferenz im 18. Jahrhundert, wie sie beispielhaft von Rousseau formuliert wurde." (Deuber-Mankowsky, Astrid (2009): Natur/Kultur, In: von Braun, C./Stephan, I. (Hrsg.): Gender@Wissen. Ein Handbuch der Gender-Theorien, Köln: Böhlau, S. 228) Diese Vorstellung früherer Männer von der Frau als minderwertigem Mann wurde von der modernen, fast ausschließlich von Frauen vertretenen Gendertheorie in das genaue Gegenteil verkehrt: Nun sind Männer minderwertige Frauen.

[196] Voß, Heinz-Jürgen (2011): Geschlecht. Wider die Natürlichkeit, Stuttgart: Schmetter-ling Verlag, S. 20

[197] Voß, Heinz-Jürgen (2011): Geschlecht. Wider die Natürlichkeit, Stuttgart: Schmetter-ling Verlag, S. 21

[198] Wikipedia: Doping (abgerufen am 17.07.2011) - http://de.wikipedia.org/wiki/Doping

[199] Voß, Heinz-Jürgen (2011): Geschlecht. Wider die Natürlichkeit, Stuttgart: Schmetter-ling Verlag, S. 19

[200] Wikipedia: Laktoseintoleranz (abgerufen am 17.07.2011) - http://de.wikipedia.org/wiki/Laktoseintoleranz

[201] Burger, J./Kirchner, M./Bramanti, B.Haak, W./Thomas, M. G. (2007): Absence of the lactase-persistence-associated allele in early Neolithic Europeans. PNAS, Band 104, Nr. 10, vom 6 März 2007, S. 3736–3741 - http://www.pnas.org/content/104/10/3736

[202] DER TAGESSPIEGEL, 10.07.2011: Harald Martenstein - Es ist die Biologie - http://www.tagesspiegel.de/meinung/es-ist-die-biologie/4376714.html

[203] Voß, Heinz-Jürgen (2011): Geschlecht. Wider die Natürlichkeit, Stuttgart: Schmetter-ling Verlag, S. 12

204   Tautz, Jürgen (2010): Phänomen Honigbiene. Heidelberg: Spektrum Akademischer Verlag

205   Hölldobler, Bert/Wilson, Edward O. (2009): The Superorganism. The Beauty, Elegance, and Strangeness of Insect Societies, New York/London: W. W. Norton

206   Entsprechend heißt es etwa in Antweiler, Christoph (2008): Evolutionstheorien in den Sozial- und Kulturwissenschaften - Zusammenhangs- und Analogiemodelle, In: Antweiler, C./Lammers C./Thies N. (Hrsg.): Die unerschöpfte Theorie. Evolution und Kreationismus in Wissenschaft und Gesellschaft, Aschaffenburg: Alibri, S. 125: "Darwins Konzept ist besonders dann nützlich, wenn man es verallgemeinert. Das Modell der Variationserzeugung mit anschließender Variationsminderung könnte als allgemeines Modell des Wandels von Systemen aufgefasst werden, von Systemen, deren Ressourcen (Materie, Energie, Information) begrenzt sind und die in herausfordernden Umwelten im Wettbewerb mit anderen Systemen stehen." Gemäß den Ausführungen des vorliegenden Buches sind Variationserzeugung (Variation) und -minderung (Selektion) überproportional männliche Aufgaben. Per Parthenogenese oder Hermaphroditismus lassen sich die Aufgaben nicht in gleicher Weise und Qualität erfüllen.

207   Zechner, U./Wilda, M./Kehrer-Sawatzki, H./Vogel, W./Fundele, R./Hameister, H. (2001): A high density of X-linked genes for general cognitive ability: a run-away process shaping human evolution? In: Trends Genet 17 (2001), S. 697-701

208   Malsburg, Christoph von der (1987): Ist die Evolution blind? In: Küppers, Bernd-Olaf (Hrsg.): Ordnung aus dem Chaos: Prinzipien der Selbstorganisation und Evolution des Lebens. München: Piper, S. 269-279

209   Karl Olsberg führt dazu aus: "Man kann den Zusammenhang zwischen Mutationsrate und Evolutionsfortschritt mathematisch analysieren. Dies haben Ingo Rechenberg (...) und seine Mitarbeiter schon in den siebziger Jahren getan. (...) In vielen Fällen ist die Mutationsrate optimal, wenn 20 Prozent der Nachkommen besser an die Umwelt angepasst sind als ihre Eltern, 80 Prozent jedoch schlechter. (...) Der Grund liegt darin, dass es einen mathematischen Zusammenhang zwischen der Schrittweite der Mutationen und dem Anteil 'schlechter' Mutationen gibt. Man kann also die Schrittweite nur vergrößern, wenn man einen höheren Anteil nachteiliger Mutationen in Kauf nimmt." (Olsberg, Karl (2010): Schöpfung außer Kontrolle: Wie die Technik uns benutzt. Berlin: Aufbau Verlag, S. 56f.) Eine optimierte Lösung in der Hinsicht stellt offenkundig die Getrenntgeschlechtlichkeit dar: Männlich = hohe Mutationsschrittweite + Selektion, weiblich = niedrige Schrittweite.

210   Mithilfe eines separaten männlichen Geschlechts kann somit das Mutationsfenster der Art (innerhalb derer die Art lebensfähig bleibt) weiter ausgeschöpft werden, allerdings auch nur dann, wenn die Männchen stärker von Mutationen betroffen sind

als die Weibchen und sie den deutlich höheren potenziellen Fortpflanzungserfolg besitzen.

[211] Miller, Geoffrey F. (2001): Die sexuelle Evolution. Partnerwahl und die Entstehung des Geistes. Heidelberg: Spektrum Akademischer Verlag

[212] Vgl. Solanas, Valerie (2010): S.C.U.M. Manifest der Gesellschaft zur Abschaffung der Männer: Manifest der Gesellschaft zur Vernichtung der Männer, Hamburg: Philo Fine Arts

[213] FAZ, 23.01.2010: Y-Chromosom - Mann auf der Überholspur - http://www.faz.net/artikel/C30783/y-chromosom-mann-auf-der-ueberholspur-30081363.html

[214] Deuber-Mankowsky, Astrid (2009): Natur/Kultur, In: von Braun, C./Stephan, I. (Hrsg.): Gender@Wissen. Ein Handbuch der Gender-Theorien, Köln: Böhlau, S. 230

[215] Entsprechende Fertilitätsunterschiede lassen sich für die gesamte Geschichte der Menschheit nachweisen (vgl. Betzig, Laura L. (1986): Despotism and Differential Reproduction. A Darwinian View of History. New York: Aldine Publishing Company; Voland, Eckart (2000): Grundriss der Soziobiologie. Heidelberg: Spektrum Akademischer Verlag, S. 89f.; Hopcroft, Rosemary L. (2006): Sex, status, and reproductive success in the contempory United States, in: Evolution and Human Behaviour, 27, 104-112, S. 105).

[216] Für den sehr kurzen Zeitraum, der unter solchen Verhältnissen für den Aufbau einer beruflichen Karriere und die Gründung einer Familie bleibt, wurde in der Fachliteratur der Begriff "Rushhour des Lebens" geprägt (vgl. etwa Bertram, Hans/Rösler, Wiebke/Ehlert, Nancy (2005): Nachhaltige Familienpolitik. Zukunftssicherung durch einen Dreiklang von Zeitpolitik, finanzieller Transferpolitik und Infrastrukturpolitik. Berlin: Bundesministerium für Familie, Senioren, Frauen und Jugend). In patriarchalischen Gesellschaften besteht - wie beschrieben - eine vergleichbare "Rushhour" nicht, da Männer praktisch bis ins hohe Alter zeugungsfähig sind, ihnen also sehr viel mehr Zeit zum Aufbau einer beruflichen Karriere bleibt. Auch dieser Umstand zeigt, dass mit der gesellschaftlich angestrebten Angleichung der Geschlechterrollen massiv in die menschliche Biologie eingegriffen wird. Hierdurch werden Probleme geschaffen, die dann ins Visier der Familien- und Geschlechterforschung geraten, obwohl sie eigentlich gar nicht sein müssten.

[217] Mersch, Peter (2008b): Evolution, Zivilisation und Verschwendung: Über den Ursprung von Allem. Norderstedt: Books on Demand, S. 301ff.

[218] Das zweite Modell dürfte aufgrund der festgestellten Bildungshomogamie bei Paaren (Eggen, Bernd/Rupp, Marina (Hrsg.) (2006): Kinderreiche Familien. Wiesbaden: VS Verlag für Sozialwissenschaften, S. 56) oder der Korrelation der IQs bei Ehepaaren (Bouchard TJ/McGue M (1981): Familial studies of intelligence. A review, in: Sci-

ence, 212, S. 1055-1059) das aktuelle Paarungsverhalten in modernen Gesellschaften realistischer widerspiegeln.

219 Kopp, Johannes (2002): Geburtenentwicklung und Fertilitätsverhalten. Theoretische Modellierungen und empirische Erklärungsansätze. Konstanz: UVK, S. 89

220 Birg, Herwig (2003): Strategische Optionen der Familien- und Migrationspolitik in Deutschland und Europa, in: Leipert, Christian (Hrsg.): Demographie und Wohlstand. Neuer Stellenwert für Familie in Wirtschaft und Gesellschaft. Opladen: Leske + Budrich, S. 30

221 Wikipedia: Demografie (abgerufen am 17.07.2011) - http://de.wikipedia.org/wiki/Demografie

222 Die These eines sukzessiven genotypischen Intelligenzverlustes (und damit indirekt eines Kulturverlustes) moderner Gesellschaften ist insgesamt nicht neu, werden solche Entwicklungen doch von verschiedenen Autoren zumindest für die USA seit einiger Zeit vermutet (vgl. zum Beispiel Vining, Daniel R. Jr. (1982): On the possibility of a re-emergence of a dysgenic trend with respect to intelligence in American fertility differentials, Intelligence, 1982, 6, S. 241-264; Vining, Daniel R. Jr. (1995): On the possibility of a re-emergence of a dysgenic trend. An update, Personality and Individual Differences, 1995, 19, S. 259-265; Lynn, Richard/Van Court, Marilyn (2004): New evidence of dysgenic fertility for intelligence in the United States, Intelligence, 2004, 32 (2), S. 193-201; Lynn, Richard (1998): The Decline of Genotypic Intelligence; In: Neisser, Ulric (Hrsg.): The Rising Curve. Long-Term Gains in IQ and Related Measures, Washington DC: American Psychological Association; Lynn, Richard (1996): Dysgenics. Genetic Deterioration in Modern Populations, Westport CT: Praeger Publishers). Im vorliegenden Buch wird allerdings zusätzlich noch behauptet, hierbei handele es sich um eine zwangsläufige Folge einer zu starken Angleichung der Lebensentwürfe beider Geschlechter. Eine solche zunehmende Angleichung scheint auch in anderen historischen menschlichen Hochkulturen stattgefunden zu haben. Möglicherweise hat sie zu deren Untergang beigetragen.

223 Lynn, Richard/Vanhanen, Tatu (2002): IQ and the Wealth of Nations. Westport: Praeger Publishers

224 Beck, Ulrich (1999): Schöne neue Arbeitswelt, Frankfurt: Campus

225 Mersch, Peter (2007): Hurra, wir werden Unterschicht! Zur Theorie der gesellschaftlichen Reproduktion. Norderstedt: Books on Demand

226 Dazu gehört neben der mittleren Intelligenzabnahme, den zunehmenden Bildungsdefiziten auch der sich verschlechternde Gesundheitszustand der Kinder (WELT, 05.07.2011: Studie - Gesundheitszustand der Kinder hat sich verschlechtert). - http://www.welt.de/gesundheit/article13468579/Gesundheitszustand-der-Kinder-hat-sich-verschlechtert.html

227   Lynn, Richard/Harvey, John (2008): The decline of the world's IQ. Intelligence 36 (2008), S. 112–120

228   Wikipedia: Flynn-Effekt (abgerufen am 17.07.2011) - http://de.wikipedia.org/wiki/Flynn-Effekt

229   Ein gern gemachter Einwand in diesem Zusammenhang ist: "Menschen sind nun aber mal keine Honigbienen. Deshalb ist deren Lösung für uns Menschen irrelevant." Dies ist ein törichter Einwand.

230   Sober, Elliott/Wilson, David Sloan (1999): Unto Others: The Evolution and Psychology of Unselfish Behavior. Cambridge MA: Harvard University Press, S. 17

231   Vgl. etwa Voland, Eckart (2010): Die biologische Evolution reproduktiver Strategien: Von natürlicher Fruchtbarkeit zum Zölibat. In: Fischer, E. P./Wiegand K. (Hrsg.): Evolution und Kultur des Menschen. Frankfurt: S. Fischer, S. 112f.

232   So heißt es etwa auf Wikipedia im Lemma "Gruppenselektion" (Stand 10.04.2010): "Der Widerspruch zu dem schon von Darwin erkannten Grundprinzip der Weitergabe von Eigenschaften über die durch Selektion vermittelte differenzielle Fortpflanzung von Individuen ist offenkundig: Wie können sich Individuen erfolgreich fortpflanzen, die ihren Reproduktionserfolg zugunsten anderer (Unverwandter) unter dem potentiell realisierbaren belassen? Ein solches Verhalten speziell 'zum Wohle der Gruppe' (oder der Art) ist evolutionär, das heißt über Generationen hinweg, nicht stabil. Schließlich können Individuen, die ihre eigene Stammlinie bevorzugen, ihren 'relativen individuellen Fortpflanzungserfolg', das heißt den 'Anteil ihrer genetischen Information in zukünftigen Populationen' (= Biologische Fitness), im Vergleich zu den Altruisten stetig erhöhen und letztere schließlich verdrängen. Postulate einer Gruppenselektion (inklusive 'zum Wohle der Art') scheitern immer wieder vor allem an diesem Problem der 'evolutionären Stabilität'. (...) Etwa 100 Jahre nach Darwins Bemerkungen zu diesem Konzept zeigte sich zunehmend, dass es nicht funktioniert (...) und schon Darwin zu Recht zweifelte. Modelle zur Erklärung von Gruppenselektion (...) erfuhren zahlreiche Modifikationen, doch keines löst den oben genannten Widerspruch auf." - http://de.wikipedia.org/wiki/Gruppenselektion

233   Dawkins, Richard (2007): Das egoistische Gen. München: Elsevier

234   Mersch, Peter: Familienarbeit in gleichberechtigten Gesellschaften - http://knol.google.com/k/familienarbeit-in-gleichberechtigten-gesellschaften

235   Mersch, Peter (2007b): Hurra, wir werden Unterschicht! Zur Theorie der gesellschaftlichen Reproduktion. Norderstedt: Books on Demand

236   Mersch, Peter (2008a): Familie als Beruf. Norderstedt: Books on Demand

237   Mersch, Peter (2009): Die Familie und die Gleichberechtigung der Geschlechter. München: Grin Verlag

[238] Mersch, Peter (2006a): Die Familienmanagerin. Kindererziehung und Bevölkerungspolitik in Wissensgesellschaften. Norderstedt: Books on Demand

[239] Mersch, Peter (2006b): Land ohne Kinder. Wege aus der demographischen Krise. Norderstedt: Books on Demand

[240] Sarrazin, Thilo (2010): Deutschland schafft sich ab: Wie wir unser Land aufs Spiel setzen. München: Deutsche Verlags-Anstalt, S. 245

[241] Kofler, Birgit (2006): Kinderlos, na und? Kein Baby an Bord, Wien: Orac, S. 12

8 Die Rolle der Medien

8.1 Eva Herman

An der prognostizierten fatalen Entwicklung sind die Medien nicht ganz unbeteiligt, zumal sie ein Hort der Kinderlosen sind, wie Studien offenbaren[242]. Es darf deshalb nicht verwundern, wenn sie deren Interessenbekundungen besonders unkritisch, häufig und reichlich multiplizieren: Kompetenzerhaltung heißt das Spiel. Erschwerend kommt das Kompetenzerhaltungsbemühen – beziehungsweise Mantra – der übergeordneten Medienunternehmen – als Superorganismen – hinzu und das lautet: Möglichst viel Auflage machen, denn Auflage bringt Werbeeinnahmen und damit Geld.

Entsprechend eindimensional fallen für gewöhnlich die Analysen aus, wie auch der folgende Text des Cicero zur prekären Nachwuchssituation in Deutschland demonstriert, selbst wenn das Thema ausnahmsweise einmal mit der erforderlichen Besorgnis angegangen wird[243]:

Handelt die Politik nicht bald tiefgreifend und wirksam, setzt sich Deutschlands Kinderarmut weiter fort. Denn auf die Geburtenrate wirken sich weniger die kinderlosen Familien aus als "die Frage, wieviele Frauen ein zweites, ein drittes, ein viertes Kind bekommen", sagt Rösler. Wenn sich die Frauen aber weiterhin gegen das zweite Kind entscheiden, gibt es wenig Hoffnung für unser Rentensystem, wird sich der Fachkräftemangel weiter auswachsen, steht der Sozialstaat auf tönernen Füßen. Das sind die Schreckensszenarien, die zum Umdenken und Zugreifen anregen sollten. In Politik, Wirtschaft, Gesellschaft. Aber noch heute gilt offenbar, was Ulrich Beck bereits 1986 schrieb: "Das Bewusstsein ist den Verhältnissen vorweggeeilt."

Als "Riesenknackpunkt" hat nicht nur Wiebke Rösler in Deutschland ein fehlendes verlässliches Kinderbetreuungssystem ausgemacht.

Offenbar glaubt man in den Medien und Sozialwissenschaften, man könnte den Bürgern seit 40 Jahren die immer gleichen, als tiefgründige Analysen getarnten Interessenbekundungen zumuten, und niemand merkte es.

Betrachten wir dazu beispielhaft einen Hochseekapitän, der mit seinem Containerschiff regelmäßig die Strecke Hamburg – Shanghai abfährt. Ein solcher Mann könnte nur dann die von Wiebke Rösler als gesellschaftlich durchaus wünschenswert angesehenen vier Kinder haben, wenn seine Ehefrau Hausfrau ist. Sie mag daneben vielleicht noch Märchenbuchautorin sein, auf keinen Fall aber Journalistin, wenn im Verlag "*eine Anwesenheitspflicht bis 20 Uhr verlangt wird*"[244], und zwar völlig unabhängig davon, ob es in Deutschland ein verlässliches Kinderbetreuungssystem gibt oder nicht.

Vier eigene Kinder aufzuziehen ist – wenn man sich Mühe gibt – auch heute noch eine anspruchsvolle biologische und kulturelle Lebensaufgabe, die weder mit dem Beruf des weit reisenden Hochseekapitäns, der engagierten Journalistin noch der Personal- und Budgetverantwortung tragenden Managerin vereinbar ist. Jede anderslautende Behauptung stellte im Grunde eine Herabwürdigung der vorrangig von Frauen erbrachten reproduktiven Leistungen dar. Sagen wir es ganz offen: Sie wäre frauenfeindlich. Allerdings passen solche Vorstellungen nahtlos in die Gedankenwelt des Antibiologismus, dem zufolge alles Biologische vernachlässigbar und gewissermaßen nieder, das Soziale und Kulturelle hingegen hochstehend ist.

Jeweils hohe reproduktive Aufwände in unterschiedlichen Kompetenzbereichen haben nun aber – in der wirklichen Welt – zur Folge, dass man nicht gleichzeitig eine gefragte Herausgeberin einer auflagenstarken Tageszeitung, bewunderte Pianistin, Teilnehmerin im 100-m-Finale der Olympischen Spiele, Astronautin und Mutter von vier Kindern sein kann. Man muss sich also im Leben entscheiden. Die fortlaufende Reproduktion der eigenen – priorisierten – kulturellen Kompetenzen in den Verlagen, Redaktionen, Vorständen, Parlamenten und Wissenschaftsdisziplinen geht deshalb für gewöhnlich mit einer Reduzierung der Reproduktionsinteressen bezüglich anderer reproduktionsintensiver Kompetenzen einher, zum Beispiel des Fortpflanzungsinteresses (Interesse an der Reproduktion der genetischen Kompetenzen). Die Ökonomie spricht in solchen Zusammenhängen von Opportunitätskosten, ich erwähnte es bereits.

Während der gesamten Geschichte der Menschheit bestand im letzten Punkt jedoch stets ein beträchtlicher Unterschied zwischen den Geschlechtern: Männer waren nämlich im Allgemeinen in der Lage, einer anspruchsvollen, zeitaufwendigen und reproduktionsintensiven kulturellen Tätigkeit nachzugehen (zum Beispiel Amerika mit dem Schiff zu entdecken), ohne gleichzeitig ihr Fortpflanzungsinteresse, das heißt, ihr Interesse, ihre genetischen Kompetenzen zu reproduzieren, reduzieren zu müssen, da die damit verbundenen Aufgaben (Kinder kriegen, stillen und aufziehen) weitestgehend den Frauen überlassen wurden. Frauen konnten das hingegen nicht, und zwar – man wagt es heute kaum noch offen auszusprechen – bereits aus biologischen Gründen.

Viele beruflich stark engagierte Frauen mit ausgeprägten kulturellen Kompetenzen und den damit verbundenen umfangreichen Reproduktionsaufwänden (Arbeiten verrichten, Kontakte knüpfen, Netzwerke pflegen, lebenslanges Lernen etc.) beginnen zunehmend zu begreifen, dass der Preis ihrer Lebensentscheidung ein weitestgehender Verzicht auf die eigene Fortpflanzung ist. Je mehr kulturelle Kompetenzen sie unter Mühen erworben und folglich auch fortwährend zu reproduzieren haben, desto größer wären ihre potenziellen kulturellen Kompetenzverluste im Falle der Fortpflanzung. Würden sie vier Kinder haben wollen, käme dies womöglich einem Totalschaden aufseiten ihrer mühevoll erworbenen kulturellen Kompetenzen gleich. Sie hätten dann vielleicht jahrelang Informatik studiert, könnten ihre Fähigkeiten in der Softwareentwicklung jedoch nicht zur Ressourcenerlangung nutzen, und zwar weder für sich noch ihre Kinder.

Was Wunder also, wenn ein Teil der Frauen mit aller Härte auf jegliche Kritik an dem von ihnen gewählten und mit einem hohen Preis bezahlten Lebensmodell reagiert, speziell dann, wenn sie auch noch aus den eigenen Reihen stammt. Denn die kritisierten Frauen haben letztlich keine echte Wahl. Auch für sie gilt, dass ein Tag nur 24 Stunden hat. In wettbewerbsorientierten Marktwirtschaften kann man ihn allerdings nur in viel Beruf (beziehungsweise Karriere) und wenig Familie oder umgekehrt in wenig Beruf und viel Familie aufteilen, aber eben nicht in "beides viel". Letzteres wäre für die Darwinsche Evolutionstheorie jedoch eine Grundvoraussetzung für Evolution, denn gemäß ihr findet Evolution deshalb statt, weil diejenigen, die sich in ihrer Umwelt leichter tun und dort mehr Ressourcen erlangen, auch mehr Nachkommen hinterlassen. Frühere patriarchalische Gesellschaften waren mit ihrer rigorosen sexuellen Arbeitsteilung exakt so organisiert, dass diese Grundbedingung für Evolution erfüllt wurde, und aus diesem Grund haben sie sich auch evolutionär durchgesetzt. Moderne gleichberechtigte Gesellschaften genügen der Bedingung hingegen nicht, da sie lediglich die "Vereinbarkeit" von Familie und Beruf (das heißt viel Beruf und wenig Familie oder wenig Beruf und viel Familie) zum wünschenswerten Prinzip erhoben haben. Im Grunde demonstriert das Konzept von der Vereinbarkeit von Familie und Beruf als Lösungsansatz für die prekäre Nachwuchssituation gleichberechtigter Gesellschaften bereits, wie wenig die antibiologistischen Sozial- und Kulturwissenschaften von der Evolutionstheorie verstehen, nämlich buchstäblich nichts.

Die Kritiker wurden in der Folge von den beruflich erfolgreichen Frauen heftig gescholten. Wesentlich verhängnisvoller noch waren aber im Allgemeinen die dann anlaufenden Kompetenzbewahrungsspiralen. Die ehemalige Tagesschau-Sprecherin Eva Herman bekam dies mit voller Wucht zu spüren. Die Reaktion in den Medien auf ihre Äußerungen war dermaßen vielmündig und einheitlich zugleich, dass Eva Herman fast verzweifelt von einer "*gleichgeschalteten Presse*"[245] sprach. Dabei war das noch stark untertrieben. In Wirklichkeit handelte es sich um eine gezielte Säuberungsmaßnahme (vgl. dazu meinen Artikel *Eva Herman, der BGH und die deutsche Sprache*[246]) als Teil einer Kompetenzbewahrungsspirale.

Und zwar auf die folgende Weise: Zunächst bereiteten Äußerungen von Feministinnen wie Alice Schwarzer[247] oder Thea Dorn[248] [249] [250] [251], in denen recht absurde Verbindungen zwischen den im *Das Eva-Prinzip*[252] formulierten Thesen Eva Hermans und dem Gedankengut der Nationalsozialisten hergestellt wurden, das Feld. Als sich Eva Herman knapp ein Jahr später auf einer Pressekonferenz für einen Moment unklar ausgedrückt zu haben schien, schlug die Falle in der Person Barbara Möllers vom Hamburger Abendblatt zu[253]. Nachdem sich einige prominente Stimmen öffentlich über den vermeintlichen Fauxpas Eva Hermans empört hatten, nahm die Kompetenzbewahrungsspirale ihren Lauf.

Hierbei kam ein Phänomen der Zivilisation und des mit ihr zusammenhängenden Rechts des Besitzenden zur Geltung, das Norbert Elias in seinen Arbeiten zum Prozess der Zivilisation[254] als die Umwandlung von Fremd- in Selbstzwänge bezeichnete. Unter dem Recht des Besitzenden geht es nämlich primär darum, anderen zu gefallen. Entsprechend werden Männer unter einem solchen Paradigma Frauen nicht mit Gewalt, sondern mit Blumen, vermeintlichen Besitztümern, angeblichen Heldentaten und sonstigen schönen Worten von sich zu überzeugen versuchen. Und Händler werden ihren Kunden das Geld nicht mit vorgesetzter Pistole, sondern mit einem einladenden Ambiente zu entwenden versuchen, da sie wissen, dass ihre potenziellen Käufer dann mehr Geld ausgeben werden. Politikern waren solche Zusammenhänge schon immer geläufig.

Allerdings dürfte das Bei-anderen-gut-ankommen im Allgemeinen umso leichter und verlässlicher gelingen, je besser man sich in seine Kommunikationspartner hineinversetzen kann. Umgekehrt stellt eine solche Kompetenz auch einen gewissen Schutz vor Täuschungen und billigem Gerede dar. Man kann damit weniger leicht ausgenutzt werden. Möglicherweise besitzen wir auch deshalb Mitgefühl und die von einigen Hirnforschern postulierten Spiegelneuronen[255] [256]. Doch auch an das Mitgefühl anderer kann geschickt appelliert werden, beispielsweise durch Verbergen unlauterer Absichten hinter dem Tarnumhang des Gutmenschen.

Die letztlich aus dem Recht des Besitzenden resultierenden Selbstzwänge drücken sich insbesondere in Verhaltensweisen aus, von denen die ausführende Person selbst annimmt, sie könnten anderen gefallen, beziehungsweise man erwarte sie gar von ihr. Es findet dabei also keine direkte Verhaltenskorrektur oder auch -vorgabe durch andere statt, sondern durch sich selbst, und zwar auf der Grundlage eines Eigenbildes, von dem der Ausführende glaubt, die anderen würden ihn gerne so sehen. Hierdurch kommt es auf subtile Weise zur gegenseitigen Selbstanpassung. Es ist dann beispielsweise zu erwarten, dass ein neuer Mitarbeiter eines Unternehmens, in dem alle Kollegen Schlipse tragen, sich schon bald und gänzlich unaufgefordert ebenfalls eine Krawatte umbinden wird.

Nun ist aber der Mensch vor allem ein soziales Wesen. Bei den meisten und wichtigsten seiner Kompetenzen handelt es sich um soziale Fähigkeiten oder um Fertigkeiten, die außerhalb des menschlichen sozialen Umfeldes kaum Sinn machen. Die meisten Menschen fürchten deshalb nichts mehr, als die Stellung in der Gruppe zu verlieren, die einen Großteil ihres Lebensraums ausmacht. Ausschluss bedeutet nämlich unter anderem Isolierung und den Verlust der bisherigen sozialen Kompetenzen. In der Altsteinzeit wäre eine Verstoßung fast einem Todesurteil gleichgekommen: Man hätte dann vollkommen allein und ungeschützt in der Wildnis auf Nahrungssuche gehen müssen, ganz so wie Robinson auf seiner einsamen Insel.

Stellen Sie sich beispielsweise eine vollständig von einer Person (zum Beispiel einem König) beherrschte Gruppe vor. Im Allgemeinen haben solche Herrscher irgendwelche Gefolgsleute oder Vasallen, die aus ihrer Unterstützung dem Herrscher gegenüber erhebliche Vorteile (leichterer Zugang zu mehr Ressourcen, Einfluss, Besitztümer, Frauen etc.) ziehen. Hierdurch können sie ihre eigenen Kompetenzen leichter und besser reproduzieren. Vasallen werden es deshalb tunlichst vermeiden, dem Herrscher zu missfallen oder ihm gar öffentlich zu widersprechen, denn jede solche Handlung könnte den sozialen Abstieg, insbesondere den Verlust der unmittelbaren Nähe zum Herrscher und damit den Verlust von Ressourcen und Kompetenzen zur Folge haben. Die beschriebenen Verhältnisse dürften zu einer ausgeprägten Selbstanpassung der Gefolgsleute führen. Würde beispielsweise der Herrscher von sich geben, dass ihm die gestrige Komposition eines gewissen Johann Sebastian Bach überhaupt nicht gefallen hat und er von diesem Musiker nichts mehr zu hören wünsche, dann würden ihm seine Untergebenen auch darin folgen und die Geschmackssicherheit und musikalische Expertise ihres Führers in den Himmel loben.

Im Fall Eva Herman lief es im Grunde nicht viel anders ab. Für das, was sie damals tatsächlich sagte, interessierten sich die medialen Wortführerinnen in Wirklichkeit nicht. Deshalb laufen auch heute noch alle inhaltlich argumentierenden Fallanalysen praktisch vollständig ins Leere. In Kompetenzbewahrungsspiralen geht es schließlich nicht um Inhalte, sondern um den Erhalt von Kompetenzen, etwa um die Stellung in der Gruppe oder um das gesellschaftliche Prestige, das heißt letztlich um Selbstanpassung. Im konkreten Fall hätte aber eine frühzeitige Unterstützung für Eva Herman, beispielsweise durch die öffentliche Bekundung, dass sie das ihr Unterstellte ja gar nicht gesagt hat, möglicherweise den Verlust der Zugehörigkeit zur Gruppe der gesellschaftlich relevanten Stimmen zur Folge gehabt. Also unterblieben entsprechende Stellungnahmen. Man versteht nun, wie politische Korrektheit entsteht und aufrechterhalten (reproduziert) wird und was sie bedeutet. Nennen wir sie einfachheitshalber Selbstanpassung. Gutmenschen und Politisch-Korrekte sind in diesem Sinne besonders gut Selbstangepasste.

Ein wenig erinnert mich der Fall an ein Erlebnis, das ich während meines Mathematikstudiums als politisch links stehender Zuhörer in einem wissenschaftstheoretischen Seminar an der Philosophischen Fakultät hatte. Als man dort – für links stehende Personen politisch korrekt – Karl Poppers Falsifikationsprinzip substanziell kritisierte, erlaubte ich mir – gestützt auf mein Fachwissen in mathematischer Logik – anzumerken, dass Popper aufgrund der Asymmetrien in den logischen Regeln in dem Punkt absolut recht habe, woraufhin ich von etlichen – ebenfalls linken – Seminarbesuchern fast schon inquisitorisch gefragt wurde, ob ich etwa neuerdings ein Anhänger Poppers sei. Meine damalige Antwort war: "Bislang nicht, jetzt schon." Der Vorfall begründete übrigens mein tiefes Misstrauen, welches ich noch heute gegenüber solcherart Wissenschaft hege.

Der Fall Eva Herman führte auf exemplarische Weise vor, welche Eigendynamik Kompetenzbewahrungsspiralen entfalten können. Nachdem sich einige prominente Personen einheitlich und in eindeutiger Weise gegen Eva Herman ausgesprochen hatten, stellte eine sinngemäß ähnliche öffentliche Verlautbarung kein persönliches Risiko mehr dar. Mit einer Bekräftigung der Erststimmenmeinungen konnten sogar gleich zwei Fliegen mit einer Klappe geschlagen werden: Erstens bekundete man hierdurch seine Zugehörigkeit zur Gruppe derjenigen, die in unserer Gesellschaft das Sagen haben und für modernes, vorwärts gerichtetes

Denken stehen, und zweitens brachte man sich einmal mehr ins Gespräch und damit in Erinnerung[257] [258]. Es ging schließlich um den Erhalt der eigenen sozialen Kompetenzen. Eine unmittelbare Auseinandersetzung mit dem, was Eva Herman tatsächlich gesagt hatte, war dafür an keiner Stelle erforderlich. Es reichte, sich auf das zu beziehen, was die Erststimmen bereits von sich gegeben hatten. Diese konnten aber ab einem bestimmten Zeitpunkt nicht mehr falsch gelegen haben, weil sich sonst alle anderen ebenfalls geirrt hätten. Auf diese Weise war eine neue, unverrückbare Wahrheit entstanden, frei nach dem Motto: Es ist nicht das wahr, was ist, sondern was darüber in den Mainstreammedien steht. Einer solchen Auffassung hat sich im Übrigen auch längst das Internet-Lexikon Wikipedia angeschlossen: Fakt ist nur das, was sich durch Artikel der Mainstreammedien belegen lässt. Dieser kollektiven Gewissheit konnte sich dann schließlich auch der Bundesgerichtshof nicht mehr entziehen. In einem Urteil zum Fall[259] behauptete er, Eva Hermans ursprüngliche Aussage könne sinngemäß nur so interpretiert werden, wie es Barbara Möller vom Hamburger Abendblatt seinerzeit getan hatte (vgl. dazu meinen Artikel *Eva Herman, der BGH und die deutsche Sprache*[260]).

In den Medien nahm man das BGH-Urteil so gelassen zur Kenntnis, als habe Angela Merkel einmal mehr an die Bedeutung des Euros für Deutschland und ganz Europa erinnert. Lediglich weniger prominente Autoren, wie ich selbst, versuchten darauf aufmerksam zu machen, dass es sich bei dem BGH-Urteil, welches ja nichts weniger behauptete, als dass Eva Hermans ursprüngliche Äußerung ausschließlich im Sinne der Wiedergabe des Hamburger Abendblattes interpretiert werden könne, um ein krasses Fehlurteil handelte. Vonseiten der Mainstreammedien hingegen *kein Wort, nichts, niemand*, um in der Wortwahl Frank Schirrmachers zu bleiben.

Im Grunde hat der Fall auf eindrucksvolle Weise demonstriert, wie durch das Wirken der Medien kollektiver Schwachsinn erzeugt werden kann. Schließlich sind dann nicht einmal mehr die einfachsten Sachverhalte klärbar und verhandelbar. Denn Eva Herman hatte lediglich das Folgende öffentlich und in freier Rede gesagt[261]:

Wir müssen vor allem das Bild der Mutter in Deutschland auch wieder wertschätzen, das leider ja mit dem Nationalsozialismus und der darauf folgenden 68er-Bewegung abgeschafft wurde. Mit den 68ern wurde damals praktisch alles das – alles was wir an Werten hatten – es war 'ne grausame Zeit, das war ein völlig durchgeknallter hochgefährlicher Politiker, der das deutsche Volk ins Verderben geführt hat, das wissen wir alle – aber es ist eben auch das, was gut war – das sind die

Werte, das sind Kinder, das sind Mütter, das sind Familien, das ist Zusammenhalt – das wurde abgeschafft. Es durfte nichts mehr stehen bleiben.

Dies übersetzt sich, wie ich in meinem Artikel *Eva Herman, der BGH und die deutsche Sprache*[262] begründet habe, für einen 68er wie mich, der sich sehr intensiv mit den Zielen der 68er-Bewegung auseinandergesetzt hat, nahtlos in (Wortergänzungen in **fett**):

*Wir müssen vor allem das Bild der Mutter in Deutschland auch wieder wertschätzen, das leider ja mit dem Nationalsozialismus und **mit** der darauf folgenden 68er-Bewegung abgeschafft wurde. Mit den 68ern wurde damals praktisch alles das – alles was wir **in den 1960er Jahren** an Werten hatten – es war 'ne grausame Zeit, das war ein völlig durchgeknallter hochgefährlicher Politiker, der das deutsche Volk ins Verderben geführt hat, das wissen wir alle, **und ich kann deshalb verstehen, dass die 68er damals alles, was den Faschismus ermöglicht hatte, abschaffen wollten** – aber es ist eben auch das, was **in der Anfangszeit der BRD** gut war – das sind die Werte, das sind Kinder, das sind Mütter, das sind Familien, das ist Zusammenhalt – das wurde abgeschafft. Es durfte nichts mehr stehen bleiben.*

Mit anderen Worten: Eva Herman hatte in ihrer damaligen Rede die Familienpolitik der Nationalsozialisten nicht gelobt, sondern kritisiert[263]. Noch weit stärker richtete sich ihre Kritik allerdings gegen die 68er – gegen Personen wie mich also – und deren Wirken, denn deren damalige Thesen sind – gemäß ihr – noch heute in unserer Gesellschaft – anders als die der Nazis – wirkmächtig. Es war jedoch nicht möglich, so etwas im allgemeinen Medienzirkus zu klären. Das Geschehen hatte im Grunde etwas zutiefst Inhumanes an sich. Es wurde wohl letztlich auch nicht mehr von denkenden Menschen beherrscht, sondern war der Ausdruck eigendynamischer Prozesse im Rahmen einer Kompetenzbewahrungsspirale.

8.2 Thilo Sarrazin

Doch zurück zum Artikel von Moore und Schirrmacher, die einen wesentlichen Einfluss auf die inhaltliche Gestaltung des vorliegenden Buches hatten. Bemerkenswert ist, dass Frank Schirrmacher gegen Ende seines Artikels – anders als der primär ökonomisch argumentierende Charles Moore – ganz explizit auf das Problem des demografischen Wandels und einige der sich daraus ergebenden Konsequenzen zu sprechen kommt. An erster Stelle führt er die zukünftige Nichtfinanzierbarkeit zahlreicher heute noch als selbstverständlich geltenden Gesundheitsmaßnahmen an, die eine Zweiklassenmedizin zur Folge haben dürfte. Während sich wohlhabende ältere Menschen auch weiterhin jeglichen gesundheitlichen Standard werden leisten können, werden andere vermutlich nur noch eine Grundversorgung erhalten. Oder in den Worten Frank Schirrmachers[264]:

Dass Gesundheit in einer alternden Gesellschaft nicht mehr das letzte Gut sein kann, weil sie nicht mehr finanzierbar sein wird – eine der großen Wertedebatten der Zukunft, die jede einzelne Familie betreffen wird, zu der man eine sich christlich nennende Partei gerne hören würde, ja hören muss –: kein Wort, nichts, niemand.

In diesem Punkt ist ihm zweifellos noch zuzustimmen. Allerdings spricht er im Anschluss daran und in recht missverständlicher Weise den seiner Meinung nach verantwortungslosen Umgang mit dem demografischen Wandel an, in dessen Zusammenhang er eine fehlende bürgerliche Gesellschaftskritik ausgemacht haben will[265]:

Schließlich: Der geradezu verantwortungslose Umgang mit dem demographischen Wandel – der endgültige Abschied von Ludwig Erhards aufstiegswilligen Mehrheiten – macht in seiner gespenstischen Abgebrühtheit einfach nur noch sprachlos. Ein Bürgertum, das seine Werte und Lebensvorstellungen von den "gierigen Wenigen" (Moore) missbraucht sieht, muss in sich selbst die Fähigkeit zu bürgerlicher Gesellschaftskritik wiederfinden.

Das Problem hieran ist das Folgende: In den letzten Jahren haben sich genau zwei prominente "bürgerliche" Personen auf sehr eingehende Weise und dabei ihre gesellschaftliche Reputation riskierend zum demografischen Wandel und zu dessen Begleiterscheinungen geäußert. Die eine Person war Eva Herman, die andere Thilo Sarrazin. Beide Personen sind – trotz großer Zustimmung in der Bevölkerung zu ihren Kernaussagen – von den Medien in einer Art konzertierter Aktion regelrecht niedergeknüppelt und anschließend ausgegrenzt worden. Dabei gelang es – wie beschrieben –, aus Eva Herman – bei grober Sinnentstellung einer ihrer Äußerungen – eine Sympathisantin der Nazi-Familienpolitik zu machen. Ähnlich irritierend war der mediale Umgang mit Thilo Sarrazin, zu dessen Buch und Thesen sich Frank Schirrmacher selbst bereits frühzeitig äußerte, zum Beispiel mit den folgenden denkwürdigen Formulierungen[266]:

Denn im Innersten dieses Buches steckt eine vulgärdarwinistische Gesellschaftstheorie, die mit einer Unbefangenheit dargelegt wird, als hätte es alle Erfahrungen des zwanzigsten Jahrhunderts nicht gegeben.

Ein Kernsatz des Buches lautet: "Das Muster des generativen Verhaltens in Deutschland seit Mitte der sechziger Jahre ist nicht nur keine Darwinsche, natürliche Zuchtwahl im Sinne von 'survival of the fittest', sondern eine kulturell bedingte, vom Menschen selbst gesteuerte negative Selektion, die den einzigen nachwachsenden Rohstoff, den Deutschland hat, nämlich Intelligenz, relativ und absolut in hohem Tempo vermindert."

Das sind unerhörte Sätze. Und Sarrazin weiß das. Es ist schlichtweg unseriös, wie fahrlässig er mit seinen Quellen umgeht. Der schnelle Leser wird die These von der angeblichen überproportionalen Vermehrung der Dummen und den Hinweis auf Darwin im besten Fall als These zur Kenntnis nehmen.

Als ich den von Schirrmacher als "unerhört", "unseriös" und "fahrlässig" bezeichneten Kernsatz aus Thilo Sarrazins Buch[267] das erste Mal las, war ich verblüfft. Offenbar gab es da doch tatsächlich einen Politiker – und dies hätte ich nie und nimmer für möglich gehalten –, dem ein tiefer Einblick in die Evolutionstheorie und die mit ihr zusammenhängenden Probleme unserer Gesellschaft gelungen war. Thilo Sarrazins Kernsatz ist aus Sicht der Systemischen Evolutionstheorie richtig, wie er richtiger kaum sein könnte.

Noch verblüffter war ich darüber, dass er sich dabei Formulierungen bediente, die vom Inhalt her praktisch identisch mit den entsprechenden Formulierungen der Systemischen Evolutionstheorie waren, zum Beispiel den folgenden[268]:

Bei der natürlichen Selektion ist die Natur der "Züchter", bei der sexuellen Selektion sind es die Weibchen und in Sozialstaaten der Sozialstaat selbst. Man könnte in diesem Zusammenhang von einer sozialen Selektion sprechen, bei der die entscheidenden Selektionsfaktoren von Menschen beziehungsweise menschlichen Organisationen geschaffene sozioökonomische Faktoren sind. Anders gesagt: In menschlichen Sozialstaaten gestalten Menschen Selektionsfaktoren, die – über die Selektion – wiederum Menschen gestalten. Wohlfahrtsstaaten müssen sich also auf eine bestimmte Weise organisieren, um ihre humanen Kompetenzen bewahren zu können. Nicht jede Organisation ist in diesem Sinne Kompetenz erhaltend. Im ungünstigen Fall können ihre bestimmenden sozioökonomischen Faktoren (die wesentlichen Selektionsfaktoren) so gesetzt sein, dass sich ein negativer Zusammenhang zwischen Kompetenzen und Reproduktionserfolg realisiert.

Nichts anderes behauptet Thilo Sarrazin in seinem Satz. Und dafür ist er kritisiert, als Sozialdarwinist beschimpft und regelrecht öffentlich fertiggemacht worden, unter anderem von Frank Schirrmacher selbst. Dabei steckt in seinem Satz letztlich eine tiefgründige Distanzierung vom Darwinismus. Seine Kernaussage lautet nämlich – in die Terminologie der Evolutionstheorie übersetzt –, dass das Fortpflanzungsverhalten in unserer Gesellschaft weniger von natürlichen (von der Natur gesetzten) Selektionsfaktoren beeinflusst wird – es darin also gewissermaßen nicht mehr zur natürlichen Selektion kommt –, sondern primär durch vom Menschen selbst geschaffene kulturelle Faktoren. Anders gesagt: Wenn man in einer Gesellschaft vorgibt, dass nur diejenigen Männer heiraten dürfen, die eine Ausbildung und ein ausreichendes Einkommen nachweisen können – wie es vor wenigen Jahrhunderten tatsächlich noch der Fall war –, dann wird die Verteilung der Kinder in der Bevölkerung eine ganz andere sein, als wenn ein Sozialstaat grundsätzlich alle (ohne zahlenmäßiges Limit) Kinder von mittellosen Eltern ernährt. Und genauso würde sich die Kinderverteilung in der Bevölkerung beträchtlich voneinander unterscheiden, wenn für gewöhnlich nur Männer arbeiten gehen und Frauen stattdessen mehrheitlich Mutter und Hausfrau werden, oder wenn im Allgemeinen sowohl Frauen als auch Männer einem Job nachgehen und nach beruflichem Erfolg streben.

Das dazu passende Statement Richard Dawkins zum Geburtenverhalten im Wohlfahrtsstaat[269] erwähnte ich bereits. Es besagt im Grunde das Gleiche.

Das aktuelle Geburtenverhalten in unserer Gesellschaft dürften nur diejenigen als problemlos ansehen, die glauben – bzw. uns glauben machen möchten –, Menschen kämen als sozial beliebig formbare Biomassen zur Welt, konkret: die Anhänger des Antibiologismus, der Tabula-rasa-Hypothese und der Gendertheorie. Folgte man deren Vorstellungen, könnte man das Geburtenverhalten einer Bevölkerung auf eine einzige Zahl reduzieren, nämlich die Fertilitätsrate. Bei einer Zahl von 1,3 hieße es dann beispielsweise "nicht ausreichend", bei 1,9 hingegen "gut". Weitere Faktoren seien nicht zu berücksichtigen, zumal ein großer Teil der Antibiologisten ohnehin indirekt der Auffassung ist, dass zwar das Geschlecht eines Menschen eine soziale Kategorie ist, sein Geburtenverhalten hingegen primär "natürlich". Aus diesem Grund könne man daran angeblich auch nichts wirklich ändern. Wer es dennoch versuchte – wie beispielsweise Thilo Sarrazin –, der würde sogleich als Eugeniker, Sozialdarwinist oder Sozialingenieur beschimpft. Kritik an den vorhandenen sozialen Verhältnissen darf immer nur dann geäußert werden, wenn sie der eigenen Sache dient. Aus diesem Grund stellt für die Vertreter des Antibiologismus und der Gender-Theorie der hohe Anteil von Akademikerkindern unter den Studierenden eine substanzielle Bildungsbenachteiligung von Nichtakademikerkindern und damit eine Diskriminierung dar, die deutlich geringere Geburtenrate von Akademikerinnen hingegen nicht. Ihnen ist es nämlich im Grunde recht, wenn gebildete Menschen nur wenige Kinder bekommen, ich erwähnte es bereits. Feministinnen möchten in erster Linie arbeiten gehen, während für Soziologen, Linke und Gutmenschen der Bedürftige das Kerngeschäft darstellt. Kompetenzerhalt lautet das Spiel. Dass es unter dieser unheilvollen Allianz ganz nebenbei zu einer substanziellen Verletzung der Generationengerechtigkeit kommt, scheint niemanden ernsthaft zu irritieren. Jedenfalls bislang.

Doch zurück zu Frank Schirrmacher: Woher soll er denn kommen, der verantwortungsvolle Umgang mit dem demografischen Wandel, wenn all diejenigen, die die auf uns zurollende Entwicklung nicht einfach hinnehmen möchten, sogleich mit vereinten medialen Kräften um Beruf und persönliche Ehre gebracht werden? Und was heißt an dieser Stelle *"Ein Bürgertum (...) muss in sich selbst die Fähigkeit zu bürgerlicher Gesellschaftskritik wiederfinden"*?

Bereits in 2006 schrieb Eva Herman im Cicero[270]:

Immer lauter wird nun das Geschrei bei der Suche nach den Ursachen und nach den Schuldigen. Man hat schon griffige Erklärungen bereit: Es seien halt Fehler im System – nicht ausreichende Ganztags-Betreuungsplätze für Kleinstkinder und Vorschulkinder, fehlende Teilzeitangebote für Frauen und Männer, starre Tarifverträge, laue Männer, die ihren Job nicht für eine "Elternzeit" unterbrechen wollen, und natürlich die fehlende Anerkennung jener berufstätigen Frauen, die sich am Spagat zwischen Job und Familie versuchen.

Doch nicht das "System" muss überprüft werden. Wir Frauen kommen nicht drum herum: Jetzt müssen wir uns selbst einmal kritisch betrachten und nach unserem Handeln als Frau in all unserer Verantwortung fragen.

Was sonst als bürgerliche Selbstkritik könnte das gewesen sein?

---

[242] Cicero, 14.09.2011: Studie zu Kindern und Beruf - Hausfrauen sind glücklicher? - http://www.cicero.de/berliner-republik/studie-kinder-beruf-hausfrauen-sind-gluecklicher/42983

243   Cicero, 14.09.2011: Studie zu Kindern und Beruf - Hausfrauen sind glücklicher? - http://www.cicero.de/berliner-republik/studie-kinder-beruf-hausfrauen-sind-gluecklicher/42983

244   Cicero, 14.09.2011: Studie zu Kindern und Beruf - Hausfrauen sind glücklicher? - http://www.cicero.de/berliner-republik/studie-kinder-beruf-hausfrauen-sind-gluecklicher/42983

245   Vgl. SPIEGEL, 28.09.2007: Streit um Mutterbegriff: Herman wehrt sich gegen Medien - mit NS-Begriffen. Der Spiegel-Artikel demonstriert in aller Deutlichkeit, dass beim Streben nach Kompetenzerhalt wahrlich kein Argument zu töricht ist, als dass es nicht gebracht werden könnte. Es mag ja durchaus sein, dass Gleichschaltung ein der nationalsozialistischen Terminologie entstammender Begriff ist, das unterscheidet ihn jedoch nicht vom Mutterkreuzbegriff, der von Eva Hermans Widersachern in der Auseinandersetzung reichlich verwendet wurde. Beispielsweise bezeichnete Alice Schwarzer in einem bereits ein Jahr zuvor geführten Spiegelgespräch Eva Hermans Thesen als eine "Suada zwischen Steinzeitkeule und Mutterkreuz". NDR-Programmdirektor Volker Herres warf Eva Herman gar vor, sie führe einen "Mutterkreuzzug". Zu beachten ist, dass alle Wortverwendungen in einem abwertenden Sinne erfolgten, auch die Eva Hermans. - http://www.spiegel.de/kultur/gesellschaft/0,1518,508529,00.html

246   Mersch, Peter: Eva Herman, der BGH und die deutsche Sprache - http://knol.google.com/k/peter-mersch/eva-herman-der-bgh-und-die-deutsche/6u2bxygsjec7/147 - http://info.kopp-verlag.de/hintergruende/deutschland/peter-mersch/eva-herman-der-bgh-und-die-deutsche-sprache-eine-betrachtung-aus-sicht-eines-68ers.html

247   DER SPIEGEL 22/2006, 29.05.2006: Panik im Patriarchat - Die Feministin Alice Schwarzer über die kinderarme Gesellschaft und die Emanzipation, die Rollenmodelle Angela Merkel und Ursula von der Leyen, über die Folgen von 35 Jahren Geschlechterkampf und die Angst der Männer - http://www.spiegel.de/spiegel/print/d-47074011.html

248   DER SPIEGEL, 30.11.2006: Frauen vor Stuss-Landschaft - http://www.spiegel.de/kultur/gesellschaft/0,1518,451521,00.html

249   Thea Dorn, 29.11.2006: Das Eva-Braun-Prinzip - http://www.medien-quo-vadis.de/node/122

250   DIE ZEIT, 12.12.2006: »Ich bin der lebende Beweis« Thea Dorn über Weiblichkeit, Hitler und Eva Herman. - http://www.zeit.de/zeit-wissen/2007/01/Interview-Thea-Dorn

251   DER SPIEGEL, 09.07.2007, "Endlich Zeit für Apfelkuchen" Thea Dorn hat mit ihrem Spiegelartikel maßgeblich dazu beigetragen, öffentliches Mobbing (inklusive

Nachtreten) gesellschaftsfähig zu machen. -
http://www.spiegel.de/kultur/gesellschaft/0,1518,504723,00.html

252　　Herman, Eva (2006): Das Eva-Prinzip. Für eine neue Weiblichkeit, München/Zürich: Pendo

253　　Thea Dorn kommentierte die Aussagenfälschung des Hamburger Abendblattes mit den aufschlussreichen Worten: "So erfreulich es ist, dass der Alarm in Hamburg verlässlich ausgelöst wurde ..." (Thea Dorn: "Endlich Zeit für Apfelkuchen", DER SPIEGEL, 09.07.2007) -
http://www.spiegel.de/kultur/gesellschaft/0,1518,504723,00.html

254　　Elias, Norbert (1997): Über den Prozess der Zivilisation: Soziogenetische und psychogenetische Untersuchungen. Frankfurt: Suhrkamp

255　　Bauer, Joachim (2006): Warum ich fühle, was du fühlst. Intuitive Kommunikation und das Geheimnis der Spiegelneurone, München: Heyne

256　　Iacoboni, Marco (2011): Woher wir wissen, was andere denken und fühlen. Das Geheimnis der Spiegelneuronen, München: Goldmann

257　　Das Anliegen, sich wieder einmal in Erinnerung zu bringen, dürfte auch für den Zentralrat der Juden in Deutschland ausschlaggebend gewesen zu sein. Vgl. Spiegel, 09.10.2007: "Zentralrat empört über Herman und Katholiken". Der Zentralrat verkündete unter anderem, dass der Auftritt Eva Hermans auf dem Fuldaer Katholikenkongress eine "Ohrfeige" für die Aufarbeitung der Nazi-Diktatur sei und zeige, welch "seltsamer Geist" bei den Katholiken herrsche. Tatsächlich offenbart die Stellungnahme des Zentralrats ein bedenkliches eigenes Demokratieverständnis. -
http://www.spiegel.de/kultur/gesellschaft/0,1518,510418,00.html

258　　Ein solches Kompetenzerhaltungsmotiv kann auch den ungerufenen Unterstützern Eva Hermans unterstellt werden, zum Beispiel der NPD, dem Ring Nationaler Frauen und der DVU. Vgl. Focus, 11.10.2007: Eva Herman - Applaus aus der rechten Ecke. Hierbei harmonierten gleich mehrere, gegenläufige Kompetenzerhaltungsinteressen miteinander: Die Vertreter der Rechten konnten sich mal wieder in Erinnerung rufen, und die Medien konnten die eigene Position und Haltung gegenüber Eva Herman bekräftigen, etwa wie folgt: "Seht ihr, wir hatten Recht mit unserer Einschätzung. Eva Herman ist tatsächlich rechtsextrem, denn nun applaudieren ihr bereits die Rechten." - http://www.focus.de/kultur/kino_tv/eva-herman_aid_135515.html

259　　Urteil des VI. Zivilsenats vom 21.6.2011 - VI ZR 262/09 -
http://juris.bundesgerichtshof.de/cgi-bin/rechtsprechung/document.py?Gericht=bgh&Art=en&nr=57740&pos=7&anz=9

260　　Mersch, Peter: Eva Herman, der BGH und die deutsche Sprache -
http://knol.google.com/k/peter-mersch/eva-herman-der-bgh-und-die-deutsche/6u2bxygsjec7/147 - http://info.kopp-

verlag.de/hintergruende/deutschland/peter-mersch/eva-herman-der-bgh-und-die-deutsche-sprache-eine-betrachtung-aus-sicht-eines-68ers.html

261 Bundesgerichtshof - Mitteilung der Pressestelle, Nr. 107/2011: "Wiedergabe einer im Rahmen einer Pressekonferenz gefallenen Äußerung" - http://juris.bundesgerichtshof.de/cgi-bin/rechtsprechung/document.py?Gericht=bgh&Art=en&Datum=Aktuell&Sort=12288&Seite=1&nr=56604&linked=pm&Blank=1

262 Mersch, Peter: Eva Herman, der BGH und die deutsche Sprache - http://knol.google.com/k/peter-mersch/eva-herman-der-bgh-und-die-deutsche/6u2bxygsjec7/147 - http://info.kopp-verlag.de/hintergruende/deutschland/peter-mersch/eva-herman-der-bgh-und-die-deutsche-sprache-eine-betrachtung-aus-sicht-eines-68ers.html

263 Für die Leser ihres bereits ein Jahr zuvor erschienenen Buchs "Das Eva-Prinzip" dürfte dies alles andere als überraschend sein, denn sie setzt sich darin gleich über 6 Seiten äußerst kritisch mit der Familienpolitik der Nationalsozialisten auseinander. Vgl. Eva Herman, Eva (2006): Das Eva-Prinzip. Für eine neue Weiblichkeit, München/Zürich: Pendo, S. 140ff. - http://www.eva-herman.de/downloads/Auszug_Eva_Prinzip.pdf

264 FAZ, 15.08.2011: Frank Schirrmacher: Bürgerliche Werte - "Ich beginne zu glauben, dass die Linke recht hat" - http://www.faz.net/aktuell/feuilleton/buergerliche-werte-ich-beginne-zu-glauben-dass-die-linke-recht-hat-11106162.html

265 FAZ, 15.08.2011: Frank Schirrmacher: Bürgerliche Werte - "Ich beginne zu glauben, dass die Linke recht hat" - http://www.faz.net/aktuell/feuilleton/buergerliche-werte-ich-beginne-zu-glauben-dass-die-linke-recht-hat-11106162.html

266 FAZ, 05.09.2010: Frank Schirrmacher: Sarrazins Quellen - Biologismus macht die Gesellschaft dümmer - http://www.faz.net/artikel/S30128/sarrazins-quellen-biologismus-macht-die-gesellschaft-duemmer-30305907.html

267 Sarrazin, Thilo (2010): Deutschland schafft sich ab: Wie wir unser Land aufs Spiel setzen. München: Deutsche Verlags-Anstalt, S. 353

268 Mersch, Peter et al: Systemische Evolutionstheorie (abgerufen am 04.10.2011) - http://knol.google.com/k/systemische-evolutionstheorie

269 Dawkins, Richard (2007): Das egoistische Gen. München: Elsevier, S. 209f.

270 Cicero, 26.04.2006: Eva Herman: Die Emanzipation - ein Irrtum? - http://www.cicero.de/salon/die-emanzipation-%3f-ein-irrtum/22223

9 Die Rolle der Wissenschaften

Das Bekämpfen und Ausblenden von Standpunkten und Ergebnissen, die den eigenen Interessen zuwiderlaufen – oder die im Widerspruch zu den Paradigmen stehen, auf denen die eigene Forschung beruht –, ist auch in den Wissenschaften an der Tagesordnung. Der Wissenschaftstheoretiker Thomas S. Kuhn behauptete gar, dies gehöre zum Wesen der wissenschaftlichen Forschung, ich erwähnte es bereits. Gemäß Hans-Walter Leonhard zählen die Annahme, "*Soziales müsse durch Soziales erklärt werden*", die Gendertheorie und die Tabula-rasa-Hypothese zu den noch heute gültigen Paradigmen der Sozial- und Kulturwissenschaften. Dies hat erhebliche politische Konsequenzen. Wenn beispielsweise die OECD feststellt, dass Deutschland in der Bildungsentwicklung hinter anderen Ländern zurückfalle[271], dann kann es unter den Denkparadigmen der Soziologen nur einen Schluss geben: Deutschland muss mehr in die Bildung investieren und für mehr Bildungsgerechtigkeit sorgen. Die alternative Vermutung, die sich verschlechternden Ergebnisse könnten zum Teil auch daher herrühren, dass gering gebildete Menschen deutlich mehr Kinder bekommen als etwa Hochgebildete, schließt sich von vornherein aus, da sie zum Teil biologisch argumentiert, was unter den Paradigmen der Soziologie jedoch nicht erlaubt ist.

Offenbar ist man in weiten Teilen der Bildungsforschung noch immer der Meinung, Bildung funktioniere im Stile des Nürnberger Trichters: Wenn man den Kindern und Jugendlichen nur ausreichend viel und gut aufgearbeitetes und vermitteltes Bildungsmaterial zur Verfügung stellt, dann werden sie anschließend gebildet sein. Ich möchte das bezweifeln, denn lernen muss jeder noch immer selbst.

Ich bin gewissermaßen selbst ein Gegenbeispiel der Mehrheitsauffassung der Soziologen. Schon kurz nach der Einschulung in die Volksschule mit 5 3/4 Jahren erwies ich mich dort im wahrsten Sinne des Wortes als Überflieger. Schreiben konnte ich ohnehin schon, denn zuvor hatte ich meist mit meinem älteren Bruder zusammengespielt. Als der dann in die Schule kam, habe ich ganz einfach seine Hausaufgaben mitgemacht – weil ich es wollte!

Wenige Jahre später erkrankte ich sehr schwer an Masern mit einer sich anschließenden lebensbedrohlichen Blutvergiftung. Wochenlang kämpfte ich ums Überleben. Die damaligen Fieberträume gehen mir gelegentlich noch heute durch den Kopf. Eine unmittelbare Folge der Erkrankung war jedoch, dass ich aufgrund der langen Fehlzeiten im Zeugnis zum Ende des vierten Schuljahres nur Verhaltensnoten und keine Leistungsnoten stehen hatte. Eine andere Folge war meine schwere physische Erschöpfung. Schon das Treppen steigen fiel mir monatelang schwer. Aus all diesen Gründen entschieden sich meine besorgten Eltern, mich nicht auf das Gymnasium, sondern auf die Realschule zu schicken. Sie befürchteten, dass mich das Gymnasium überfordern könnte.

Mit der Realschule verbinde ich kaum gute Erinnerungen. Zwar fiel einigen Lehrern und Mitschülern meine offenkundige mathematische Begabung auf, das war aber auch schon alles. Ansonsten war ich ein eher mittelmäßiger bis guter Schüler, der sich im Schulalltag restlos langweilte und keine größeren Probleme bereitete.

Mit knapp 15 Jahren entdeckte ich im Bücherschrank meines (promovierten) Vaters und in unmittelbarer Nachbarschaft zu "Lolita" ein graues, leinengebundenes, dickes Buch mit dem geheimnisvollen Titel "Infinitesimalrechnung für Naturwissenschaftler". Binnen drei Monaten hatte ich es vollständig durchgearbeitet. Danach war ich regelrecht "infiziert". Als ich später den Gymnasialzweig der Höheren Handelsschule besuchte, um die Hochschulreife zu erlangen, erkannte mein Mathematiklehrer sofort, dass er mir praktisch nichts mehr beibringen konnte.

Ein wenig aussagekräftiger Einzelfall? Nun, es gibt eine bekannte Hypothese von Scarr und McCartney[272], die solche Phänomene recht gut erklären kann. Sie hängt unmittelbar mit dem zusammen, was ich bereits weiter oben erläuterte, dass nämlich die Bedeutung der Gene in unseren modernen arbeitsteiligen Gesellschaften nicht ab-, sondern zunimmt, weil Menschen unbewusst in die Nischen hineindrängen, für die sie schon aus genetischen Gründen besonders viele Kompetenzen aufzuweisen haben. Und das geht eben besser und leichter, je mehr Nischen sich bieten, das heißt, je arbeitsteiliger eine Gesellschaft ist und je mehr Passmöglichkeiten es folglich für die eigenen Gene gibt[273].

Scarr und McCartneys Hypothese diente aber auch dazu, ein ganz anderes Intelligenz-Phänomen zu erklären. In Intelligenztests fiel nämlich auf, dass der genetische Einfluss auf die Intelligenz mit zunehmendem Alter nicht ab-, sondern zunimmt. Beispielsweise soll er im Alter von 64 Jahren bei 82% liegen[274].

Unbewusst würde man vielleicht das exakt Umgekehrte erwarten, dass man etwa im Laufe seines Lebens eine Menge Erfahrungen sammelt und auch ganz fürchterlich viel lernt, sodass die Bedeutung der Gene gegenüber den Umwelteinflüssen mehr und mehr schwindet. Es ist aber anders herum, und zwar weil Menschen sich gemäß Scarr und McCartney ihre Umgebung entsprechend ihren eigenen genetischen Ausstattungen gestalten.

Mit dem Mathematikbuch meines Vaters hatte ich ganz offensichtlich meine eigene Kompetenznische gefunden, und zwar, ganz ohne jede Anleitung, zumal mein Vater erzieherisch kaum je in Erscheinung trat. Ich hätte mich stattdessen auch für "Lolita" interessieren können, doch – wie von einer fremden Hand gezogen – entschied ich mich für die Mathematik.

Und ich meine, ein solcher Weg müsste auch heute noch möglich sein, und zwar im Grunde für jeden, wenn die antibiologistische Tabula-rasa-Hypothese der Sozial- und Kulturwissenschaften richtig wäre. Ich bin in den 1950er- und 1960er-Jahren zur Schule gegangen. Was glauben die heutigen Soziologen und Bildungsforscher denn, wie leistungsfähig das damalige Schulsystem war? Meine Lehrer auf der Volks- und Realschule waren überwiegend alt, die Schulgebäude marode, das Lehrmaterial im Vergleich zu heute völlig antiquiert, die Klassen überfüllt und mit einem leibhaftigen Mädchen bekam ich es zum ersten Mal im späteren Gymnasialzweig zu tun. Auch sonstige intellektuelle Anregungen waren eher Mangelware. In meiner Freizeit beschäftigte ich mich vorrangig mit Musik und Tischtennis, und nicht mit dem, was man gemeinhin unter Bildung versteht. Auf die Idee, mal einen Roman oder ein sonstiges gutes Buch zu lesen, wäre ich von selbst nie gekommen. Während meiner gesamten sechsjährigen Realschulzeit war ich im Grunde überaus lesefaul.

Bei meinem späteren Mathematikstudium stand für mich jedoch bereits von Anbeginn an fest, dass ich es zum Abschluss bringen werde, jedenfalls, wenn es ausschließlich nach meinen intellektuellen Fähigkeiten ginge. Dass dieses Vorhaben von meiner sich zunehmend verstärkenden Migräneerkrankung später beinahe doch noch gestoppt worden wäre, ahnte ich damals nicht. Das Studium war aber auch in manch anderer Hinsicht sehr hilfreich, und zwar selbst in Bezug auf die Themen, um die es hier geht. Als Mathematiker merkt man nämlich meist sehr rasch, wie groß das intellektuelle mathematische Potenzial eines anderen ist. Bei manchen war mir oftmals binnen Sekunden klar, dass sie grundsätzliche Verständnisprobleme hatten, und sie den zu lernenden Stoff niemals beherrschen werden. Letztlich viel wichtiger für mich waren jedoch die vereinzelten Mitstudierenden, die mir – was die Mathematik anbelangt – in jeder Hinsicht haushoch überlegen waren. Beispielsweise hatte ich einen Freund, der gleichzeitig Mathematik und Physik im Hauptfach studierte. Da er dementsprechend wenig Zeit hatte, alle Pflichtveranstaltungen zu besuchen, lieh er sich von mir gelegentlich die mathematischen Vorlesungsskripte aus, so geschehen wenige Tage vor der schriftlichen Topologie-Klausur. Er besaß die Gabe, nach der Lektüre eines Buches – oder einer Mitschrift – alle Seiten vollständig aus dem Gedächtnis (inklusive Position und Hervorhebungen) abrufen zu können, also in etwa das, was man auch in dem Film *Good Will Hunting* vorgeführt bekommt. Die Klausur selbst war als Auswahlklausur gestaltet. Es gab zwölf Themenbereiche mit jeweils zwei Aufgaben, aus denen man sich selbstständig eine aussuchen konnte. Für eine richtig beantwortete Aufgabe erhielt man vier Punkte. Wer in jedem Bereich genau eine Aufgabe richtig beantwortet hatte, erhielt somit 48 Punkte und damit eine Eins ("sehr gut"). Ich war wie immer ein wenig vorsichtig und löste in manchen Bereichen sicherheitshalber beide Aufgaben. Mit insgesamt 64 Punkten erzielte ich das zweitbeste Ergebnis aller Teilnehmer. Vor mir lag nur noch mein Freund, und zwar mit 92 Punkten. Und um die letzten vier Punkte stritt er sich anschließend noch heftig mit dem Vorlesungsassistenten, und – sofern ich alles richtig mitbekommen habe – hatte er wohl recht.

Mathematiker kämen nie auf die Idee, solche Unterschiede könnten durch eine wie auch immer geartete Bildungsmaßnahme erworben sein. Dementsprechend entwickeln sie auch keinen Neid, sondern allerhöchstens Respekt oder Bewunderung. Mathematiker verehren Genies wie Kurt Gödel oder Srinivasa Ramanujan. Sie halten die Vorstellung für absurd, sie selbst hätten Gleiches leisten können, wenn sie nur sozial weniger benachteiligt gewesen wären. Ähnliches wird von Musikern berichtet.

Gleichzeitig stellt eine solche Haltung aber auch einen sehr guten Schutz vor jeglicher unbegründeter Arroganz anderen gegenüber dar. Man nimmt intellektuelle Defizite bei anderen wahr, stellt beispielsweise fest, dass sie sich mit einem bestimmten Stoff viel schwerer tun als man selbst, doch man schaut nicht auf sie herab, sonst könnte dies Andrew Wiles bei einem Selbst ja ebenfalls tun.

Die Annahme, alle Menschen seien von ihrem inneren Potenzial her gleich, führt auf direkte Weise in ein soziales Klima des Neids und der Missgunst. Herausragende individuelle Leistungen werden dann nicht mehr bewundert, sondern missgönnt. Sie stehen im Verdacht, Ausdruck einer sozialen Privilegierung gleich welcher Art zu sein. Eine denkbare Konsequenz daraus ist die gezielte Egalisierung, im schlimmsten Fall dann so, wie es unter den Roten Khmer geschah.

Kinder haben meist noch kein Problem damit, unangenehme Wahrheiten offen auszusprechen. So kann man manchmal von ihnen Sätze hören, wie: "Die Martina ist vielleicht dumm. Die kapiert die Mathe-Aufgaben einfach nicht, dabei sind die sooo einfach." Ich sage dann stets: "Dann hilf ihr und schau nicht auf sie herab, sie kann schließlich nichts dafür. Und sei froh, dass dir der Stoff leichter fällt, nicht jeder hat so viel Glück." Solche Sätze gehen mir ganz locker über die Lippen, da ich von einer natürlichen Individualität der Menschen ausgehe und mir die unüberwindbaren Unterschiede zwischen Menschen bewusst sind: Ich habe sie in meinem Leben eindrucksvoll und vielfach vorgeführt bekommen.

Doch zurück zu den Wissenschaften. Im Rahmen einer evolutionären Analyse stellt sich insbesondere die Frage, wie Wissenschaften überhaupt zu ihren Ergebnissen kommen. Wir erinnern uns: Vor 13,75 Milliarden Jahren ereignete sich der Urknall und unser Universum entstand und expandierte. Wie kommen auf dieser Grundlage heutige Wissenschaftler dazu, etwa die Gödelschen Unvollständigkeitssätze, die Relativitätstheorie oder die Gendertheorie für jeweils richtig zu halten?

An dieser Stelle ist zunächst festzuhalten, dass die verschiedenen Wissenschaftsdisziplinen ihre Theorien beziehungsweise Aussagen nicht beweisen, sondern verhandeln. Es wird zwar oft gesagt, dass die Mathematik die einzige Disziplin sei, die ihre Aussagen beweisen könne, doch das ist letztlich nur bedingt richtig, wie ich gleich zeigen werde.

Ich erinnere mich in diesem Zusammenhang an ein wissenschaftstheoretisches Seminar, das ich während meines Mathematikstudiums besuchte. Zusammen mit zwei anderen Studierenden der Philosophischen Fakultät erhielt ich das Seminarthema, zu untersuchen, ob man einen bestimmten *Satz von Craig* (Interpolationstheorem), zu dem uns ein vollständiger Beweis in einer klassischen Logik vorlag, auch in einer intuitionistischen Logik beweisen könne. Das war wahrlich kein einfaches Thema für ein philosophisches Seminar! Meine beiden Seminarkollegen von der Philosophischen Fakultät hatten dementsprechend auch nicht die leiseste Vorstellung davon, wie sie das Thema überhaupt angehen sollten. Ich zog mich für eine Woche in mein Kämmerlein zurück und löste die Aufgabe. Doch damit hatte ich – in meiner damaligen Naivität – wohl ein ganz anderes Problem verursacht. Beim nächsten Seminartermin fragte mich nämlich der zuständige Seminarassistent, ob ich bei dem mir zugewiesenen Thema noch Hilfe bräuchte, woraufhin ich wahrheitsgemäß antwortete, dies sei nicht nötig, da es mir gelungen sei, den Satz gemäß Aufgabenstellung zu beweisen. Er schaute mich fassungslos an und meinte, da müsse mir wohl ein Fehler unterlaufen sein, denn das sei prinzipiell nicht möglich[275]. Wir verabredeten uns für den folgenden Tag in seinem Büro, um meine Arbeit zu besprechen. Ich muss dazu sagen, dass sich der Beweis über ca. 15 eng beschriebene Seiten hinzog. Wie es bei mathematischen Beweisen üblich ist, wurden zunächst einmal die Voraussetzungen angeführt, bevor es dann wirklich zur Sache ging. Ich malte also die allererste Voraussetzungszeile an seine Tafel – eine absolute Trivialität, um es gleich vorwegzusagen –, und er meinte nur "Falsch!" Wir haben dann geschlagene drei Stunden vor der Tafel um diese eine Zeile gerungen, ohne zu irgendeinem gemeinsamen Ergebnis zu kommen. Im Anschluss daran fühlte ich mich wie gerädert und verhielt mich hochgradig aggressiv. Wenn mich damals auf meinem Nachhauseweg jemand nach der Uhrzeit gefragt hätte, ich hätte ihn vermutlich sogleich in den Boden gestampft. Selbst eine gute Freundin merkte am Abend an, dass sie mich so überhaupt nicht kennen würde.

Der Vorfall demonstrierte mir auf eindringliche Weise, wie sehr unsere Kommunikation auf festen Regeln beruht, zum Beispiel den Regeln der Aussagenlogik. Und wenn diese Regeln dann in einem Gespräch einseitig außer Kraft gesetzt werden, macht sich völlige Hilflosigkeit breit. Plötzlich kann man sich nicht mehr verständigen, und zwar zu gar nichts mehr.

Eine Woche später trug ich meinen Beweis im Seminar – bei Anwesenheit des Hochschullehrers – vor, und er wurde ohne weitere Einwände akzeptiert. Selbst die allererste Zeile ging diesmal kommentarlos durch. Was ich damit sagen möchte: Auch bei den Mathematikern ist ein Beweis nur dann ein Beweis, wenn er von ausreichend vielen anderen Mathematikern als solcher akzeptiert wurde. Deshalb könnte Robinson auf seiner einsamen Insel auch keine "gültigen" mathematischen Theoreme aufstellen. Er hätte niemanden, der ihm die Richtigkeit seiner Überlegungen bestätigte.

Wir können folglich definieren: Bei Wissenschaften – oder auch Wissenschaftsdisziplinen – handelt es sich um soziale Systeme, in denen die Ergebnisse des jeweiligen Arbeitsgebiets auf der Grundlage der Wettbewerbskommunikation des Rechts des Besitzenden unter den zugehörigen Individuen (den Wissenschaftlern) verhandelt werden. Wir können uns eine Wissenschaftsdisziplin also gewissermaßen wie eine Population aus lauter männlichen Pfauen vorstellen, die sich gegenseitig ihr Gefieder zeigen, um sie nach Schönheit zu ordnen, ohne dabei von neutralen Dritten – wie den Weibchen – unterstützt zu werden. Dass dies in der Praxis nicht immer ganz einfach sein dürfte, versteht sich von selbst.

Auch im Falle der Wissenschaften ist einmal mehr hervorzuheben, dass es sich bei Wissenschaftlern um Evolutionsakteure handelt, die fortwährend bestrebt sind, ihre Wissenschaftskompetenzen zu reproduzieren, oder anders gesagt, die relative Kompetenzverluste zu vermeiden versuchen. Dass es dabei nicht immer sachlich und nach den Gesetzen der Logik zugehen muss, wurde im Laufe des Buches für vergleichbare Fälle hinreichend oft dargelegt. Mit anderen Worten: Wissenschaftler verfolgen als Evolutionsakteure Eigeninteressen, die sich nicht mit den Interessen ihrer Wissenschaftsdisziplin decken müssen, ganz so, wie Politiker Eigeninteressen verfolgen, die nicht notwendigerweise die Interessen ihres Landes oder ihrer Wähler sind.

Vielleicht werden Sie jetzt fragen, welche knappen Ressourcen denn mittels des Rechts des Besitzenden unter den Wissenschaftlern verhandelt werden. Nun, primär geht es zunächst einmal um die Ressourcen Anerkennung und Prestige bei anderen Wissenschaftlern der gleichen Disziplin. Die Anerkennung, die sich als Ressource gewissermaßen im Besitz der anderen Wissenschaftler befindet, kann zwar angefragt werden (etwa durch Veröffentlichung einer Arbeit, durch einen Vortrag usw. – dies entspricht dem Präsentieren des Gefieders bei den Pfauen), aber für gewöhnlich nicht auf der Grundlage des Rechts des Stärkeren erzwungen werden. Sie kann jedoch mittels des Rechts des Besitzenden erworben werden. Dies ist immer dann der Fall, wenn eine herausragende Arbeit gelingt, die die Zustimmung der meisten Fachkolleginnen und -kollegen erfährt.

Manch einer wird vielleicht zu bedenken geben, dass man sich für reine Anerkennung noch nichts kaufen könne. Das mag stimmen, auf direkte Weise sicherlich nicht, indirekt aber sehr wohl, denn im Allgemeinen wird man die Anerkennung früher oder später in geldwerte oder sonstige reproduktive Vorteile ummünzen können. Es ist ein wenig so, wie bei einem 16-jährigen Schüler, der todesmutig in einen reißenden Bach springt, um den Säugling einer verzweifelt weinenden Mutter zu retten. Von der Mutter selbst darf er kaum mehr als Dank erwarten, von allen anderen dafür aber Prestige, und das kann ihm helfen, ganz gleich, ob er nun eine Freundin oder eine interessante Lehrstelle sucht.

So weit, so gut. Leider wissen wir damit aber noch immer nicht, gemäß welchen Kriterien eine Einigung unter Wissenschaftlern zustande kommt. Was führt dazu, dass sie sich mehrheitlich für die eine oder andere Alternative entscheiden?

In der Mathematik ist das relativ einfach. Dort gibt es sehr klare Vorstellungen darüber, wie ein schlüssiger Beweis auszusehen und auf welchen

Regeln er zu beruhen hat. Dies ist zwar in der Zwischenzeit aufgrund verschiedener Beweise, die nur mittels programmgestützter Verfahren gelangen, ein wenig aufgeweicht worden, doch lassen wir das einmal beiseite. Man kann jedenfalls in der Mathematik im Allgemeinen recht sicher entscheiden, ob etwas korrekt ist oder nicht. Aus diesem Grund könnte es sich selbst ein Gewinner der Fields-Medaille (der Nobelpreis für Mathematiker sozusagen) nicht leisten, einen bei einer mathematischen Zeitschrift eingereichten Beweis als Gutachter abzulehnen, obwohl er eigentlich korrekt ist. Er würde sich lächerlich machen. Der Beweis ließe sich nämlich ganz leicht im Internet veröffentlichen, und dort würden gegebenenfalls Tausende andere Mathematiker verifizieren, dass er in Wirklichkeit richtig ist. Und unter solchen Verhältnissen lässt sich dann doch sagen, dass Mathematiker ihre Behauptungen beweisen. Bei ihnen besteht insbesondere keinerlei Gefahr, dass plötzlich neue Beobachtungsdaten publiziert werden, die im Widerspruch zu einem bereits bewiesenen mathematischen Theorem stehen. Anders gesagt: Mathematische Theoreme altern nicht. Wenn sie einmal richtig sind, sind sie im Grunde für alle Zeiten richtig. Dass in einem konkreten Einzelfall vielleicht deutlich später doch noch eine Beweislücke gefunden wird, ist zwar prinzipiell möglich, im Allgemeinen jedoch ziemlich unwahrscheinlich.

Bei den Naturwissenschaften ist die Situation meist ebenfalls noch relativ einfach, denn bei ihnen ist die Natur der Richter. Die Wissenschaftler befinden sich also dort nicht einfach nur als Pfauenmännchen unter ihres Gleichen, sondern sie haben die Natur – wie die Pfauenmännchen ihre Weibchen – als neutrale Instanz zur Seite. Konkret heißt das: Man kann nicht einfach etwas behaupten, sondern es muss im Einklang mit den Beobachtungen stehen. Das ist zwar mittlerweile in vielen Bereichen ziemlich schwierig bis gar unmöglich geworden (zum Beispiel in der Stringtheorie), doch ich möchte solche Sonderfälle in der weiteren Erörterung einmal außen vor lassen. Vom Grundsatz her sollte es jedenfalls so sein.

Aufgrund der Komponente Natur kommt in den Naturwissenschaften Karl Poppers Falsifikationsprinzip zum Tragen. Man kann naturwissenschaftliche Theorien nämlich nicht beweisen, sondern nur gut bestätigen beziehungsweise belegen, und natürlich auch falsifizieren, das heißt, widerlegen. Im Allgemeinen läuft es so, dass aus der Theorie zunächst Testfälle abgeleitet werden, die anschließend einer Überprüfung unterzogen werden. Wenn die Testfälle die Theorie bestätigen, die bislang gültige Theorie jedoch nicht, dann gilt die neue Theorie gegebenenfalls als gut bestätigt, wenn sie sie nicht bestätigen, dann eventuell bereits als falsifiziert. Ich sage an dieser Stelle bewusst "eventuell", weil eine

Falsifikation einer "bewährten" Theorie in der Praxis viel schwieriger ist, als es zunächst scheint. Auch das hat etwas mit Kompetenzerhalt zu tun. Ich denke, der Zusammenhang erschließt sich von selbst.

Trotz des erbarmungslosen Richters Natur kommt es selbst in der Königsdisziplin der Naturwissenschaften – der Physik – gelegentlich zu Entwicklungen, die mit reiner Logik nicht zu erklären sind. Hinzu kommt, dass gerade die physikalische Grundlagenforschung mittlerweile äußerst kostspielig geworden ist. Für die weitere Entwicklung von Theorien oder Karrieren ist aber von großer Bedeutung, wohin die Gelder fließen. Beispielsweise behauptet der Physiker Lee Smolin, dass sich seine Disziplin in einer Krise befände, da sie sich in den letzten Jahren zu sehr der Stringtheorie verschrieben habe, die jedoch nicht beweisbar sei[276]. Alternative Grundlagentheorien besäßen im Grunde kaum Chancen, weil ihnen zu wenig Mittel zuflössen. Selbst in der physikalischen Grundlagenforschung kann also das individuelle Streben nach Kompetenzerhalt einen entscheidenden Einfluss auf die Forschungsrichtung der gesamten Disziplin nehmen.

Generell gilt für alle Naturwissenschaften, dass echte Innovatoren, das heißt, Wissenschaftler, die völlig neue Wege einschlagen oder gar einen Paradigmenwechsel einläuten, mit einem erheblichen – reproduktionsinteressengetriebenen – Widerstand seitens ihrer Fachkollegen zu rechnen haben. Darauf wies – wie bereits erwähnt – insbesondere Thomas S. Kuhn in aller Deutlichkeit hin. Unter Nobelpreisträgern sind unzählige solcher Geschichten zu finden[277].

In Wissenschaftsdisziplinen, in denen die empirische Beobachtung erschwert ist oder die gleichen Daten auf recht unterschiedliche Weise interpretiert werden können, sind die Forschungsergebnisse dann jedoch nicht mehr vorhersehbar. Sie richten sich primär an den Reproduktionsinteressen der Wissenschaftler und Wissenschaftsinstitute und nicht an den realen Gegebenheiten aus. Dies macht es möglich, dass pseudowissenschaftliche Konzepte wie Tabula-rasa-Hypothese, Antibiologismus und Gender-Theorie regelrechten Wissenschaftsstatus erlangen. Ferner werden die Disziplinen hierdurch anfällig für externe wirtschaftliche Interessen oder politische Ideologien, die mitunter einen unmittelbaren Einfluss auf die Forschungsschwerpunkte und Ergebnisse nehmen. Ich erinnere in diesem Zusammenhang an die Analyse Hans-Walter Leonhards[278]: "... hatten damit die linken, gesellschaftskritischen, nach mehr oder weniger weitgehenden Veränderungen strebenden Kräfte die zu ihren politischen Absichten passenden Theorien." Anders gesagt: Man brauchte die Theorien zur Verwirklichung der eigenen politischen Absichten (beziehungsweise der eigenen Interessen) und nicht umgekehrt.

Auch können in solchen Disziplinen unliebsame Konzepte ganz leicht abgelehnt oder ignoriert werden. Das simple Einstreuen des Wortes "umstritten" an der richtigen Stelle genügt oft schon. Die gegenseitige Selbstanpassung der Wissenschaftler, angetrieben vom Wunsch, veröffentlichen zu können und soziale Anerkennung in den eigenen Reihen und gegebenenfalls der Öffentlichkeit zu finden, trägt dann ein Übriges dazu bei.

Mitunter sind die Ergebnisse dermaßen grotesk, dass es manchmal schwerfällt, außer dem allseitigen Streben nach Kompetenzerhalt noch irgendwelche weiteren Kriterien für Wissenschaftlichkeit als relevant anzusehen. Beispielsweise ist die Neurologie davon überzeugt, dass Epilepsie und Migräne in höchstem Maße verwandte Krankheiten sind, einige Neurologen vermuten gar, es könne sich dabei um zwei Formen des gleichen Leidens handeln. Und tatsächlich sind die leistungsfähigsten Medikamente zur vorbeugenden Behandlung von Migräne überwiegend Antiepileptika. Für die Behandlung der Epilepsie existiert jedoch neben der medikamentösen Therapie auch noch eine anerkannte diätische Maßnahme mit mindestens gleich guten Erfolgschancen, nämlich die extrem kohlenhydratarme ketogene Diät (vgl. dazu meinen Artikel *Der Fall Charlie Abrahams*[279]). Migränepatienten wiederum wird seitens der Neurologie empfohlen, sich kohlenhydratreich zu ernähren. Als ehemaliger Migränebetroffener mit häufig bis zu 100 schweren Attacken pro Jahr und einer im Alter von 40 Jahren in Aussicht gestellten Frühverrentung konnte ich das vorliegende Buch – und meine anderen Bücher – jedoch nur schreiben, weil ich mich vor Jahren zu einer der ketogenen Diät sehr ähnlichen Ernährungsweise (im weitesten Sinne: Paläo-Diät) entschied[280]. Hätte ich mich weiterhin an die Diätvorschläge der Neurologie gehalten, wäre ich möglicherweise längst tot.

Zusammenfassend lässt sich sagen, dass wissenschaftliche Theorien in ihren jeweiligen Disziplinen nicht bewiesen, sondern kooperativ verhandelt werden. Ganz häufig setzen sie sich vor allem deshalb durch, weil sie den (Reproduktions-)Interessen der beteiligten Wissenschaftler oder anderer gesellschaftlicher Gruppen in besonderem Maße genügen.

---

[271] OECD (2011): Bildung auf einen Blick 2011 - Editorial: 50 Jahre Bildung im Wandel - http://www.oecd.org/dataoecd/48/28/48646687.pdf

[272] Scarr S/McCartney K (1983): How people make their own environments. A theory of genotype-environment effects, Child Development, 1983, 54, S. 424-435

[273] Allein schon dieser Zusammenhang macht unmissverständlich klar, wie sinnlos der soziologische Antibiologismus letztlich ist.

[274] Faller, Hermann/Lang, Hermann (2006): Medizinische Psychologie und Soziologie, 2. Auflage, Heidelberg: Springer Medizin Verlag, S. 96

[275] Der Seminarassistent arbeitete offenkundig selbst an dem Thema, anders lässt sich sein Verhalten kaum erklären.

[276] Smolin, Lee (2009): Die Zukunft der Physik. Probleme der String-Theorie und wie es weitergeht, München: Deutsche Verlagsanstalt

[277] FTD, 05.10.2011: Kopf des Tages. Daniel Shechtman - Der Quasi-Wissenschaftler - http://www.ftd.de/wissen/natur/:kopf-des-tages-daniel-shechtman-der-quasi-wissenschaftler/60112463.html

[278] Leonhard, Hans-Walter (2008): Recht und Grenzen evolutionsbiologischer Betrachtungen im Bereich des Humanen, In: Antweiler, C./Lammers C./Thies N. (Hrsg.): Die unerschöpfte Theorie. Evolution und Kreationismus in Wissenschaft und Gesellschaft, Aschaffenburg: Alibri, S. 145f.

[279] Mersch, Peter: Der Fall Charlie Abrahams - http://knol.google.com/k/der-fall-charlie-abrahams

[280] Mersch, Peter (2006c): Migräne. Heilung ist möglich. Norderstedt: Books on Demand

10 Der evolutionär-systemische Ansatz

10.1 Evolutionär-systemische Zukunftsforschung

Wie ich bereits eingangs erläuterte, deckt sich der weltanschauliche Hintergrund der Systemischen Evolutionstheorie mit den aktuellen Vorstellungen der modernen Kosmologie und Physik zur Entstehung des Universums, zum Wesen der Zeit und zur Evolution. Im Grunde handelt es sich bei ihr um den Versuch, die Evolutionsprinzipien auf allgemeine physikalische Gesetzmäßigkeiten zurückzuführen. Ein erster Nutzen einer solchen Vorgehensweise ist die sich daraus unmittelbar ergebende erhebliche Ausweitung des Anwendungsfeldes für evolutionstheoretische Betrachtungen, die sich dann nämlich nicht länger auf das Gebiet der Biologie beschränken müssen, sondern sich – auf recht einheitliche Weise – auch Themen wie sozialer Wandel oder technologische Entwicklung widmen können.

Gemäß Valentin Braitenberg führen die Gesetze der Physik "*Regelmäßigkeiten in unsere unbelebte und belebte Umwelt ein, die wir nur zum kleinen Teil verstehen, auf die wir uns aber einstellen, weil wir sie als Redundanzen in der von uns perzipierten Welt empfinden*"[281]. Die Gesetze, Theorien, Regelmäßigkeiten und Redundanzen erlauben es uns dann, die Zukunft etwas weniger ungewiss werden zu lassen, weil wir zahlreiche Ereignisse darin vorhersagen können. Ich rede einmal mehr von informativen Kompetenzen, die uns Vorteile im Umgang mit unserer Umwelt verschaffen können.

Mit den Gesetzen der Evolution verhält es sich im Grunde nicht viel anders. Wenn es uns gelingen könnte, auch in den evolutionären Prozessen Redundanzen und Regelmäßigkeiten zu entdecken, die uns einen ersten Einblick in die sich ankündigende evolutionäre Zukunft vermitteln, dann hätten wir wesentliche Kompetenzen hinzugewonnen. Ein häufiger Einwand ist, dies sei prinzipiell nicht möglich, da für evolutionäre Prozesse gerade deren Zufälligkeit und Unbestimmtheit charakteristisch sei. Nun ich denke, das vorliegende Buch dürfte diese Auffassung restlos widerlegt haben. Evolution verläuft zwar letztlich zufällig und unbestimmt, jedoch nur bedingt. Und genau hier liegen die Chancen.

Ich bin davon überzeugt, dass wir Menschen nur dann über eine längere Zeit in Frieden miteinander auf der Erde leben können, wenn wir verstanden haben, welche Grundintentionen das Leben besitzt und wie Evolution auch außerhalb der Biologie und insbesondere in unseren unmittelbaren Lebenszusammenhängen vonstattengeht (vgl. dazu auch meinen Artikel *Bevölkerungsplanung*[282]).

10.2 Analysebeispiel: Demografischer Wandel

Ich möchte dies anhand einer sozialen Problemstellung erläutern, die bereits in den bisherigen Ausführungen eine wesentliche Rolle spielte.

Für den chilenischen Biologen Humberto Maturana ist die Autopoiesis die charakteristische Systemeigenschaft des Lebens[283]. Vereinfacht ausgedrückt bedeutet sie: Lebewesen machen und erhalten sich selbst. Das schließt ihre Elemente, insbesondere ihre Zellen, mit ein. In diesem Sinne sind menschliche Superorganismen (zum Beispiel Unternehmen) keine Lebewesen, da sie nicht einmal ihre Humanressourcen (Mitarbeiter/Elemente) selbst erzeugen. Stattdessen erwerben sie sie auf den Arbeitsmärkten, und zwar auf der Grundlage des "zivilen" Rechts des Besitzenden. Vor nicht allzu langer Zeit gab es daneben auch noch die Sklaverei, bei der Humanressourcen mittels des Rechts des Stärkeren erlangt wurden, ich erwähnte es bereits.

Produziert werden die Humanressourcen in der Regel in der Gesellschaft, und zwar mittels der Reproduktionseinheit "Familie", wobei ich den unter dem Namen Arbeitsmigration (Brain-Drain/Brain-Gain) laufenden zusätzlichen Fremdbezug (Outsourcing) einfachheitshalber einmal außen vor lassen möchte. Daneben kommen aber noch weitere Erziehungs- und Bildungseinrichtungen zum Tragen, deren zentrale Aufgabe es ist, die Humanressourcen zu veredeln beziehungsweise um nutzbare Kompetenzen anzureichern, sodass sie im Erwachsenenalter optimal "verwertbar" sind, man verzeihe mir die beinahe zynisch klingende ökonomische Ausdrucksweise an dieser Stelle, aber so ist es nun einmal, jedenfalls, wenn man die Sache von ganz weit oben und systemtheoretisch betrachtet. Für die menschlichen Superorganismen (Unternehmen) sind wir Menschen in erster Linie Ressourcenlieferanten, entweder als Mitarbeiter für Humanressourcen (hauptsächlich Wissen) oder als Kunden für Geld (Energie).

Wenn die Humanressourcen schließlich "reif" sind, werden sie auf dem Arbeitsmarkt angeboten, in den Superorganismen eingesetzt, genutzt und letztlich auch verbraucht. Wenn sie nicht mehr von ausreichendem Nutzen sind, werden sie wieder zurückgegeben und gegebenenfalls durch andere Humanressourcen (mit geeigneteren, frischeren Kompetenzen) ersetzt.

Soweit also das Spiel des Lebens in unseren modernen Marktwirtschaften im Schnelldurchgang.

Wesentlich ist zunächst, dass der Arbeitsmarkt aus der (System-)Sicht der im Wettbewerb stehenden Superorganismen (Unternehmen) zur Umwelt zählt. Er ist eine Umgebung zur Erlangung von Humanressourcen. Weil Superorganismen von der Evolution, und damit letztlich vom thermodynamischen Zeitpfeil geformte selbstreproduktive Systeme sind – bei ihrer Komplexität ist dies trivial, denn wären sie es nicht, würden sie in unserem Universum schon bald zerfallen –, verhalten sie sich nachhaltig gegenüber ihren eigenen Kompetenzen und ausbeutend (oder meinetwegen auch plündernd) gegenüber ihrer Umwelt. Eine andere Überlebenschance besitzen sie nicht. Bis hierhin ist alles noch ganz normale Physik, Evolutions- und Systemtheorie.

Man wird also davon ausgehen können, dass es den Superorganismen letztlich ziemlich egal ist, wie sich der Arbeitsmarkt, aus dem sie regelmäßig ihre Humanressourcen beziehen, selbst reproduziert. Es ist nicht ihre Aufgabe, sich darüber Gedanken zu machen. Richard Dawkins hat das in seinem Buch *Das egoistische Gen* überzeugend dargelegt: Ein Individuum, welches seine eigenen Nachwuchszahlen bei Ressourcenverknappungen im Interesse der Gesamtgruppe reduziert – sich fortpflanzungsseitig also altruistisch verhält –, würde lediglich dafür sorgen, dass egoistische Verhaltensweisen von der Evolution belohnt werden, sein eigenes altruistisches Verhalten hingegen nicht.

Aus diesem Grund wird die Frankfurter Allgemeine Zeitung eine kinderlose akademisch ausgebildete Bewerberin nicht deshalb ablehnen, weil einer ihrer Herausgeber etwa der Auffassung ist, "dass die Bildungsschicht in Deutschland viel zu wenige Kinder bekommt, was langfristig nicht gut sein kann, da uns dann irgendwann die LeserInnen ausgehen, weswegen die gute Frau besser Mutter und Hausfrau wird", sondern man wird sie, sofern sie über die geforderten Kompetenzen verfügt, einstellen, "bevor die ZEIT, der SPIEGEL, die WELT oder die Süddeutsche es tun". Mit anderen Worten: Der aktuelle eigene Kompetenzerhalt (des Superorganismus 'Frankfurter Allgemeine Zeitung') geht vor.

Das Problem dabei ist, dass das gesellschaftliche Humanvermögen praktisch als Allmende betrieben wird. Der Satz "*Kinder kriegen die Leute immer*" ist letztlich von der gleichen Qualität wie "*Fische haben stets viele Nachkommen*". Der Grundgedanke dabei ist, dass man sich um die Reproduktion beziehungsweise Regeneration von Gemeingut-Ressourcen keine Gedanken machen muss, da das auf natürliche Weise von selbst geschieht. Deshalb braucht man – so die Annahme – auch niemanden, der für die Ressourcen gesamthaft verantwortlich ist und sicherstellt, dass sie sich ausreichend reproduzieren und regenerieren können.

Die modernen Varianten davon sind Antibiologismus und Gendertheorie, denen zufolge das Humanvermögen keine "natürlichen" (man vergleiche dazu die Ausführungen von Heinz-Jürgen Voß und anderen) schützenswerten Komponenten besitzt, da Gesellschaften angeblich alle vorhandenen Humankompetenzen auf der Grundlage beliebiger menschlicher Biomassen erneuern könnten, und zwar durch geeignete Sozialisation, Bildungsmaßnahmen und Integration. Gemäß solchen Auffassungen kann ein Humanvermögen höchstens quantitativ, jedoch niemals qualitativ schwächer werden, da alle relevanten Humankompetenzen stets unabhängig von ihm existierten. Man stellt sich dies im Grunde wie bei einem Schwimmbecken vor, dessen Wassertemperatur normalerweise konstant bei 27 Grad Celsius gehalten wird, außer in den wenigen Fällen, wenn kaltes Leitungswasser zugeführt oder gar sein gesamter Inhalt ausgetauscht werden muss, was aber für den weiteren Betrieb keine Konsequenzen hat, da Wasser gleich Wasser ist und man es über die integrierte Heizung ganz leicht wieder aufwärmen kann. Ganz entsprechend stellt man sich vor, dass man in einer Gesellschaft alle musikalischen Menschen täglich Konzerte geben lassen könnte, während die anderen die Kinder bekämen und aufzögen, ohne dass die Gesellschaft dabei langfristig unmusikalischer würde, schließlich könnte man die Kinder frühzeitig in Musik unterrichten. Solchen pseudowissenschaftlichen Paralleluniversen sei an dieser Stelle angeraten, sich einmal eingehend von den Nachtigallenweibchen beraten zu lassen.

Auch aufgrund der genannten Auffassungen kommt es in der Folge zu einer besonders intensiven Plünderung unseres Humanvermögens. Unsere Gesellschaft wird dabei regelrecht demografisch enthauptet. Das, was Pol Pot mit brachialen Mitteln und dem Recht des Stärkeren zu realisieren versuchte, erledigen wir – viel eleganter und zivilisatorischer – per verhinderter Fortpflanzung und dem Recht des Besitzenden. Das Ergebnis ist in beiden Fällen das gleiche, nämlich der Autogenozid.

Dabei hatte sich der Mensch wie kaum eine andere Spezies gegenüber solchen Fehlentwicklungen abgesichert. Einige Anthropologen vermuten nämlich, dass er sich auch aufgrund seiner rigoroseren sexuellen Arbeitsteilung, die den Frauen einen besonders umfangreichen Schutz gewährte, gegenüber dem Neandertaler durchgesetzt hat[284]. Ihrer Meinung nach stützten verheilte Knochenbrüche an Skeletten die Vermutung, dass sich Neandertal-Frauen und -Kinder aktiv an der Jagd beteiligten – etwa als Treiber oder indem sie der Beute den Fluchtweg abschnitten[285 286].

Heute scheint man die Erfolgsrezepte des frühen Menschen vollständig vergessen zu haben. Als man den Superorganismen die Möglichkeit gab, sich auch unter den weiblichen Humanressourcen nach Belieben zu bedienen, griffen diese zu. Würde man ihnen zusätzlich die Kinder geben, nähmen sie auch die. Es ist der allseitige Kompetenzerhalt, der sie dazu zwingt, zumal die Sicherstellung der Nachhaltigkeit des gesellschaftlichen Humanvermögens nicht ihre Aufgabe ist, sondern die der Gesellschaft. Für sie ist das Humanvermögen praktisch ein Gemeingut (Commons) und damit Teil der Umwelt, wie ich bereits schrieb. Solange niemand eine schützende Hand über wertvolle Ressourcen wie Regenwälder, Ölvorräte oder Humanvermögen hält, werden die Superorganismen sie – sofern sich aus ihrer Nutzung Vorteile generieren lassen – plündern. Und zwar restlos.

Allerdings hat die allgemeine Jagd der Superorganismen nach qualifizierten Humanressourcen auch durchaus positive Seiten, beispielsweise das Zurückgehen von Rassismus, Sexismus oder religiöser Diskriminierung. Unternehmen interessieren sich nämlich primär für Leistung und gute Zusammenarbeit, nicht jedoch für menschliche Merkmale, die in keinem Zusammenhang zu den erwarteten Humankompetenzen stehen, die also letztlich für sie irrelevant sind.

Dass die sexuelle Arbeitsteilung früherer Tage und in ihrer ursprünglichen Form und Rigorosität in der heutigen Zeit keinen Sinn mehr macht, liegt auf der Hand: Bei der aktuell üblichen niedrigen Sterblichkeit (zahlenmäßige Bestandserhaltung wird bereits bei einer Fertilitätsrate von unter 2,1 erreicht) hätten die Frauen dann entweder zu wenig zu tun, oder es käme zu einem gewaltigen Bevölkerungszuwachs – mit allen damit verbundenen Gefahren und Problemen. Definitiv keine Lösung ist aber die vollständige Aufgabe der sexuellen Arbeitsteilung, wie sie vom Gleichheitsfeminismus und den Gendertheoretikern propagiert wird.

Frank Schirrmacher kommt in seinem Artikel zu dem Schluss, dass Ludwig Erhard plus AIG[287] plus Lehman plus bürgerliche Werte wahrhaft eine Killerapplikation gewesen sei[288]. Ich möchte ihm in dem Punkt widersprechen: Im Wettbewerb stehende Superorganismen plus Humanvermögen ohne Nachhaltigkeitskonzeption, das heißt, freie Marktwirtschaft plus Antibiologismus plus Gendertheorie beziehungsweise die Kombination aus dem freien Markt der Konservativen und der linken

Gleichmacherei ist die Killerapplikation. Die eine Ideologie vertritt die Interessen eines Teils der aktuellen Generation, die andere eines anderen, niemand der kommenden Generationen.

Sollte den Gen-Technikern irgendwann einmal das Klonen von Menschen in Brutkästen auf verlässliche Weise gelingen, dann dürften sich viele Unternehmen – so meine Prognose – von den unzuverlässigen Humanressourcen-Lieferanten "Gesellschaften" weitestgehend abkoppeln und in die eigene Menschenproduktion einsteigen. Sie würden hierdurch ein ganzes Stück "autopoietischer" werden. Auf diese Weise bildete sich neben der Forschung & Entwicklung eine weitere unternehmerische Reproduktion mit niedriger Zeitpräferenz aus. Personen vom Schlage eines Steve Jobs, Bill Gates oder J. Craig Venter würde es dann möglicherweise öfter geben. Sie glauben das nicht? Nun, die obige Killerapplikation dürfte genau das hervorbringen, schließlich ringen die Unternehmen um ihren Kompetenzerhalt beziehungsweise ihr Fortbestehen auf kompetitiven Märkten. Sie wollen das nicht? Dann beginnen Sie schon jetzt, sich Gedanken darüber zu machen.

Anhänger der freien Marktwirtschaft, der österreichischen Schule der Ökonomie und insbesondere des Libertarismus vertreten häufig die Auffassung, dass der freie Markt alles von selbst auf optimale Weise reguliere. Der Staat sollte sich deshalb möglichst zurückhalten und – wenn überhaupt – auf wenige Kernaufgaben beschränken. Sollten sich beispielsweise die heute in Ausbeutung befindlichen Erdölvorräte langsam dem Ende zuneigen, dann würde sich Rohöl weiter verknappen, wodurch es zu einem Anstieg der Preise käme. In der Folge lohnte es sich mehr und mehr, weitere Vorkommen in Ölsanden und -schiefern auszubeuten, deren Abbau heute teilweise noch zu teuer ist. Ferner würde hierdurch auch der Einsatz erneuerbarer Energiequellen immer rentabler werden.

Genau diese Argumentation geht aber bei einem überlebenswichtigen Gemeingut wie dem Humanvermögen vollständig ins Leere. Um es kurz zu machen: Unregulierte freie Märkte funktionieren nicht überall. Sie mögen eine sinnvolle Einrichtung sein, wenn es um Äpfel oder Birnen geht, nicht jedoch, wenn dabei auf kritische, überlebenswichtige Ressourcen zugegriffen wird. Dann können Allmendenproblematiken zum Tragen kommen, die von den Akteuren selbst nicht mehr beherrscht werden. Erschwerend kommt hinzu, dass es sich bei der Plünderung des Humanvermögens um im Wettbewerb stehende Superorganismen handelt, die keine Menschen sind, sodass man nicht einmal an deren Humanität und Verständigkeit appellieren könnte. Anders gesagt: Man kann die Situation nicht durch den Hinweis auf ein angeblich negatives Menschenbild, welches mir im Rahmen der Darlegung des Problems vielleicht durch den Kopf geschwirrt sein könnte, aus der Welt schaffen.

Gegen die Utopie des absolut freien Marktes lassen sich – aus meiner Sicht – unter anderem die folgenden Einwände vorbringen:

- Märkte sind niemals wirklich frei. Beispielsweise gilt auf ihnen bereits die Einschränkung, dass als Wettbewerbskommunikation nur das Recht des Besitzenden zur Anwendung kommen darf und Eigentum somit zu respektieren ist. Ohne eine solche Einschränkung glichen Märkte der Wildnis. Märkte müssen deshalb reguliert sein.

- Zu Beginn ihres Aufkommens beschränkten sich Märkte im Allgemeinen auf regionale oder nationale Gebiete. Sie konnten deshalb von einer Stelle aus überwacht und reguliert werden. Ganz entsprechend beschränkten Unternehmen (Superorganismen) ihre Geschäftstätigkeiten zunächst auf das Hoheitsgebiet eines Staates oder einer Region innerhalb eines Staates. Seit der Globalisierung (der globalen Öffnung aller Märkte) haben sich die Machtverhältnisse zwischen Staaten und Unternehmen jedoch fundamental verändert und geradezu umgekehrt. Global operierende Unternehmen sind nun in der Lage, ihre Ressourcen exakt dort zu beziehen, wo sie die günstigsten Bedingungen erhalten. Dies macht Staaten regelrecht erpressbar.

- Auf den Märkten treffen Teilnehmer aufeinander, die über völlig unterschiedliche Ressourcen verfügen. Das hierdurch verursachte Machtgefälle hat bei vielen Menschen ein Gefühl der Ohnmacht hinterlassen. Hinzu kommt, dass die Politik die Interessen der ressourcenreichen Großkonzerne aufgrund von Eigeninteressen längst mit viel größerer Priorität bedient ("too big to fail") als die von Bürgern oder von kleinen und mittelständischen Betrieben.

- Der ungezügelte Wettbewerb auf den freien Märkten würde letztlich zu einer Plünderung aller verfügbaren Ressourcen führen. Das gilt insbesondere für solche Ressourcen, die Gemeingut sind oder als solches (das heißt ohne eigenständiges Nachhaltigkeitskonzept) verwaltet werden. Wie ungehindert dies in den Industrienationen insbesondere gegenüber der Ressource "Humanvermögen" – aber auch gegenüber vielen anderen kritischen Ressourcen – bereits geschieht und wie problematisch dies letztlich ist, wurde erläutert.

- Freie Märkte könnten dafür sorgen, dass schließlich alle erwerbbaren Ressourcen der Erde einigen wenigen Personen oder Unternehmen gehören, während die restliche Menschheit buchstäblich nichts (außer vielleicht Schulden) besitzt.

Doch zurück zur Bevölkerungsproblematik. Natürlich könnte die Menschheit auf Dauer mit wesentlich weniger Individuen auskommen. Das wäre sogar äußerst wünschenswert, wie ich in meinem Artikel *Bevölkerungsplanung*[289] in aller Deutlichkeit dargelegt habe. Doch darum geht es aktuell nicht. Wir haben es in unserem Land (und in vielen anderen Industrienationen ebenso) weniger mit einer Bevölkerungsschrumpfung, sondern in erster Linie mit einer Plünderung des Humanvermögens zu tun. Um dazu einmal einen drastischen Vergleich zu verwenden: Zunächst beuten die Superorganismen das Erdöl aus, dann den Ölsand, schließlich den Ölschiefer. Schafe würden es nicht anders machen: Stellte man sie vor zwei alternative Felder, eines davon öde und karg, das andere vollständig mit saftigem Gras bewachsen, liefen sie alle auf das Letztere. Es handelt sich um ein Grundprinzip des Lebendigen und der Evolution (Streben nach Kompetenzerhalt), das man kennen sollte, wenn man ernsthafte und langfristig ausgerichtete Politik machen möchte, die auch die Interessen der nächsten Generationen im Blickfeld hat.

Aus den genannten Gründen ist übrigens auch zu erwarten, dass sich in der Sozialhilfe auf lange Sicht primär diejenigen Menschen wiederfinden werden, die den Anforderungen der Wirtschaft (der Superorganismen) am Wenigsten genügen. Ausnahmen wird es selbstverständlich immer geben. Selbst die Schafe werden das eine oder andere Büschel saftiges Gras übersehen. Und Fehler können natürlich auch gemacht werden. Von der Tendenz her aber werden die im Wettbewerb stehenden Superorganismen die auf dem Arbeitsmarkt angebotenen Kompetenzen in der gleichen Weise ausbeuten, wie es beim Öl erläutert wurde: zunächst Erdöl, dann Ölsand, schließlich Ölschiefer. Hierdurch separieren die Unternehmen Erwerbspersonen gewissermaßen in "nützliche" und "wenig nützliche" Personen. Womit ich zu einer Frage komme, die Frank Schirrmacher in einem seiner Leitartikel mit kritischem Blick auf Sarrazins Aussagen gestellt hatte[290]: "*Wer legt in der menschlichen Zivilisation die 'Nützlichkeit' eigentlich fest?*"

Die simple und möglicherweise ernüchternde Antwort darauf lautet: Es sind die Unternehmen, die heute primär darüber entscheiden, wer im Lebensraum Zivilisation als "nützlich" gilt und einen Arbeitsplatz zum Geldverdienen erhält. Es ist die FAZ, die den kaum Deutsch sprechenden türkischen Migranten als ungeeignet für die ausgeschriebene Stelle des Redakteurs zurückweist. Es sei denn, Frank Schirrmacher möchte neben der deutschen nun auch noch eine türkische Ausgabe seiner Zeitung herausbringen, um sich frühzeitig auf die sich verändernde demografische Lage Deutschlands einzustellen, wofür er händeringend qualifizierte "native Speaker" benötigt. Es ist unter solchen Rahmenbedingungen dann aber nicht möglich, bei der Fortpflanzung ganz andere "Nützlichkeitskriterien" anzulegen, es sei denn, man hätte ohnehin vor, die Marktwirtschaft abzuschaffen, und zwar durch sukzessive Verarmung der Bevölkerung.

Betrachten wir zum Vergleich einmal die Situation im Tierreich. Bei vielen Arten versammeln sich die Männchen zu bestimmten Zeiten auf sogenannten Arenabalzplätzen, um sich mit den von ihnen herangelockten Weibchen zu paaren. Dabei soll es immer wieder zu extrem ungleichen Kopulationshäufigkeiten aufseiten der Männchen kommen, was zwangsläufig zur Folge hat, dass ein großer Teil der Männchen leer ausgeht. Diese könnten frustriert fragen: "*Wer legt eigentlich unsere Nützlichkeit fest und in wessen Interesse?*" Richard Dawkins Antwort darauf ist: im Interesse der egoistischen Gene; die der Systemischen Evolutionstheorie: im Interesse des Erhalts der Kompetenzen, mit anderen Worten: im Interesse der nächsten Generation[291].

Beispielsweise wird die nächste Generation einer Paradiesvogel-Population, bei der sich die Weibchen der aktuellen Generation bevorzugt mit besonders ausgeprägt gefiederten männlichen Exemplaren (den "Nützlichen") paaren aller Wahrscheinlichkeit nach besser an ihren Lebensraum angepasst sein, als wenn die Weibchen der aktuellen Generation ihre Partner willkürlich wählen. Und aus den gleichen Gründen dürfte die nächste Generation einer menschlichen Population, bei der in der aktuellen Generation eine positive Korrelation zwischen sozialem Erfolg respektive Bildung und Zahl an Nachkommen besteht, mehr Wohlstand erlangen – und weniger Leid aufgrund von Kompetenzverlusten erdulden müssen –, als wenn das Fortpflanzungsverhalten der aktuellen Generation genau umgekehrt korrelierte. Man könnte deshalb sagen, dass es Frank Schirrmachers Frage vor allem an einem evolutionär-systemischen, generationenübergreifenden Denken mangelt.

Vielleicht lohnt es sich, noch einmal für einen Moment zu den Voraussetzungen und Annahmen der obigen Argumentation zur Plünderung des Humanvermögens zurückzukehren, denn sie sind wahrlich minimal. Es beginnt mit der Annahme, dass Menschen und Unternehmen komplexe Systeme sind. Das ist trivial. Für solche Systeme wissen wir aber, dass sie – aufgrund des thermodynamischen Zeitpfeils – ihren Ordnungszustand (beziehungsweise ihre Kompetenzen) binnen kurzer Zeit wieder verlieren würden. Um dies zu verhindern, benötigen sie fortwährend Ressourcen aus ihrer Umwelt. Dahin streben sie auch mit ihren Reproduktionsinteressen, denn sonst gäbe es sie schon bald nicht mehr. Sie verhalten sich also gewissermaßen nachhaltig ("gut") gegenüber sich selbst und ausbeutend ("schlecht") gegenüber ihrer Umwelt, denn die Evolution hat sie so geschaffen. Bis hierhin ist die Argumentation pure Physik, Evolutions- und Systemtheorie. Da Gene und weitere biologische Begriffe darin nicht vorkommen, ist sie nicht biologistisch (beziehungsweise biologisch), sondern allerhöchstens "systemisch".

Aufgrund der Endlichkeit der Erde und der hierdurch bedingten Verknappung vieler Ressourcen geraten die Systeme jedoch irgendwann in einen Wettbewerb untereinander. Wesentlich für das weitere Verständnis ist, dass Unternehmen (Superorganismen) vor allem an den Ressourcen Wissen und Kapital interessiert sind. Damit hoffen sie, ihre Wissens- und Kapitalkompetenzen reproduzieren und an den Märkten bestehen zu können. Zu den Wissenskompetenzen gehören ganz wesentlich ihre Humanressourcen. Das sind die ihnen zur Verfügung stehenden menschlichen Kompetenzen.

Menschliche Kompetenzen werden von den Unternehmen jedoch im Wesentlichen nicht selbst aufgebaut, sondern über den Arbeitsmarkt von außen zugekauft. Die Reproduktion menschlicher Kompetenzen beziehungsweise des Humanvermögens einer Gesellschaft unterliegt stattdessen der Gesellschaft. Diese hatte den größten Teil der Aufgabe jedoch stets ihren Bürgern beziehungsweise den von den Bürgern privat gebildeten Reproduktionseinheiten "Familien" überlassen, frei nach dem Motto: "*Kinder kriegen die Leute immer*". Dies funktionierte im Grunde so lange, wie Frauen durch gesellschaftliche Normen und Vorgaben (Rollenvorgabe Mutter und Hausfrau) beziehungsweise den ihnen gegenüber geltenden Hoheitsrechten der Ehemänner vor dem ungehinderten Zugriff der humanressourcen-hungrigen Superorganismen geschützt waren. Vereinfacht ausgedrückt könnte man sagen, dass die Ehemänner (jeder für sich) ihre Frauen vor den Superorganismen zurückhielten. Für sie war es in früheren Zeiten wohl wichtiger, dass ihre Frauen ihre beiderseitigen Humanressourcen (ihre Gene) reproduzierten, statt weitere Mittel zum Leben zu beschaffen. Zur Humanressourcen-Allmende gehörten deshalb damals im Wesentlichen nur männliche Humanressourcen. Die weiblichen Humanressourcen befanden sich hingegen unter der Zugriffskontrolle ihrer Ehemänner und waren folglich kein Gemeingut. Aus diesem Grund standen sie auf den Arbeitsmärkten nicht frei zur Verfügung.

Mit der Aufhebung der männlichen Verfügungsgewalt über ihre Ehefrauen, der Gleichberechtigung der Geschlechter, der Einführung verlässlicher Empfängnisverhütungsmittel und der Öffnung des Arbeitsmarktes für alle Frauen, änderte sich dies jedoch. In der Folge umfasste die Humanressourcen-Allmende auch die weiblichen Humanressourcen.

Ich möchte Sie bitten, an der Stelle einmal die üblichen politischen Argumente der Sozial- und Kulturwissenschaften beiseitezulegen und stattdessen anzunehmen, dass es sich bei unserer Gesellschaft um eine sozial in höchstem Maße durchlässige Gesellschaft handelt. Mit anderen Worten: All das, was sich die Soziologen in der Hinsicht erträumt haben, wäre längst Realität geworden. Für solche Gesellschaften wissen wir aber, dass sozialer Erfolg wesentlich stärker auf der individuellen genetischen Ausstattung beruht, als dies vielleicht heute noch der Fall ist. Dies geht unter anderem unmittelbar aus einem mit der Psychologin Elsbeth Stern geführten FAZ-Gespräch hervor[292]. Und selbst die Arbeiten Émile Durkheims legen den Zusammenhang nahe, ich erwähnte es. Mit anderen Worten: In der von mir beschriebenen sozial durchlässigen Gesellschaft wäre ein Arzt nicht deshalb Arzt geworden, weil seine Eltern viel Geld verdienen, sondern weil er sich für den Beruf interessiert und das Zeug dazu hat.

Des Weiteren ist bekannt, dass sich die Gene von Eltern und Kindern ähneln. Spätestens seit der allgemeinen Medienpräsenz von Vaterschaftstests und kriminalistischen DNA-Analysen gehört dies zur Allgemeinbildung. Und schließlich wissen wir noch, dass gemäß der in der Biologie allgemein akzeptierten Weismann-Barriere, Lebenserfahrungen bzw. erworbene Kompetenzen keinen Eingang in den Erbgang, das heißt, in die genetische Ausstattung finden.

Die simple Annahme, dass Unternehmen und Menschen von der Evolution geschaffene selbstreproduktive Systeme (Evolutionsakteure) sind, deren beständiges Bestreben es ist, ihre Kompetenzen zu bewahren (beziehungsweise keinen Kompetenzverlust zu erleiden), lässt dann aber die folgenden unmittelbaren Schlussfolgerungen zu:

- Ganz so wie Schafe sich für die saftigsten Weiden interessieren, werden sich die Unternehmen aus der Humanressourcen-Allmende die für sie geeignetsten Kompetenzen – ganz gleich welchen Geschlechts – heraussuchen.

- Umgekehrt werden sich Menschen, die besonders viel in ihre Kompetenzen investiert haben (zum Beispiel durch eine lange Berufsausbildung oder ein Hochschulstudium) primär um einen interessanten und gut bezahlten Job bemühen, weil sie ihre Kompetenzen auf diese Weise besonders gut und leicht reproduzieren können.

• Das Zusammenspiel der beiden Kompetenzverlustvermeidungsstrategien (der Unternehmen und der Menschen) wird eine negative Korrelation zwischen Humankompetenzen beziehungsweise sozialem Erfolg auf der einen Seite und Fortpflanzungserfolg (Kinderzahl) auf der anderen Seite hervorbringen. Sollte daneben noch ein leistungsfähiger Sozialstaat existieren (eventuell sogar in der Form eines bedingungslosen Grundeinkommens) und eine Rentenversicherung, bei der die Ansprüche maßgeblich auf der beruflich erbrachten Leistung beruhen, dann dürften sich die Effekte verstärken.

Bei dem, was Sie gerade lesen konnten, handelt es sich keineswegs um eine Fiktion, sondern um die Beschreibung einer real ablaufenden Katastrophe biblischen Ausmaßes. Es ist ein wenig so, als raste ein schwerer Meteor auf die Erde zu, der uns irgendwann alle treffen wird.

Das Verblüffende daran aber ist, und das wiederum demonstriert die Stärke der evolutionär-systemischen Analyse, dass sich all das aus minimalsten Voraussetzungen herleiten lässt. Im Grunde wird lediglich angenommen, dass die Evolution nur solche dauerhaften komplexen Systeme hervorbringt, die permanent bestrebt sind, dem auf den Urknall zurückgehenden thermodynamischen Zeitpfeil unseres Universums durch Selbstreproduktivität zu entrinnen, da alles andere sich sowieso schon bald wieder auflösen und aus der Evolution verabschieden würde. Ferner wird davon ausgegangen, dass viele individuelle Kompetenzen von Menschen eine genetische und damit erbliche Komponente besitzen. Das ist im Grunde schon alles. Und damit lässt sich dann zeigen, dass unregulierte Märkte im Zusammenhang mit Gemeingütern nicht funktionieren können, und die Kombination aus freier Marktwirtschaft, Unternehmertum und Antibiologismus beziehungsweise Gendertheorie in den Autogenozid und zur Verarmung der Gesellschaft und letztlich auch der Menschheit führt. Und in der Folge dann möglicherweise zu Bürgerkriegen, Diktaturen und vielen weiteren schrecklichen Dingen auch. Immerhin wurde in der Zwischenzeit damit begonnen, unsere Atomreaktoren sukzessive abzuschalten, denn die würden den kommenden Generationen sonst – mangels geeigneter Kompetenzen – um die Ohren fliegen.

Ich persönlich glaube nicht, dass man den Prozess jetzt noch wird stoppen können. Dafür müsste er zunächst einmal von der Politik, der Wirtschaft, den Wissenschaften und den Medien verstanden und ernst genommen werden, und ich bezweifle, dass dies noch rechtzeitig und in ausreichendem Maße geschehen wird. Auch wird das Bestreben um den eigenen

Kompetenzerhalt nicht unbedingt dazu beitragen, sich ernsthaft mit den von mir vorgetragenen Theorien und deren Konsequenzen auseinanderzusetzen. Hollywood hat dies in zahlreichen Filmen, ob *Meteor*, *Der weiße Hai* oder *Dante's Peak*, immer wieder thematisiert und problematisiert. Die menschliche Eigenart – und wohl des Lebens generell –, die Bewahrung der eigenen relativen Kompetenzen notfalls über schwerste drohende Katastrophen zu stellen, könnte man in dem Sinne fast schon zum Allgemeinwissen zählen.

Vielleicht ist vielen auch meine Argumentation zu abstrakt. Nicht jeder versteht, dass Eigenschaften, die auf alle Lebewesen zutreffen, zwangsläufig auch für Menschen gelten. Und nicht jeder ist bereit, Menschen und Unternehmen ganz allgemein als selbstreproduktive Systeme zu betrachten. Aber dennoch müsste es eigentlich noch immer genügend Denker geben, die das verstehen, was ich beschreibe, zumal das Modell letztlich so einfach ist, dass man auf seiner Grundlage Simulationen durchführen könnte[293].

Andere werden alles von sich weisen und stattdessen mit üblichen politischen Erklärungen aufwarten. Den nachweisbaren Rückgang der mittleren Intelligenz in unserem Land und das unbefriedigende Abschneiden unserer Schüler bei Bildungsvergleichen werden sie auf den schlechten Status des deutschen Bildungssystems zurückführen. Die an Schwere zunehmenden Finanzkrisen und die sich sich seit Jahrzehnten immer weiter öffnende Schere zwischen Arm und Reich werden sie je nach politischem Standpunkt als eine Folge der Gier der Reichen oder der zu starken staatlichen Eingriffe in die angeblich alles gütlich regelnden freien Märkte erläutern. Doch wo sollen solche Ursachen denn – bitteschön – herkommen? Ich darf daran erinnern: Vor 13,75 Milliarden Jahren ereignete sich ein Urknall, und der hat unsere Galaxie, unser Sonnensystem und schließlich auch uns hervorgebracht. Welche Mechanismen haben schließlich genau das entstehen lassen, was in der jeweils eigenen Theorie als ursächlich angenommen wird? Die Systemische Evolutionstheorie kann es für sich erklären, doch können es die alternativen Theorien ebenso?

10.3 Vergleich mit dem evolutionären Humanismus

Mancher wird sich vielleicht auch fragen, warum ich nicht auf der Grundlage des evolutionären Humanismus[294] der Giordano Bruno Stiftung argumentiere, deren Ethik bekanntlich gleichfalls auf der Evolutionstheorie beruht.

Dies ist jedoch nicht möglich, da bereits das evolutionstheoretische Fundament der evolutionär-humanistischen Ethik für die Breite der hier diskutierten Themen nicht tragfähig genug ist. Außerdem überzeugt mich die dort vertretene, stark soziobiologisch orientierte Vorstellung vom Leben nicht[295]:

> *"Leben" lässt sich definieren als ein auf dem "Prinzip Eigennutz" basierender Prozess der Selbstorganisation. Alle Organismen, die heute auf dem blauen Planet leben, verdanken ihre Existenz dem eigennützigen Streben ihrer Vorfahren nach Vorteilen im Kampf um Ressourcen und genetischen Fortpflanzungserfolg. Evolutionäre Humanisten geben freimütig zu, dass sich die stolzen Mitglieder der Spezies Homo sapiens in ihren Grundzielen nicht von der gemeinen Spitzmaus unterscheiden. Wie diese werden auch wir mit der tief verankerten Veranlagung geboren, eigene Lust zu steigern und eigenes Leid zu minimieren.*

Auf einer solchen Basis lässt sich all das, was weiter oben besprochen wurde, nicht einmal ansatzweise diskutieren. Daneben scheinen mir einige Grundannahmen recht fraglich zu sein. Beispielsweise dürfte die angebliche Veranlagung, eigene Lust zu steigern und eigenes Leid zu minimieren, nur der Mechanismus sein, der dafür sorgt, dass Lebewesen ihre Ziele verfolgen, nämlich insbesondere ihre Kompetenzen zu reproduzieren und Kompetenzverluste zu vermeiden. Bedeutsame Verluste verursachen bei uns ein Gefühl des Leids, wie ich im Vorwort bereits schrieb.

Auf bloße Mechanismen lässt sich jedoch keine Ethik gründen. Es ist in der Hinsicht wie beim Verhältnis von Sex und Fortpflanzung. Damit Letztere oft genug stattfindet, hat die Evolution den Sex für uns Menschen lustvoll gestaltet. Die möglichen Folgen werden jedoch heute von vielen eher als vermeidbares Leid empfunden, da sie nicht selten mit Armut und Kompetenzverlusten einhergehen. Entsprechend findet bei vielen Paaren der Sex häufig und regelmäßig, die Fortpflanzung hingegen selten oder gar nicht statt, wodurch es zu einer Verletzung des Prinzips der Generationengerechtigkeit, das heißt, zu einem gesellschaftsweit unethischen Verhalten kommt.

Hinzu kommt das Problem des angeblich eigennützigen Strebens nach Vorteilen im Kampf um genetischen Fortpflanzungserfolg. Ein solches Streben ist beim modernen Menschen im Grunde nur noch schwach ausgeprägt, wie auch Richard Dawkins konstatiert. Seine Begründung des Phänomens im *Das egoistische Gen* ist jedoch in höchstem Maße problematisch[296]:

Wir haben die Macht, den egoistischen Genen unserer Geburt und, wenn nötig, auch den egoistischen Memen unserer Erziehung zu trotzen. Wir können sogar erörtern, auf welche Weise sich bewusst ein reiner selbstloser Altruismus kultivieren und pflegen lässt – etwas, für das es in der Natur keinen Raum gibt, etwas, das es in der gesamten Geschichte der Welt nie zuvor gegeben hat. Wir sind als Genmaschinen gebaut und werden als Memmaschinen erzogen, aber wir haben die Macht, uns unseren Schöpfern entgegenzustellen. Als einzige Lebewesen auf der Erde können wir uns gegen die Tyrannei der egoistischen Replikatoren auflehnen.

Und an anderer Stelle[297]:

Wir, das heißt unser Gehirn, sind ausreichend getrennt und unabhängig von unseren Genen, um gegen sie rebellieren zu können. Wie ich bereits sagte, tun wir dies immer dann im Kleinen, wenn wir Empfängnisverhütung betreiben. Nichts spricht dagegen, uns auch im Großen gegen unsere Gene aufzulehnen.

Die Aussagen brachten ihm unter anderem den Spott des Londoner Biologen Brian Goodwin ein, der sie als stark religiös motiviert abkanzelte[298]. In jedem Fall stellt insbesondere die Behauptung, wir Menschen könnten uns "als *einzige* Lebewesen auf der Erde" "gegen die Tyrannei der egoistischen Replikatoren auflehnen", eine wissenschaftstheoretisch in höchstem Maße bedenkliche Formulierung dar.

Im *Manifest des evolutionären Humanismus* wird konsequenterweise vorgeschlagen, die soziobiologische Fassung des "Prinzips Eigennutz" um kulturelle Variablen zu erweitern[299]. Doch einmal mehr ist dann zu fragen: Wo sind diese Prinzipien hergekommen? Welchen natürlichen Mechanismus darf man sich hinter dem angeblichen Gen-Egoismus vorstellen? Und was um alles in der Welt kann dafür gesorgt haben, dass wir Menschen neuerdings nicht mehr nur den genetischen, sondern nun sogar bevorzugt auch noch den kulturellen Eigennutz – was immer das sein mag – anstreben? Es mag ja durchaus sein, dass der Gen/Mem-Egoismus letztlich die einzig sinnvolle Kompetenzbewahrungsstrategie für Lebewesen ist, was ich allerdings bezweifeln möchte. Nur sollte man dies dann auch begründen können. Und selbst wenn, es würde dennoch nichts wirklich erklären, da es sich um nichts mehr als um eine evolutionäre Strategie handelt.

Es tut mir leid, wenn ich an der Stelle vielleicht etwas penibel wirke, aber so ist Wissenschaft nun einmal. Leser mit einem eher religiösen Weltbild mögen die nächsten Absätze überspringen, denn ich habe – als Agnostiker – mit den Atheisten und Darwinisten noch ein Hühnchen zu rupfen.

Das vorliegende Buch stellt im Grunde immer wieder die gleichen – evolutionär-systemischen – Fragen: Wo kommt etwas her? Wo und wann sind die Voraussetzungen entstanden, die in einer Theorie explizit oder implizit angenommen werden?

Und dabei ist natürlich das Folgende gemeint: Vor 13,75 Milliarden Jahren entstand unser Universum buchstäblich aus dem Nichts, seitdem dehnt es sich aus und zerfällt gewissermaßen. Außerdem gelten in ihm physikalische Gesetze. Wie konnte darin das Prinzip Eigennutz entstehen beziehungsweise Gene egoistisch werden?

Nehmen wir als Beispiel einmal den Darwinismus. In seinem Buch *Das ist Evolution* präzisiert Ernst Mayr – einer der Begründer der modernen Synthetischen Evolutionstheorie – einige Voraussetzungen der Darwinschen Selektionstheorie wie folgt[300]:

Tatsache 1: Alle Populationen sind so fruchtbar, dass ihre Größe ohne Beschränkungen exponentiell zunehmen würde. (Quelle: Paley und Malthus)

Tatsache 2: Die Größe der Populationen bleibt, von jahreszeitlichen Schwankungen abgesehen, über längere Zeit gleich (Fließgleichgewicht). (Quelle: allgemeine Beobachtungen)

Tatsache 3: Jeder Spezies stehen nur begrenzte Ressourcen zur Verfügung. (Quelle: Beobachtung, von Malthus bestätigt)

Schlussfolgerung 1: Zwischen den Angehörigen einer Spezies herrscht starke Konkurrenz (Kampf ums Dasein). (Quelle: Malthus)

Doch worauf beruhen die angenommene Fruchtbarkeit und Konkurrenz? Auf der Lebendigkeit der Individuen? Weil Leben nun einmal so ist? Das wäre problematisch, denn dann könnten diejenigen, die ich gerade zum Überspringen des Abschnitts aufgefordert habe, behaupten, die Eigenschaften stammten von Gott, denn in dem Prozess, der die Evolution des Lebens gemäß Darwin beschreibt, werden sie bereits vorausgesetzt. Sie müssten also ganz woanders herkommen.

Außerdem wäre dann selbst Theodosius Dobzhanskys Satz "*nichts macht in der Biologie Sinn, außer im Lichte der Evolution*" zu hinterfragen, da er gewissermaßen vom gleichen Charakter wie das Mantra der Soziologen "*Soziales muss durch Soziales erklärt werden*" wäre. Die Biologie würde sich folglich aus sich selbst heraus erklären.

Oder nehmen wir die *Theorie der egoistischen Gene*. Im *Das egoistische Gen* schreibt Dawkins dazu[301]:

Ich werde zeigen, dass die fundamentale Einheit für die Selektion und damit für das Eigeninteresse nicht die Art, nicht die Gruppe und – streng genommen – nicht einmal das Individuum ist. Es ist das Gen, die Erbeinheit.

Und an anderer Stelle[302]:

Die These dieses Buches ist, dass wir und alle anderen Tiere Maschinen sind, die durch Gene geschaffen wurden.

Dass die ursprünglichsten und einfachsten Lebensformen einmal ganz wesentlich auf der DNA beziehungsweise auf Replikatoren beruhten, ist durchaus vorstellbar. Mit irgendetwas muss das Leben schließlich angefangen haben, warum nicht ausgerechnet mit einem Speicher- und Vervielfältigungsmechanismus? Doch warum und auf der Grundlage welcher physikalischen Gesetzmäßigkeiten unseres Universums sollen Gene die fundamentale Einheit für die Selektion und das Eigeninteresse sein?

Die Standardantwort der Sozio- und Evolutionsbiologien auf solche Fragen lautet im Allgemeinen: "Das ist alles nur metaphorisch gemeint". Womit wir jedoch kein Stück weiter sind, denn auch metaphorische Antriebe sollten auf reale Mechanismen zurückführbar sein, speziell dann, wenn sie einer Weltanschauung wie dem evolutionären Humanismus als Grundlage dienen.

Metaphorisch könnte ich mich im Rahmen der Systemischen Evolutionstheorie ebenfalls ausdrücken, zum Beispiel wie folgt: "Wir und alle anderen Tiere sind Maschinen, die Kompetenzen gegenüber ihrer Umwelt besitzen, mit denen aus ihr Ressourcen erlangt werden können, um die Kompetenzen zu reproduzieren". Und im Anschluss daran würde ich noch etwas über "egoistische Kompetenzen" philosophieren. Woraufhin Sie, als Leser, zu Recht bemängeln könnten, dass sich dafür nun garantiert kein einziges stützendes Naturgesetz finden ließe.

Doch so argumentiert die Systemische Evolutionstheorie eben gerade nicht. Ich darf noch einmal an den entscheidenden Punkt erinnern: Das Wesen unseres Universums, sein fortwährender Zerfall beziehungsweise der ihm entsprechende thermodynamische Zeitpfeil, lassen die Existenz dauerhafter Systeme von sehr hoher Komplexität äußerst unwahrscheinlich werden, jedenfalls auf der Grundlage rein physikalischer Gegebenheiten. Der entscheidende Leistungssprung des Lebens war es, diese grundsätzliche Limitation unseres Kosmos lokal auf unserer Erde und unter den dort vorherrschenden günstigen Bedingungen überwunden zu haben, und zwar durch Informationsverarbeitung, das heißt auf ziemlich genau die Weise, wie ich es wenige Zeilen zuvor bereits formuliert hatte: durch den Besitz von Kompetenzen gegenüber der Umwelt, mit denen Ressourcen erlangt werden können, um die Kompetenzen zu reproduzieren und zusätzlich durch den inneren Antrieb, dies fortwährend zu versuchen. Vereinfacht gesagt: Für passive Systeme bestehen in unserem Universum Komplexitätsgrenzen, für aktive (Akteure) hingegen nicht.

Dies hat weitreichende Konsequenzen, denn selbstverständlich ist bei einer solchen Weltsicht der eigentliche Evolutionsantrieb in den Systemen (in den Akteuren) und nicht in den Genen. Standen bei der reduktionistischen *Theorie der egoistischen Gene* noch die kleinsten Evolutionseinheiten (die Gene) im Fokus des Geschehens, so dominieren in der Systemischen Evolutionstheorie die größten und ressourcenreichsten Systeme. Profan gesagt: Der Zusammenbruch von Lehman Brothers hat gemäß der Systemischen Evolutionstheorie für die weitere Entwicklung der Menschheit eine größere Bedeutung, als der Tod von Susanne Mustermann oder der genetische Reproduktionserfolg von Hans Müller.

Dass solche Großsysteme ähnlich agieren wie Lebewesen, liegt auf der Hand: Die weiter oben beschriebenen Naturgesetze lassen nichts anderes zu. Als Systeme von sehr hoher Komplexität können sie nur dann über einen längeren Zeitraum bestehen, wenn "*sie Kompetenzen gegenüber ihrer Umwelt besitzen, mit denen sie aus ihr Ressourcen erlangen, um die Kompetenzen zu reproduzieren, und sie dies zusätzlich fortwährend versuchen*". Die Triftigkeit der Argumentation bekam die Welt beim Zusammenbruch der Lehman Brothers Bank vorgeführt: Wenige Stunden, nachdem sie ihre Marktkompetenzen verloren und ihre Tore geschlossen hatte, löste sie sich in ihre Bestandteile auf, ganz so, wie es bei einem verstorbenen Individuum geschieht.

Manch einer wird einwenden, dass Menschen zwar etwas "wollten", Unternehmen wie die Deutsche Bank hingegen nicht. Dort beschränkte sich das Wollen auf die Investoren, Anteilseigner, Manager, Mitarbeiter etc.

Ich halte den Einwand für wenig stichhaltig, denn auch in menschlichen Gehirnen kommen Entscheidungen durch das Zusammenwirken vieler Neuronen (Zellen) zustande. Nach außen hin mag dann dennoch der Eindruck entstehen, als wollte der Mensch in seiner Gesamtheit beziehungsweise als Person (als System) etwas.

Gegenstand der Erörterungen an dieser Stelle ist einmal mehr die Frage nach der "Ebene der Selektion", für die Richard Dawkins in dem weiter oben zitierten Satz aus seinem Buch *Das egoistische Gen* eine spezifische Antwort gab: Sind evolutionäre Prozesse primär aus der Sicht von Gruppen, von Individuen oder der Gene – beziehungsweise allgemeiner: der Replikatoren – zu betrachten? Oder etwas konkreter: Erfolgt die technische Evolution auf der Ebene der Produkte (zum Beispiel der Mobiltelefone) oder der Unternehmen (zum Beispiel der Mobiltelefonhersteller)? Ich bin der festen Überzeugung, dass man an den hier vorgetragenen Gründen für ein Evolutionsmodell, welches den eigentlichen evolutionären Antrieb in den Evolutionsakteuren (das heißt, in den sich selbst reproduzierenden komplexen Systemen, die sich dem universalen Zerfall zu widersetzen versuchen) annimmt, letztlich nicht vorbeikommt. Wer eine andere Weltsicht präferiert, bei der etwa die Gene im Zentrum der Evolution stehen, der sollte dies meiner Meinung nach genauso begründen können, wie ich es beim Evolutionsmodell der Systemischen Evolutionstheorie versucht habe, nämlich über einen Rückgriff auf grundsätzliche physikalische Gesetzmäßigkeiten.

Es geht mir nicht darum, mit Darwin oder Dawkins ins Gericht zu gehen oder mich gar über sie zu erheben. Das steht mir nicht zu. Charles Darwin wusste noch nichts über ein expandierendes Universum und dessen sukzessiven energetischen Zerfall. Und Richard Dawkins Weltsicht ist die des Reduktionismus. Systeme oder gar unterschiedliche Systemhierarchien haben darin keinen Platz, da alles Geschehen auf angeblich ursächliche kleinste Einheiten zurückgeführt wird.

Allerdings behaupte ich, dass sowohl die Darwinsche Evolutionstheorie als auch deren Variation in der Form der *Theorie der egoistischen Gene* heute nicht mehr zeitgemäß sind. Sie sind nicht leistungsfähig genug, um die uns umgebenden raschen Evolutionsprozesse beschreiben zu können. Ein hartnäckiges Beharren auf deren Gültigkeit über das enge Anwendungsgebiet der "Wildnis" hinaus würde der wissenschaftlichen Erkenntnis schaden. Das gilt auch für ethische Überlegungen. Es ist beispielsweise ein himmelweiter Unterschied, ob man seine ethischen Grundsätze auf der Annahme beruhen lässt, dass "*alle Organismen, die heute auf dem blauen Planet leben, ihre Existenz dem eigennützigen Streben ihrer Vorfahren nach Vorteilen im Kampf um Ressourcen und genetischen Fortpflanzungserfolg verdanken*", oder ob man stattdessen – wie im vorliegenden Buch – annimmt, dass alle Lebewesen und sonstigen Evolutionsakteure bestrebt sind, ihre Lebensraumkompetenzen zu reproduzieren, so etwa Wissenschaftler im Wissenschaftsbetrieb, Politiker gegenüber den Wählern und die Deutsche Bank oder Volkswagen auf den Märkten. Es handelt sich hierbei letztlich um einen Paradigmenwechsel. Und dieser hat Auswirkungen bis in das konkrete politische Handeln hinein. Wenn man nämlich davon ausgeht, dass Banken im Wettbewerb stehende selbstreproduktive Systeme sind, wird man nicht ernsthaft annehmen können, dass sie nach Beendigung einer Finanzkrise, ein paar frommen Worten, der Ermahnung, in Zukunft doch bitte weniger gierig zu sein und der Bereitstellung von sehr viel Steuergeld sich plötzlich tatsächlich weniger gierig verhalten.

Unabhängig davon überzeugt mich der dem evolutionären Humanismus zugrunde liegende replikatorenbasierte Ansatz der *Theorie der egoistischen Gene* insgesamt nicht. Genauso könnte man behaupten, der Firma Microsoft ginge es in erster Linie um die möglichst starke Verbreitung von Windows-Programmen oder gar um den Erhalt irgendwelcher egoistischen, in C++ verfassten Programmmodule. C++ ist jedoch nur eine Programmiersprache. Und ganz entsprechend ist die DNA letztlich nur das Speichermittel, mit dem Lebewesen ihre Kompetenzen vorhalten und reproduzieren. Mehr sollte man daraus nicht machen.

Und schließlich halte ich den evolutionären Humanismus für nicht wirklich evolutionär. Dabei wird zwar versucht, den Menschen und viele seiner Eigenschaften und Eigenarten aus der Evolution heraus zu erklären, das reicht aber bei Weitem nicht, da dies nur ein Bezug auf die evolutionäre Vergangenheit des Menschen ist. Mindestens gleich wichtig ist jedoch dessen evolutionäre Zukunft. Anders gesagt: Es fehlt die generationenübergreifende Betrachtung mit besonderer Berücksichtigung des Themas Generationengerechtigkeit (dazu gleich mehr).

Ich möchte das an einem Beispiel erläutern: Stellen Sie sich eine autarke moderne Gesellschaft mit 10 Millionen Einwohnern vor, die eine riesengroße Fabrik zur Herstellung aller benötigten Konsumprodukte betreibt. Von den ca. 7 Millionen Erwerbspersonen arbeiten 1 Million in der Fabrik, 1 Million für die Infrastruktur, 1 Million im Dienstleistungsgewerbe, 1 Million in der Investitionsgüterindustrie, 1 Million für Bildung und Information, 1 Million in der Landwirtschaft und 1 Million in der Verwaltung. Alle Menschen leben im Sinne der Leitkultur des evolutionären Humanismus, infolgedessen existieren weder Religionen noch Kirchen. Da man sich an die Maxime hält, die eigene Lust zu steigern und das eigene Leid zu minimieren, kommen seit der Erfindung der Pille pro Jahr nur noch zehntausend Kinder zur Welt. Im Erwachsenenalter sind sie zahlenmäßig nicht mehr in der Lage, die Fabrikproduktion aufrechtzuerhalten, genügend Lebensmittel anzubauen und die komplexe Infrastruktur zu betreiben. Die Gesellschaft fällt deshalb zunächst in eine Agrarge-sellschaft zurück, eine Generation später ist sie ausgestorben.

Das Problem der Gesellschaft beziehungsweise ihrer evolutionär-humanistischen Ethik war, dass in ihr keine Entsprechung zum biblischen "*Seid fruchtbar und mehret euch*"[303] existierte. Ökonomisch ausgedrückt könnte man sagen, dass sie zu sehr im Diesseits verhaftet war und ihrem Denken generell eine zu hohe Zeitpräferenz anhaftete, oder in den Worten Rahim Taghizadegans[304]:

Während die Sorge vor der Endlichkeit der eigenen Existenz zu höhe-rer Zeitpräferenz drängt, verringern transzendentale Motive die Über-bewertung der Gegenwart. Das sind etwa religiöse Vorstellungen, die über die eigene Existenz hinausreichen. Im Schnitt kann man auch davon ausgehen, dass Menschen mit Kindern eine etwas niedrigere Zeitpräferenz besitzen, wenn sie ihren Kindern etwas hinterlassen möchten. Die Überalterung einer Gesellschaft und mangelnder Nach-wuchs lassen also eher einen Anstieg der Zeitpräferenz erwarten.

Hier könnte man noch anfügen, dass umgekehrt die Überalterung einer Gesellschaft und mangelnder Nachwuchs Hinweise auf eine generell zu hohe Zeitpräferenz in der Population sind. Gestützt wird eine solche These durch Untersuchungen zum unterschiedlichen Fertilitätsverhalten religiöser und nichtreligiöser Menschen[305].

Beim Aufziehen von Kindern handelt es sich um eine langfristige Investi-tion zur Bewahrung der eigenen genetischen und kulturellen Kompeten-zen. Sie besitzt eine sehr niedrige Zeitpräferenz, da ihre Amortisation erst in der nächsten Generation erfolgt, und das auch noch zum Nutzen anderer (den Nachkommen beziehungsweise der nächsten Generation). Im Investitionszeitraum ist hingegen ein Verzicht auf Ressourcen erfor-derlich. Genau dieser Verzicht wird heute jedoch nicht mehr in ausrei-chendem Maße geleistet, im Gegenteil. Statt der nächsten Generation Vermögenswerte zu hinterlassen, werden ihr Schulden aufgehalst.

Natürlich könnte unsere fiktive Gesellschaft ihr generationenübergreifen-des Problem auch anders als mit religiösen Normen lösen. Mit dem Familienmanager-Konzept habe ich selbst einen entsprechenden Vor-schlag unterbreitet. Ohne eine entsprechende Komponente, die beschreibt, wie gesellschaftliche Kompetenzen generationenübergreifend bewahrt werden können, ist eine evolutionär-humanistische Ethik substanziell unvollständig. Sie wäre gegenüber religiösen Ethiken nicht dauerhaft konkurrenzfähig.

Die aktuelle Nachwuchssituation unserer Gesellschaft ist allerdings mittlerweile bereits dermaßen verfahren und bedrohlich, dass religiöse und nichtreligiöse Kräfte in dieser Frage nun sinnvollerweise nicht weiter gegeneinander arbeiten, sondern stattdessen miteinander kooperieren sollten. Ohne eine nennenswerte Unterstützung durch die Religionen wird man das aufkommende Problem meiner Meinung nach nicht mehr in den Griff bekommen. Darauf wiesen auch andere Autoren hin[306].

10.4 Ethische Forderung: Generationengerechtigkeit

Wie bei allen nichtreligiösen Welterklärungsansätzen stellt sich auch bei der Systemischen Evolutionstheorie die Frage, ob sich bereits aus der Theorie, das heißt ohne Rückgriff auf sonstige religiöse oder weltanschauliche Gesichtspunkte, irgendwelche ethischen beziehungsweise politischen Konsequenzen herleiten lassen. Entsprechende Bemühungen hat es auf der Grundlage der Darwinschen Evolutionstheorie ebenfalls gegeben, doch haben sie sich im Nachhinein als äußerst problematisch herausgestellt (siehe die Ausführungen zum Sozialdarwinismus).

In der Vorstellung der Systemischen Evolutionstheorie ist Evolution ein Kompetenz erhaltender – und damit auch Kompetenz entfaltender – Prozess. Populationen aus Evolutionsakteuren, denen die Bewahrung ihrer Kompetenzen gegenüber einem sich ständig verändernden Lebensraum nicht gelingt, scheiden sukzessive aus dem Evolutionsgeschehen aus.

Da alle Generationen aus dem Bemühen ihrer Vorgängergenerationen, ihre Kompetenzen fortwährend zu bewahren, zu entwickeln und weiterzugeben, entstanden sind, könnte man ein solches Bestreben gleichsam als Verhaltensnorm für die aktuelle Generation erheben. Sie entspricht dem *Prinzip der Generationengerechtigkeit*[307]:

Generationengerechtigkeit bedeutet, dass die heutige Generation der nächsten Generation die Möglichkeit gibt, sich ihre Bedürfnisse mindestens im gleichen Ausmaß wie die heutige Generation zu erfüllen.

Auf diese Weise ließe sich durchaus evolutionstheoretisch begründen, warum eine Generation nicht alle Meere verseuchen, alle kritischen Ressourcen verbrauchen, beliebig viele Schulden anhäufen oder das Klima unwiderruflich verändern darf.

Eine große Verwandtschaft mit dem Prinzip der Generationengerechtigkeit besitzt der Begriff der evolutionär stabilen Strategie (ESS)[308], bei der jedoch spieltheoretische Aspekte im Vordergrund stehen. Aus evolutionstheoretischer Sicht können die Konzepte der fortwährenden Kompetenz-bewahrung, der Generationengerechtigkeit und der evolutionär stabilen Strategie als weitestgehend synonym betrachtet werden[309].

Im Rahmen des Buches konnte gezeigt werden, dass das Prinzip der natürlichen Selektion in menschlichen Wohlfahrtsstaaten nur noch von untergeordneter Bedeutung ist, stattdessen kommt es darin vorrangig zur sozialen Selektion aufgrund menschengemachter sozialer Selektionsfakto-ren. Wohlfahrtsstaaten müssen sich folglich auf eine bestimmte Weise organisieren, um ihre humanen Kompetenzen fortwährend bewahren zu können. Nicht jede beliebige Organisationsform ist dazu in der Lage. Man könnte aus evolutionstheoretischer Sicht somit die politische Forderung erheben, menschliche Sozialstaaten seien so zu organisieren, dass in ihnen das Prinzip der Generationengerechtigkeit gewahrt bleiben kann. Dem-entsprechend wäre im Rahmen der Einführung neuer sozialer Maßnah-men grundsätzlich der Nachweis zu führen, dass das Vorhaben evolutio-när stabil beziehungsweise generationengerecht ist, denn nur dann kann angenommen werden, dass mit ihm keine langfristigen Verschlechterun-gen der Lebensumstände für die kommenden Generationen einhergehen. Beispielsweise lässt sich recht leicht zeigen, dass die genannten Kriterien weder vom bedingungslosen Grundeinkommen (BGE) noch der Gleich-berechtigung der Geschlechter bei Beibehaltung der Wirtschaftsfunktion der Familie erfüllt werden.

---

[281] Braitenberg, Valentin (2011): Information - der Geist in der Natur, Stuttgart: Schattauer, S. 157

[282] Mersch, Peter: Bevölkerungsplanung -
http://knol.google.com/k/bev%C3%B6lkerungsplanung

[283] Maturana, Humberto R./Varela, Francisco J. (1990): Der Baum der Erkenntnis: Die biologischen Wurzeln menschlichen Erkennens. München: Goldmann

[284] Kuhn, S. L./Stiner, M. C. (2006): What's a mother to do? A hypothesis about the division of labor and modern human origins. Current Anthropology 47(6), S. 953-980 - http://www.u.arizona.edu/~mstiner/pdf/Kuhn_Stiner2006.pdf

[285] scienceticker.info, 05.12.2006: Forscher: Neandertaler schwach mangels Arbeitstei-lung - http://www.scienceticker.info/2006/12/05/forscher-neandertaler-schwach-mangels-arbeitsteilung/

[286] Demgegenüber schreibt Alice Schwarzer in Schwarzer, Alice (2007): Die Antwort. Köln: Kiepenheuer & Witsch, S. 45: "Zahlreiche Funde der neueren Zeit sprechen

eher für eine Teilnahme der Frauen an der Jagd, während der Nachwuchs vom zurückbleibenden Rest versorgt wurde, von Alten oder Fußlahmen. Leuchtet ja auch ein. Als hätten die Steinzeitmenschen sich das Brachliegen einsetzbarer Kräfte erlauben können." Nun, offenbar war das Brachliegenlassen der Reproduktivkräfte einer unserer entscheidenden evolutionären Vorteile gewesen.

[287] American International Group, Inc - http://de.wikipedia.org/wiki/American_International_Group. Die AIG ist einer der größten Versicherungskonzerne der Welt.

[288] FAZ, 15.08.2011: Frank Schirrmacher: Bürgerliche Werte - "Ich beginne zu glauben, dass die Linke recht hat" - http://www.faz.net/aktuell/feuilleton/buergerliche-werte-ich-beginne-zu-glauben-dass-die-linke-recht-hat-11106162.html

[289] Mersch, Peter: Bevölkerungsplanung - http://knol.google.com/k/bev%C3%B6lkerungsplanung

[290] FAZ, 05.09.2010: Frank Schirrmacher: Sarrazins Quellen - Biologismus macht die Gesellschaft dümmer - http://www.faz.net/artikel/S30128/sarrazins-quellen-biologismus-macht-die-gesellschaft-duemmer-30305907.html

[291] Geht man davon aus, dass praktisch alle Kompetenzen der Paradiesvögel in deren Genen vorgehalten und darüber auch vererbt werden, dann deckt sich die Antwort der Systemischen Evolutionstheorie mit der Richard Dawkins.

[292] FAZ, 02.09.2010: Jeder kann das große Los ziehen - http://www.faz.net/artikel/C30297/die-intelligenzforscherin-elsbeth-stern-im-interview-jeder-kann-das-grosse-los-ziehen-30038371.html

[293] Mit geeigneten Simulationsmodellen könnte man eventuell manche ungünstigen Seiteneffekte bereits vor der Einführung von geplanten sozialen Maßnahmen entdecken.

[294] Schmidt-Salomon, Michael (2006): Manifest des evolutionären Humanismus: Plädoyer für eine zeitgemäße Leitkultur. Aschaffenburg: Alibri

[295] Schmidt-Salomon, Michael (2006): Manifest des evolutionären Humanismus: Plädoyer für eine zeitgemäße Leitkultur. Aschaffenburg: Alibri, S. 17

[296] Dawkins, Richard (2007): Das egoistische Gen. München: Elsevier, S. 334

[297] Dawkins, Richard (2007): Das egoistische Gen. München: Elsevier, S. 496

[298] Vgl. Brockman, John (1996): Die dritte Kultur. Das Weltbild der modernen Naturwissenschaft, München: Goldmann, S. 118: "Die interessanteste Erkenntnis taucht am Ende von 'Das egoistische Gen' auf, wenn Richard sagt, die Menschen könnten als einzige Spezies ihrem egoistischen Erbteil entgehen und durch Erziehung zu echten Altruisten werden. Ich stellte plötzlich fest, daß die vier zuvor genannten Punkte

seine Neufassung von vier sehr vertrauten Prinzipien des christlichen Fundamentalismus waren, welche so lauten: 1. Der Mensch ist als Sünder geboren. 2. Wir haben ein egoistisches Erbe. 3. Deshalb ist die Menschheit zu einem aus Kampf und ständiger Mühsal bestehenden Leben verdammt. 4. Aber es gibt eine Erlösung. Damit hat Richard klargemacht, daß der Darwinismus eine Art Umwandlung der christlichen Theologie darstellt. ... Ich habe den Verdacht, daß Richard in irgendeinem Stadium seines Lebens recht religiös war; dann machte er eine Art Bekehrung zum Darwinismus durch, und jetzt wünscht er inbrünstig, daß andere sich das als Lebensweise zu eigen machen."

[299] Schmidt-Salomon, Michael (2006): Manifest des evolutionären Humanismus: Plädoyer für eine zeitgemäße Leitkultur. Aschaffenburg: Alibri, S. 18

[300] Mayr, Ernst (2005): Das ist Evolution. Mit einem Vorwort von Jared Diamond, München: Goldmann, S. 148

[301] Dawkins, Richard (2007): Das egoistische Gen. München: Elsevier, S. 50f.

[302] Dawkins, Richard (2007): Das egoistische Gen. München: Elsevier, S. 37

[303] bibel-online.net: 1. Mose - Kapitel 1 - http://www.bibel-online.net/text/luther_1912/1_mose/1/

[304] Taghizadegan, Rahim (2011): Wirtschaft wirklich verstehen. Einführung in die Österreichische Schule der Ökonomie, München: FinanzBuch Verlag, S. 123

[305] Vaas, Rüdiger/Blume, Michael (2009): Gott, Gene und Gehirn: Warum Glaube nützt. Die Evolution der Religiosität. Stuttgart: Hirzel

[306] Duve, Christian de (2011): Die Genetik der Ursünde. Die Auswirkung der natürlichen Selektion auf die Zukunft der Menschheit, Heidelberg: Spektrum Akademischer Verlag, S. 201ff.

[307] Tremmel, Jörg (2005): Bevölkerungspolitik im Kontext ökologischer Generationengerechtigkeit, Wiesbaden: VS Verlag, S. 98

[308] Dawkins, Richard (2007): Das egoistische Gen. München: Elsevier, S. 137ff.

[309] Susan Blackmore erklärt das Evolutionsprinzip wie folgt (Blackmore, Susan (2003): Evolution und Meme. Das menschliche Gehirn als selektiver Imitationsapparat. In: Becker, A. et al. (Hrsg.): Gene, Meme und Gehirne: Geist und Gesellschaft als Natur, Frankfurt: Suhrkamp, S. 50): "Wenn es Lebewesen gibt, die in ihrer Form untereinander variieren, und wenn es eine Selektion dahingehend gibt, daß nur einige dieser Lebewesen überleben, und wenn die Überlebenden all das an ihre Nachkommen weiterreichen, was ihnen beim Überleben behilflich war, dann müssen diese Nachkommen im Schnitt besser als ihre Eltern an diejenige Umwelt angepaßt sein, in der die Selektion stattfand." Die Formulierung macht die Ähnlichkeit des Evolutionsprinzips mit dem Prinzip der Generationengerechtigkeit unmittelbar deutlich.

11 Was tun?

Mit dem abschließenden Kapitel habe ich mich ganz besonders schwer getan, da ich im Grunde der Auffassung bin, dass alle erst jetzt begonnenen Maßnahmen sowieso zu spät kommen, und man eigentlich nichts mehr tun kann. Auch bin ich äußerst skeptisch, was die Natur des Menschen angeht. Ich befürchte, dass es erst wieder gehörig krachen muss, bevor man schließlich ernsthaft reagiert. Die Aussage – wie im Film *Dante's Peak* –, dass der nahe der Stadt emporragende Vulkan aller Wahrscheinlichkeit nach explodieren wird, reicht den Menschen im Allgemeinen nicht, jedenfalls, wenn ein Befolgen der empfohlenen Maßnahmen für sie mit erheblichen Kompetenzverlusten verbunden ist. Es darf also nicht verwundern, wenn der warnende Vulkanologe zu ganz anderen Empfehlungen kommt, als die Menschen, an die er sich mit seinen Warnungen wendet.

Auf der anderen Seite möchte auch ich die Hoffnung noch nicht ganz aufgeben, zumal sie bekanntlich immer erst zuletzt stirbt. Ich wäre auch durchaus zu mancherlei Zusammenarbeit bereit, allerdings zu keiner politischen. Politik ist in meinen Augen reine Interessenvertretung, und zwar einerseits für die aktuelle Generation, andererseits für die menschlichen Superorganismen, das heißt für die Wirtschaft. Sie wird die ernsthaften Probleme nicht lösen können, mit der wir es zu tun haben.

Und schließlich sollte man meiner Meinung nach einen Text nie zu pessimistisch enden lassen. Auch deshalb folgt nun noch eine halbherzig hoffnungsfrohe finale Botschaft: Es gibt zwar viel zu tun, doch die Sache ist nicht ganz aussichtslos.

Ich habe mich dabei auf Vorschläge beschränkt, die aus der Makrosicht des Evolutions- und Systemtheoretikers überhaupt ernsthaft getätigt werden können. Sie werden aus diesem Grund auch nichts über Finanztransaktionssteuern, Bankenabgaben und dergleichen mehr lesen, zumal ich davon ohnehin zu wenig verstehe. Als Evolutionstheoretiker hat man andere Themen und kommt oftmals auch zu gänzlich anderen Ergebnissen. Um ein markantes Beispiel zu nennen: Anders als für viele Historiker ist für mich die europäische Bevölkerungsexplosion des 19. Jahrhunderts die alles entscheidende Ursache für die sich daran anschließenden beiden Weltkriege. Wenn Sie das Buch bis hierhin recht gründlich gelesen haben sollten, werden Sie vermutlich erahnen warum.

Im Jahr 1816 lebten auf dem Gebiet des späteren Deutschen Reichs 25 Millionen Menschen, am Vorabend des Ersten Weltkriegs waren es bereits 68 Millionen[310]. Weitere fünf Millionen waren – vor allem nach Übersee – ausgewandert[311]. Zwischen 1900 und 1910 erreichte die jährliche deutsche Bevölkerungszuwachsrate mit rund 1,5 Prozent ihren Höhepunkt. Die Bevölkerung nahm in dieser Periode schneller zu als jemals zuvor und jemals danach in der deutschen Geschichte[312]. Der Zuwachs war auch stärker als in den meisten anderen europäischen Ländern.

Als Evolutionstheoretiker blickt man gewissermaßen aus der Mondperspektive auf ein solches irdisches Geschehen. Man sieht dann zunächst 25 Millionen wuselnde Evolutionsakteure, die alle bestrebt sind, ihre Kompetenzen zu reproduzieren – sie verhalten sich nachhaltig gegenüber ihren Kompetenzen und ausbeutend gegenüber ihrer Umwelt –, und wenig später sieht man auf dem gleichen Gebiet schon 73 Millionen, von denen fünf Millionen aus lauter Verzweiflung das Weite suchen, während es für die restlichen immer enger und bedrängender wird, vor allem für die zahlreichen jungen Menschen, die erst noch ihren Platz in der Gesellschaft finden müssen. Insoweit halte auch ich die von Gunnar Heinsohn vertretene Youth-Bulge-Hypothese für überaus plausibel[313].

Unter solchen Verhältnissen ist es dann aber nur noch eine Frage der Zeit, bis ein Hitler auftaucht – und auch Gehör findet –, der anderen die Schuld an der eigenen Misere, nämlich der begrenzten Möglichkeit, die eigenen Kompetenzen zu reproduzieren, gibt, zum Beispiel die Juden oder die Ausländer generell, und der obendrein meint, man sei ohnehin ein Volk ohne Raum. Liest man sich heute durch die Planungen der Nationalsozialisten zur Kolonialisierung des Ostens[314], dann wird unmittelbar deutlich, wie das damalige Sein das Bewusstsein vieler Menschen formte. Prompt entstanden die zur Situation und zur eigenen Interessenlage passenden Theorien, deren Ziel es letztlich war, sich im Wettbewerb um die Reproduktion der eigenen Kompetenzen Vorteile zu verschaffen. Das ist im Grunde auch heute nicht viel anders, wie ich dargelegt habe, lediglich die Methoden sind sanfter geworden.

Als Evolutionstheoretiker bewege ich mich – wie beschrieben – gedanklich auf einem sehr abstrakten Level, nämlich der Informations- und Energieausbreitung und der Evolutionsakteure. Auf der gleichen Ebene müssen dann aber auch die Vorschläge angesiedelt sein, die ich zu unterbreiten habe. Sie werden aus diesem Grunde nicht die gleiche Detailtiefe besitzen können, wie beispielsweise in Christian Felbers Gemeinwohl-Ökonomie[315]. Auch wenn ich manchen seiner Vorschläge durchaus wohlwollend gegenüberstehe, halte ich den Detaillierungsgrad seiner Konzeption für deren eigentliche Schwäche. Er versucht, an so vielen Stellen gleichzeitig etwas zu ändern, dass nach einer Umsetzung des Konzepts ohnehin niemand mehr beurteilen könnte, was denn nun eigentlich wo und wie gewirkt hat. Beispielsweise sollen in seiner Ökonomie Unternehmen zusätzliche Gemeinwohlpunkte erhalten, wenn ihre Leitungsgremien nicht nur einen 20-prozentigen, sondern sogar einen 50-prozentigen Frauenanteil besitzen[316]. Dies scheint mir problematisch zu sein. Aus Gründen der Generationengerechtigkeit beziehungsweise aus evolutionären Gründen könnte vielleicht eine Elternquotenregelung für Führungspositionen Sinn machen[317], aber für (kinderlose) Frauen? Dies wäre dann wohl eher eine Maßnahme zur beschleunigten Plünderung des gesellschaftlichen Humanvermögens, jedenfalls in einer generationenübergreifenden, evolutionären Sicht.

Weil die aktuellen und noch auf uns zukommenden sozialen und globalen Probleme dermaßen groß und tief greifend sind, sollten es die Vorschläge meiner Meinung nach ebenfalls sein. Alles andere dürfte sowieso keine nennenswerte Wirkung erzielen. Man erkennt das unmittelbar am demografischen Wandel. Wer etwa glaubt, er könne eine solche Fehlentwicklung durch eine verbesserte Krippeninfrastruktur in den Griff bekommen, hat den demografischen Wandel meiner Meinung nach nicht einmal ansatzweise verstanden.

Ich werde mich deshalb im Folgenden auf einige wenige "große" Vorschläge beschränken.

11.1 "Mondprogramm"

Beim Mondprogramm (Apollo-Programm) handelte es sich um eine im Jahr 1961 – anlässlich der damaligen sowjetischen Raumfahrterfolge – vom US-Präsidenten John F. Kennedy initiierte kollektive Anstrengung der amerikanischen Gesellschaft, noch im gleichen Jahrzehnt einen Astronauten zum Mond zu schicken und ihn von dort wieder sicher auf die Erde zurückzuholen. Der Auftrag wurde mit der Mission Apollo 11 im Juli 1969 termingerecht erfüllt.

Heute stehen wir vor weit größeren Herausforderungen. Fast täglich hört man etwas von einer denkbaren Kernschmelze des internationalen Finanzsystems, von zu niedrigen Geburtenraten in den Industrienationen und dem demografischen Wandel, von Bildungsdefiziten bei unseren Kindern, von einer Zunahme der globalen Armut, von einer sich öffnenden Schere zwischen Arm und Reich, vom bevorstehenden Klimawandel, von Ressourcenverknappungen, vom Artensterben, von nicht sicheren Renten und dergleichen mehr. Bei einigen der genannten Probleme kennt man aktuell weder Ursachen noch Lösungsansätze. Zum Teil weiß man nicht einmal, womit man es überhaupt zu tun hat. Im Grunde ist man völlig ratlos.

Das Clay Mathematics Institute in Cambridge (Massachusetts) hat im Jahr 2000 jeweils eine Million US-Dollar für die Lösung eines von sieben mathematischen Millennium-Problemen ausgelobt. Auch wurde den CERN-Physikern mit dem Large Hadron Collider ein mehr als 3 Milliarden Euro teurer Teilchenbeschleuniger hingestellt, damit ihnen der Nachweis des schon länger prognostizierten und gesuchten Higgs-Bosons endlich gelinge. Zufälligerweise steht nur gerade die zivilisierte Welt kurz vor ihrem Zusammenbruch. Und wie ich im vorliegenden Buch gezeigt habe, sind die Ursachen zum Teil dermaßen tief gehend, miteinander verzahnt und multidisziplinär, dass die verschiedenen wissenschaftlichen Fachdisziplinen auf ihren Gebieten bestenfalls Teilaspekte beleuchten können.

Was wir dringend benötigen, ist ein "Mondprogramm" zur Rettung der zivilisierten Welt. Daran beteiligt werden sollten die klügsten, unabhängigsten und querdenkensten Köpfe, die man bekommen kann, ganz so, wie es im Rahmen des Apollo-Programms oder Manhattan-Projekts geschah. Ein Großteil davon sollte nach Möglichkeit Mathematiker oder Naturwissenschaftler sein. Gefragt sind nämlich diesmal keine langatmigen und anmerkungsreichen Abwägungen, in denen alle Gänsefüßchen korrekt gesetzt sind, sondern konkrete Vorschläge und Lösungen. Mit anderen Worten: Man braucht vor allem Menschen, die es gewohnt sind, lösungsorientiert zu denken, und dabei weitestgehend unpolitisch an die Aufgabenstellung herangehen. Einige dieser Köpfe wird man möglicherweise mit Geld anwerben müssen, bei anderen mag der Hinweis genügen, dass Higgs-Bosone und Riemannsche Vermutung aktuell nicht mehr unbedingt erste Priorität besitzen, sondern die Rettung der Welt.

Das Ergebnis des "Mondprogramms" wären konkrete Lösungsvorschläge (inklusive der zugehörigen Begründungen, warum nun gerade das und nicht etwas anderes vorgeschlagen wird) und Umsetzungspläne zu einigen der wichtigsten globalen Problemstellungen, zum Beispiel zur Frage, wie das internationale Finanzsystem dauerhaft stabilisiert werden kann beziehungsweise ob es Alternativen dazu gibt, oder zur Frage, wie die Menschheit die globale Bevölkerungsentwicklung ohne Zwangsmaßnahmen unter Kontrolle bekommen kann.

Die beauftragenden Regierungen würden sich vorab auf eine gemeinsame Umsetzung der vorgeschlagenen Maßnahmen einigen, sofern sich die Teilnehmer des "Mondprogramms" dabei in ausreichendem Maße einig geworden sind.

Finanziert werden könnte ein solches Projekt übrigens ganz einfach: Es müssten lediglich Mittel für im Grunde unsinnige und zum heutigen Zeitpunkt irrelevante Forschungsvorhaben (etwa aus dem Bereich der Gendertheorie) abgezogen und dorthin umgelenkt werden.

11.2 Besitzbeschränkungen bei energetischen Ressourcen

Bei diesem Thema geht es um die Beschränkung von persönlichen Einkünften und Besitztümern. Die Frage ist: Soll es für Einzelpersonen weiterhin gestattet sein, Vermögen im Wert von mehreren Milliarden Euro anzuhäufen, während andere praktisch nur die Kleidung am Leib besitzen? Und sollen zum Beispiel Derivatehändler mehrere 100 Millionen Euro im Jahr verdienen dürfen, während andere – gegebenenfalls gleich gut ausgebildete – Menschen nur Sozialhilfe erhalten?

Entsprechende Vorschläge zur Beschränkung von Einkünften und Besitztümern wurden – in der Regel moralisch begründet – schon recht häufig vorgetragen. Ein Beispiel stellt die bereits erwähnte *Gemeinwohl-Ökonomie*[318] dar, zu der Christian Felber vorschlägt, das persönliche Einkommen auf das Zwanzigfache des Mindestlohns zu beschränken und das Eigentum – nach heutigen Werten – auf 10 Millionen € zu limitieren. Ich selbst habe gelegentlich auch auf solche Zukunftsoptionen hingewiesen.

Und in der Tat hat es – wieder einmal evolutionstheoretisch betrachtet – in der Geschichte der Menschheit durchaus vergleichbare und überaus erfolgreiche Entwicklungen gegeben. Beispielsweise besaßen manche früheren Herrscher Harems mit Tausenden Frauen. Darüber hinaus wurden ihnen regelmäßig die schönsten, jüngsten und damit fruchtbarsten Frauen aus ihren Hoheitsgebieten zu ihrem Vergnügen und zur Anreicherung ihres "Besitzes" zugeführt. Für den einfachen Mann verstärkte sich hierdurch der Wettbewerb um die noch verbliebenen Frauen. Mitunter ging er ganz leer aus.

Charakteristisch für die Haremsbildung im Tierreich sind kraftstrotzende, bullige Männchen, meist Bullen genannt. Eine solche Entwicklung ist naheliegend, da den Bullen ihr "Besitz" immer wieder von Rivalen streitig gemacht wird (Kompetenzerhalt), wobei es üblicherweise zu heftigen körperlichen Auseinandersetzungen, Drohgebärden und Ähnlichem kommt. Es darf deshalb durchaus angenommen werden, dass es auch in menschlichen Gesellschaften, in denen Herrscher sich umfangreiche Harems hielten, zu verstärkter männlicher Gewaltbereitschaft kam. Die umgekehrte, auch vom Christentum ausgegebene Losung, dass ein Mann zu einer Zeit nur eine Frau "besitzen" darf, dürfte deshalb zu einer substanziellen gesellschaftlichen Befriedung beigetragen haben. Es ist nicht auszuschließen, dass die Beschränkung sonstiger energetischer Besitztümer ähnliche soziale Effekte zur Folge haben könnte.

In einer Welt voller Superorganismen ist der unternehmerische Ressourcenreichtum jedoch gleichfalls einer kritischen Bewertung zu unterziehen. Christian Felber empfiehlt, Unternehmen mit zunehmender Größe stärker zu demokratisieren und zu vergesellschaften[319]. Vermutlich würden die meisten Unternehmen dann unterhalb einer bestimmten unkritischen Größe bleiben. Wie auch immer: Es handelt sich um kein einfaches Thema.

Hinzu kommt, dass fixe Ressourcengrenzen innovationshemmend sein können. Ich möchte das an einem Beispiel erläutern. Während meines Mathematikstudiums kam mit dem HP-35 von Hewlett-Packard der erste technisch-wissenschaftliche Taschenrechner auf den Markt. Nach meiner Erinnerung kostete er damals um die 1.000 DM. Ich war fasziniert, einerseits von den zahlreichen leistungsfähigen Funktionen des Geräts, andererseits von der von vielen Mathematikern als besonders intuitiv empfundenen *umgekehrten polnischen Notation* (UPN). Ich wollte unbedingt ein solches Gerät besitzen. Leider konnte ich es mir zum damaligen Zeitpunkt nicht leisten. Also drückte ich immer wieder meine Nase an die Ausstellungsfenster der Anbieter, wohl wissend, dass mein aktuelles Verhältnis zu einem solchen Taschenrechner wie die eines Mopedfahrers zu einem 12-Zylinder Ferrari war.

Allerdings gab es damals wohl ausreichend viele Menschen, die in der Lage und bereit waren, die geforderte Summe für den Taschenrechner aufzubringen, sei es zur Arbeitserleichterung oder auch aus Statusgründen, in beiden Fällen also zur Kompetenzbewahrung. Und das wiederum ermöglichte es dem Hersteller, weiter in seine Produkte zu investieren, mit dem bekannten Effekt, dass moderne Taschenrechner mit einer vergleichbaren Funktionalität heute praktisch nichts mehr kosten.

Vielleicht war das Taschenrechnerbeispiel noch nicht extrem genug. In einer Welt, in der alle Menschen maximal das 20-fache des Mindestlohnes verdienen können, wird es keine Porsches oder Ferraris mehr geben.

Je nach persönlichen Präferenzen mag man das als positiv, oder aber auch als negativ empfinden.

Abschließend noch eine Anmerkung zur recht merkwürdigen Überschrift des vorliegenden Abschnitts, in der ein wenig geschwollen von "energetischen Ressourcen" die Rede ist. Die Wortwahl steht in direktem Zusammenhang mit dem nächsten Vorschlag, der auf dem bereits herausgearbeiteten Unterschied zwischen Energie und Information beruht: Information lässt sich replizieren, Energie hingegen nicht.

Denken Sie beispielsweise an die *Harry-Potter*-Romanreihe von Joan K. Rowling. Im Grunde hat die Autorin lediglich ein Informationsprodukt erzeugt und es viele Millionen Male in fremde Bücherschränke replizieren lassen. Man könnte sich vorstellen, dass die physische Form (Buch, Papier) in Zukunft ganz entfallen wird, und solche Romane ausschließlich auf elektronische Weise in die E-Books der Käufer kopiert werden. Nehmen wir einmal an, Frau Rowling, die mittlerweile Milliardärin und eine der reichsten Frauen Großbritanniens ist, würde pro elektronische Kopie den gleichen Betrag gutgeschrieben bekommen wie heute bei einem verkauften Buch. Dann bedeutete dies letztlich, dass sie vervielfältigbare Information verkauft, im Gegenzug jedoch nicht vervielfältigbare Energie erhält (in Form von Geld). Verdiente sie auf elektronische Weise die gleichen Summen wie heute – das heißt eine Milliarde Euro –, könnte sie sich dafür gleich mehrere Tausend Porsches kaufen. Man wäre fast geneigt, von einer wundersamen Porsche-Vermehrung zu sprechen. Wo bei Jesus noch göttliche Kraft erforderlich war, genügte Joan K. Rowling die Information. Also wenn Sie mich fragen, dann sehe ich da ganz klare Vorteile auf ihrer Seite.

Nun mag mancher argwöhnen, ich unterstelle zwar allen anderen Menschen, sie trachteten nur danach, ihre eigenen Kompetenzen zu reproduzieren, das heißt eigene evolutionäre Vorteile zu erlangen, doch das werde bei mir sicherlich nicht viel anders sein. Infolgedessen werde ich im vorliegenden Buch vermutlich primär solche Vorschläge unterbreiten, die meinen Interessen auf besonders exzellente Weise genügen.

Bei dem, was nun kommt, mag das sogar zutreffend sein. Persönlicher Besitz an Dingen hat mir noch nie viel bedeutet. Beispielsweise besaß ich in meinem Leben nur 2 Jahre lang ein eigenes Auto: Ein uralter hellblauer VW-Käfer, der die Fahrtzeit zwischen meiner damaligen Wohnung in Bremen-Mitte und meinem Arbeitsplatz in Bremen-Nord von 90 auf 30 Minuten herunterdrückte – eine Leistung, für die ich ihm noch heute dankbar bin –, und der seine letzten beiden Jahre mit mir verbringen durfte, bevor der TÜV uns schied. Ich verdiente damals als IT-Experte ausreichend viel Geld, um mir ohne Weiteres einen "dicken Schlitten" leisten zu können. Allein: Ich wollte es nicht. Das heißt nun nicht, dass ich Autos nicht mag. Im Gegenteil: Wann immer ich mir aus zwingenden beruflichen Gründen für ein oder zwei Tage einen Wagen geliehen habe, entschied ich mich für Modelle, mit denen man auf freien Autobahnstrecken auch mal seinen Spaß haben konnte.

Demgegenüber bin ich regelrecht süchtig nach Wissen und Information. Internet, Bücher, Musik, all das ist im Grunde für mich völlig unverzichtbar. Und genau deshalb folgt nun der passende Vorschlag dazu, Sie werden es schon erahnt haben.

Stellen Sie sich vor, unsere zukünftige Joan K. Rowling hätte mit ihrem elektronischen Harry Potter einen Jahresverdienst von 100 Millionen € erzielt, von denen ihr – wie von Christian Felber vorgeschlagen – alles bis auf vergleichsweise läppische 250.000 € wieder abgenommen würde. Wäre es dann nicht vielleicht günstiger und fairer, ihren Verdienst pro Buch in unterschiedliche Geldeinheiten aufzuteilen, zum Beispiel in 5 E-Cent (Energie) und 95 I-Cent (Information). Während es für verdiente Energie-Euros abgestimmte obere Limits gäbe, wäre das bei den Informations-Euros nicht der Fall, und zwar weil Energie-Ressourcen grundsätzlich beschränkt sind (Energieerhaltungssatz), Informations-Ressourcen hingegen nicht (Vervielfältigung). Die überaus erfolgreiche Joan K. Rowling wäre dann zwar nicht mehr in der Lage, sich tausend Porsches zu kaufen, aber beispielsweise alle auf Amazon angebotenen Musikprodukte auf einen Schlag[320].

In einer auch auf Informations-Geld beruhenden Informationsgesellschaft könnten sich ganz neue anstrebenswerte, auf Information und Wissen basierende soziale Status etablieren (dass die Menschen den Erhalt ihres Wissens anstreben, habe ich im Laufe des Buches hinreichend oft erklärt – es liegt an unserem Universum), wie es im folgenden Dialog exemplarisch vorgeführt wird.

SIE: *Ich liebe Coldplay, du auch?*

ER: *Die gehören ganz klar zu meinen Lieblingsgruppen.*

SIE: *Boah, ich kann es kaum erwarten. Das neue Album soll laut BILD total cool sein. Blöd nur, dass ich fast noch ein halbes Jahr warten muss, bis der Preis von 10.000 auf 10 I-EUR heruntergeht und ich es mir endlich leisten kann.*

ER: *Willst du es jetzt schon haben?*

SIE: *Wie, du könntest das?*

ER: Klar. Gib mir die ID deines MP3-Players, und in drei Sekunden hast du es.

Vielleicht fragen Sie sich an der Stelle, was der ganze Zirkus soll, und worin eigentlich der Vorteil darin bestehen soll, wenn Menschen primär nach Informations-Geld anstelle von Energie-Geld strebten.

Die Antwort liegt auf der Hand: Unsere Welt ist begrenzt, und deshalb können wir nicht beliebig energetisch/materiell weiter wachsen. Im Gegenteil, wir sollten uns in der Hinsicht beschränken, da die Grenzen des Wachstums längst erreicht oder gar überschritten sind[321] [322]. Das gilt aber in erster Linie für energetisch/materielle Ressourcen, nicht für Information und Wissen. Bei Letzteren könnte ein weiteres Wachstum toleriert werden.

Auch scheint mir aktuell Wissensarbeit mit niedriger Zeitpräferenz tendenziell eher unterbewertet zu sein. Gerade die Anreicherung des Wissens der Menschheit (ihrer Kompetenzen) ist aber für deren langfristige Evolutions- und Überlebensfähigkeit von großer Bedeutung. Besonders viel verdient wird dabei im Allgemeinen nicht. Dies birgt die Gefahr einer übertriebenen Kommerzialisierung von Forschung und Entwicklung.

Stellen wir uns beispielsweise vor, ein Mediziner hätte ein einfaches, nicht patentierbares Verfahren entwickelt, mit dem Aids-Erkrankungen vollständig geheilt werden könnten. Dann könnte er vielleicht darauf hoffen, den Nobelpreis zu gewinnen, aber unmittelbar reich würde ihn die Entdeckung nicht machen, ganz im Gegensatz zum Wertpapierhändler, der mit ein paar Mausklicks und den richtigen Informationen (zu denen er möglicherweise selbst beigetragen hat) aus Geld mehr Geld macht. Möglicherweise könnte unser Mediziner darüber ein Buch verfassen oder Vorträge halten und auf diese Weise seine Einnahmen mehren. Viel wahrscheinlicher ist jedoch, dass sein Heilverfahren erst gar nicht das Licht der Welt erblickt. Man würde es so lange unter Verschluss halten, bis eine patentierbare Alternative gefunden wurde. Sie glauben das nicht? Nun, bei Epilepsie und der ketogenen Diät ist es im Grunde genau so gelaufen (vgl. dazu meinen Artikel *Der Fall Charlie Abrahams*[323]).

Manch einer wird vielleicht zu bedenken geben, dass es überhaupt nichts mache, wenn der Wissenschaftler nicht genug Geld verdient, um sich den Porsche des Wertpapierhändlers leisten zu können, schließlich sei er an dem auch nicht wirklich interessiert. Das mag durchaus so sein, wie man in meinem Fall sieht. Die unterschiedliche Bewertung der Tätigkeiten in ihrer bisherigen Form ist trotzdem nicht richtig, denn erstens wird die

Welt energetisch an ihre Grenzen gebracht und nicht informativ und zweitens kostet auch Forschung Geld. Auch bei dem Ihnen vorliegenden Buch werden die Ausgaben vermutlich ein weiteres Mal weit größer als die Einnahmen sein. Wenn es möglich wäre, wenigstens den größten Teil der informativen Kosten (Bücher, Fachzeitschriften, Online-Kosten etc.) durch die Verkaufserlöse wieder zurückzubekommen, wäre einem schon sehr gedient. Eine Kostendeckung ist bei wirklich freier Forschung – wie ich sie betreibe – heute praktisch nicht erzielbar. Aus diesem Grund subventioniere ich sie über private Einnahmen. Wie gesagt, hier könnte ich mir zukünftige Alternativen vorstellen. Vielleicht würden sich dann auch andere zu solcher Art Forschungsarbeit ermuntern lassen, denen es aktuell lediglich an den Mitteln fehlt[324].

Allerdings will ich mich bei dem hier präsentierten Vorschlag nicht zu weit aus dem Fenster lehnen. Es ist zunächst nur eine Idee. Die ganze Sache ist dermaßen komplex, dass ich sie aktuell nicht einmal ansatzweise überblicke. Klären könnte man sie nur in Zusammenarbeit mit anderen oder durch Simulationsmodelle und dergleichen mehr.

11.3 Trennung von Information und Energie in der Ökonomie

Selbstverständlich kann man mit Hilfe von Informationen Energie gewinnen beziehungsweise Geld verdienen. Im Grunde ging es in der gesamten Evolution des Lebens um nichts anderes: Wer die geeigneten Kompetenzen (insbesondere Wissen und Informationen) gegenüber seiner Umwelt besaß, konnte ausreichende energetische Ressourcen gewinnen und damit seine Kompetenzen reproduzieren. Mit solchen Sätzen begann das vorliegende Buch.

Wenn ein Tier mehr über seinen Lebensraum weiß als ein anderes, dürfte es in der Regel mehr Nahrung erlangen und sich dann auch häufiger reproduzieren. Oder noch etwas profaner: Wenn Ihnen der Herrgott heute die Lottozahlen des kommenden Samstags ins Ohr flüstert, könnten Sie nächste Woche bereits Millionär sein. So weit, so gut.

Allerdings drängt sich mir der Eindruck auf, dass es in finanzwirtschaftlichen Kontexten damit ein wenig übertrieben wurde. Ich drücke mich absichtlich vorsichtig aus, weil auch dieser Sachverhalt letztlich dermaßen komplex ist, dass ich mich ohne intensive Zusammenarbeit mit anderen und für Transparenz sorgende Simulationen nicht zu sehr festlegen möchte.

Ein Beispiel zur Erläuterung: Angenommen, Sie hätten im normalen Börsenhandel oder bei einem Börsengang (Initial Public Offering; IPO) ein Paket Aktien erstanden, zum Beispiel einhundert Stück zum Preis von 100 € pro Aktie (das heißt für insgesamt 10.000 €). Des Weiteren stellen wir uns vor, der Börsenpreis der Aktie sei im Laufe der folgenden drei Jahre auf 500 € angestiegen. Dann wäre dies zunächst nur eine Information, die besagt, dass ein anderer Investor zum Zeitpunkt t bereit war, nicht nur 100 € pro Aktie zu zahlen wie Sie, sondern ganze 500 €.

Allerdings hat es diese Information in sich, denn sie repliziert sich auf wundersame Weise in jede einzelne Aktie – beziehungsweise in den Informationseintrag, den die Banken an ihrer Stelle vorhalten – hinein. Der Wert Ihres Aktienpakets erhöhte sich hierdurch auf insgesamt 50.000 €. Möglicherweise wäre die Wertveränderung für Sie nun Anlass genug, sich von Ihrer Bank einen Kredit auf Ihr Aktiendepot ausstellen zu lassen, zum Beispiel über 25.000 € (bei deutschen Standardwerten etwa bis zu einer Beleihungsgrenze von 50% des aktuellen Kurswertes). Vielleicht würden Sie damit erneut Aktien kaufen, eventuell sogar des gleichen Unternehmens, nun aber für 500 € das Stück. Im Grunde wären Sie an der Stelle bereits "Blasen bildend" tätig. Vielleicht würden Sie damit aber auch nur Ihren schicken neuen Porsche anzahlen. Dann hätte Ihnen die Information, dass jemand anderes für die gleiche Aktie, für die Sie lediglich 100 € gezahlt haben, 500 € auf den Tisch geblättert hat, einen Porsche beschert. Ach ja, ich vergaß zu sagen: Tausende weitere Aktionäre verhielten sich so ähnlich wie Sie.

Vielleicht sollte man an dieser Stelle anmerken, dass die Wertsteigerung Ihres Depots indirekt zu einer relativen Entwertung anderer Besitztümer geführt hat. Unter Umständen fiele Ihnen bereits selbst auf, dass während Sie nun stolzer Besitzer eines Porsches sind, Ihr Nachbar weiterhin in einem gebrauchten VW-Golf zur Arbeit fährt. Hinzu kämen mögliche inflationsbedingte Werteverluste durch das Nachfrage steigernde geliehene oder aus vorteilhaften Wertpapierverkäufen gewonnene Geld.

Doch was passiert, wenn ein nennenswerter Teil der Aktionäre aufgrund des sagenhaft guten Börsenpreises schließlich Kasse machen möchte? Werden dann alle Verkaufsinteressenten den phänomenal guten Preis bekommen? Die simple Antwort darauf lautet: Nein, denn aufgrund des starken Überangebots auf der Verkaufsseite würde der Kurs der Aktie rasch sinken, zum Beispiel auf 200 €. Ihr ursprüngliches Depot wäre dann nicht mehr 50.000 €, sondern nur noch 20.000 € wert, was aber immer noch dem Doppelten des Einkaufswertes entspräche. Ganz ähnlich verhielte es sich bei einem Börsencrash. Eine unmittelbare Folge davon wäre, dass Ihre Bank Sie bitten müsste und auch würde, für Ihren Kredit Geld nachzuschießen, da er nun – gemäß Basel II – nicht mehr ausreichend abgesichert ist. Waren Sie kurz zuvor noch ausgesprochen wohlhabend, kämpften Sie nun bereits um Ihre ökonomische Existenz. Eventuell stünde bereits der Gerichtsvollzieher vor der Tür und bei vielen anderen Anlegern ebenso. In der Zeitung könnten Sie lesen, dass der Börsencrash drei Billionen € an Privatvermögen vernichtet hat[325]. Damit waren unter anderen Sie gemeint. Doch welches Vermögen wurde vernichtet? Ging es die ganze Zeit nicht eher um Informationen?

Wesentlich an der obigen Darstellung ist, dass sich der aktuelle Börsenpreis einer Aktie (beziehungsweise die Information darüber) auf alle Aktien des Unternehmens wertberichtigend auswirkt. Damit wird indirekt angenommen, für alle Aktien ließe sich ein entsprechender Verkaufspreis erzielen, was jedoch nicht möglich ist: Würden nämlich alle Aktien auf den Markt drängen, würde der Kurs rasch sinken, und die meisten Aktionäre erhielten lediglich einen Bruchteil des in Aussicht gestellten Verkaufspreises. Da die allgemeine Volatilität der Aktienpreise bekannt ist, dürfen selbst Standardwerte wie die von DAX-Unternehmen nur bis etwa 50 Prozent ihres aktuellen Wertes beliehen werden. Sollte der Rahmen jedoch ausgeschöpft worden sein, kann es bei erheblichen Kurseinbrüchen dennoch zu beträchtlichen Problemen kommen, da die Kredite dann zusätzlich zu besichern sind. Es sind in der Folge Gelder oder sonstige Werte aufzubringen, die möglicherweise nicht einmal vorhanden sind. Wie man sieht, scheint in diesem Fall vor allem die Kreditvergabe, das heißt das Schöpfen von materiellen Werten aus einer Information beziehungsweise aus dem Nichts heraus, zu den beschriebenen Problemen zu führen.

Damit komme ich auf ein bereits kurz angesprochenes Thema zurück, dass nämlich die Vertreter der österreichischen Schule der Ökonomie behaupten, ein Großteil der aktuellen Finanzmarktprobleme sei durch das sogenannte *"Fractional Reserve Banking"* (Bankwesen mit gesetzlichen Mindestreserven) verursacht worden[326][327]. Im Grunde geht es dabei um eine umfassende Kreditausweitung, die den meisten Bankkunden vermutlich nicht einmal bekannt ist. Seit der Einführung des Fractional Reserve Bankings dürfen Banken nämlich auch Sichteinlagen (also etwa das Geld, welches aktuell auf Ihrem Girokonto liegt) für Darlehen an andere Kunden verwenden, und zwar bis zu einer gesetzlich vorgegebenen Mindestreserve. Da Banken in der Vorstellung der Systemischen Evolutionstheorie selbstreproduktive Systeme sind, die mit der Vergabe von Darlehen Geld verdienen (beziehungsweise Ressourcen zum Zwecke der eigenen Reproduktion erlangen), und die darüber hinaus im Wettbewerb mit anderen Banken stehen, ist zu erwarten, dass es unter den genannten Bedingungen zu einer allgemeinen Ausschöpfung der Mindestreserven und somit zur Kreditausweitung kommt.

Rahim Taghizadegan erläutert die Zusammenhänge wie folgt[328]:

Nehmen wir an, die Bank hält eine Reserve von zehn Prozent. Das bedeutet, solange im Schnitt nicht mehr als ein Zehntel der Guthaben abgehoben werden, stets also neun Zehntel bei der Bank liegen bleiben und bloß zwischen Konten verschoben werden, ist die Bank liquide genug, um die Bankautomaten und Kassen im nötigen Ausmaß zu füllen. Diese Bank kann also neun Zehntel einer Einlage als Kredit weitervergeben. Bei einer Einzahlung von 10.000 Euro wären das 9.000 Euro. In der Bilanz steht nun auf der Aktivseite eine Forderung in Höhe von 9.000 Euro zusätzlich zum eingelegten Bargeld in Höhe von 10.000 Euro, auf der Passivseite stehen Verbindlichkeiten im Ausmaß von 19.000 Euro. Wie die Bilanz verrät, ist die Geldmenge um 9.000 Euro gewachsen.

Doch damit ist das Spiel noch lange nicht zu Ende. Die Kreditnehmer heben in den seltensten Fällen die gesamte Kreditsumme in Bargeld ab, um es in Plastiktüten spazieren zu führen. Stattdessen verbleibt der Kredit zunächst als Guthaben auf dem Bankkonto des Kreditnehmers und endet dann auf den Konten anderer Leute, die vom Kreditnehmer bezahlt werden. Diese Guthaben können Banken nun zur Vergabe weiterer Kredite nutzen. Wieder behält die Bank zehn Prozent der 9.000 Euro als Reserve und vergibt 8.100 Euro als Kredit. Gemeinsam mit der bereits um 9.000 Euro angewachsenen Geldmenge ergibt dies einen Gesamtzuwachs von insgesamt 17.100 Euro – nach einer Einlage von nur 10.000 Euro. Doch auch die neuen Kredite verbleiben zu einem großen Teil als Guthaben bei Banken. So kann die Geldmenge um ein Vielfaches steigen.

Die Obergrenze des Geldmengenwachstums nennt man den Geldmengenmultiplikator. Dieser entspricht dem Kehrwert des Reservesatzes (also eins dividiert durch den Reservesatz). Eine Reserve von zehn Prozent erlaubt eine maximale Ausweitung der Geldmenge um das Zehnfache: In diesem Beispiel würde nach einer Einlage von 10.000 Euro die Geldmenge um bis zu 100.000 Euro wachsen können.

Manch einer mag einwenden: "Wo ist das Problem? Aufgrund der Mindestreserve ist sichergestellt, dass nie mehr als die ursprünglich eingezahlten 10.000 € in Umlauf geraten können. Die Bank sorgt aufgrund ihrer Darlehensvergabe letztlich also nur dafür, dass die Sichteinlage kein ökonomisch sinnloser Sparstrumpf bleibt, sondern dass das Geld in den Wirtschaftskreislauf zurückgeführt wird. Und besichert müssen die Darlehen ohnehin sein. Ohne entsprechende Gegenwerte würde der Darlehensnehmer erst gar keinen Kredit bekommen."

Aus meiner Sicht ist dem Einwand wenig hinzuzufügen. Eine unmittelbar negative Auswirkung des virtuellen Geldmengenwachstums kann ich nicht erkennen. Anders gesagt: Wenn alles glatt läuft, dürfte es keine Probleme geben, um mich einmal ziemlich tautologisch auszudrücken.

Wirklich schwierig kann es allerdings dann werden, wenn es zu "unerwarteten" Werteeinbrüchen – etwa durch Information – kommt. Kehren wir dazu noch einmal zum obigen Beispiel zurück: Vor drei Jahren erwarben Sie ein Aktienpaket zum Preis von 10.000 €, dessen Wert – informationsbedingt – bis zum Vortag auf 50.000 € angestiegen war. Ihrem Ehemann versprachen Sie vor der Eheschließung eine 6-wöchige Hochzeitsreise, bei der Sie alle Kontinente der Erde besuchen wollten. Zu diesem Zwecke ließen Sie sich von Ihrer Bank einen Kredit über 25.000 € ausstellen, den Sie mit Ihrem Aktiendepot besicherten. Wenige Tage nach der Auszahlung der Darlehenssumme, von der Sie erst in einigen Wochen Gebrauch machen wollten, kam es jedoch zum Zusammenbruch der amerikanischen Investmentbank Goldman Sachs. Schon am gleichen Abend sank der Wert Ihres Depots auf die bereits genannten 20.000 €. Verkaufen konnten Sie die Aktien nicht so ohne Weiteres, denn Sie waren beliehen. Da Ihre Bank daraufhin zusätzliche Sicherheiten für Ihr Darlehen verlangte – und zwar mindestens im Wert von 15.000 € –, erwarben Sie mit der vollen Darlehenssumme Anleihen der Bundesrepublik Deutschland, die Sie in Ihrem Depot als Sicherheiten hinterlegten. Ihrem Ehemann erklärten Sie derweil, dass die geplante Weltreise bis auf Weiteres verschoben sei – woraufhin Ihre Schwiegermutter Ihnen offenbarte, dass sie von Anfang an nichts von Ihnen hielt, ihr Sohn aber leider schon länger nicht mehr auf ihr Urteil höre.

Nicht weiter schlimm, höre ich manchen Leser sagen. Der Ehemann wird die Schwiegermutter schon wieder beruhigen, und verschuldet hat sich glücklicherweise niemand, denn die beantragte Kreditsumme wurde noch nicht ausgegeben.

Es gibt nur leider ein anderes Problem: Beim Kauf der Bundesanleihen wurde die volle Kreditsumme vom Konto abgebucht. Danach war sie nicht mehr Teil der Sichteinlagen. Allerdings hatte die Bank – im Rahmen des Fractional Reserve Bankings – schon längst Darlehen in Höhe von 90% der bislang ungenutzten Kreditsumme, das heißt für 22.500 €, an andere Kunden vergeben. Ein Großteil der Darlehensnehmer befindet sich nun aber möglicherweise in einer ähnlich prekären Situation: Man benötigt aufgrund des allgemeinen, informationsbedingten Werteverfalls ganz dringend Geld. Weiteten sich also in den guten Jahren zuvor die Kredite auf schleichende Weise immer weiter aus, so kommt es nun zur lawinenartigen Kreditbesicherungs-Schrumpfung und zur Verschuldung von Darlehensnehmern. In der Folge werden vermutlich auch einige Banken in Schwierigkeiten geraten[329], und zwar nicht, weil die Menschen panikartig ihr Geld von den Konten abheben, um es daheim in Sparstrümpfen aufzubewahren, sondern weil sie Darlehensnehmer sind und Geld benötigen.

Das Hauptproblem beim Fractional Reserve Banking scheint mir die hierdurch verursachte Instabilität des Finanzsystems zu sein. Die zahlreichen, wie Domino-Steine aneinandergelehnten Darlehen können es anfällig für Störungen machen. Am Ende mag dann vielleicht eine einzige Information zur Unzeit genügen, um es vollständig in sich zusammenbrechen zu lassen.

Wie auch immer: Gegenstand des Punktes war der meiner Meinung nach zu starke Einfluss von Information auf energetische Werte, der einerseits unerwünschte Spekulationsblasen hervorrufen und andererseits das Gesamtsystem leicht an den Rand eines Zusammenbruchs bringen kann. Eine stärkere Beschränkung beim Fractional Reserve Banking oder alternativ eine Erhöhung der Mindestkernkapitalquote[330] sind denkbare Optionen, das Finanzsystem insgesamt weniger störungsanfällig zu machen[331]. Den Spekulationsblasen – verursacht durch die gelebte Praxis, auf Information beruhende angebliche Wertberichtigungen in beliebig viele vorhandene Werte zu replizieren – müsste jedoch möglicherweise mit weiteren Maßnahmen entgegengewirkt werden. Momentan habe ich dafür keinen konkreten Vorschlag.

11.4 Zügelung der Superorganismen

Der Mensch ist längst nicht mehr die Krone der Schöpfung, sondern die menschlichen Superorganismen – insbesondere die globalen Konzerne – sind es jetzt. Superorganismen streben als selbstreproduktive Systeme danach, ihre eigenen Kompetenzen zu reproduzieren. Sie arbeiten folglich nicht primär für die Menschen, sondern in erster Linie für sich. Dabei nehmen sie auch direkten Einfluss auf das Verhalten und die Präferenzen von Menschen. Wenn es für sie wirtschaftlich (das heißt reproduktiv) von Vorteil ist, dass sich die Menschen weltweit in zunehmendem Maße von zuckerhaltigen Industrieprodukten ernähren, dann wird sich eine entsprechende, sowohl von den Medien als auch den zuständigen wissenschaftlichen Fachdisziplinen geförderte Entwicklung ereignen. Die Gesellschaften haben die Folgen anschließend auszubaden[332].

Menschliche Superorganismen arbeiten nicht für Menschen, sondern Menschen für Superorganismen. Sollte sich die augenblickliche Entwicklung ungesteuert fortsetzen, werden wir Menschen möglicherweise zu austauschbaren Zellen der Superorganismen degradiert. Im Grunde werden wir schon heute benutzt[333].

In einigen Bereichen – zum Beispiel der Finanzindustrie – haben die Superorganismen längst Interdependenzen geschaffen, die von Menschen offenkundig nicht mehr durchschaut werden. Kommt es in diesem Zusammenhang zu gravierenden Störungen ("drohende Kernschmelze des Finanzsystems"), erhalten die Reproduktionsinteressen (das Überleben) der Superorganismen Vorrang vor den Reproduktionsinteressen der Menschen, und zwar selbst bei den von den Menschen gewählten Staatsregierungen.

Einen unmittelbaren Lösungsvorschlag für die verfahrene Situation habe ich nicht, speziell unter den heutigen Verhältnissen, bei denen die Superorganismen global operieren, die Regierungen aber nur lokale Verantwortung tragen. Möglicherweise lassen sich hierdurch viele sinnvolle Lösungen ohnehin nur noch global abgestimmt durchsetzen, was jedoch ein aktuell wenig realistisches Szenario ist.

Karl Marx hatte das Problem gewissermaßen erahnt. Er schlug vor, dass Superorganismen ihre Produktionsmittel nicht selbst besitzen dürfen. Mit einer solchen Einschränkung hätten sie im Grunde nicht als eigenständige selbstreproduktive Systeme entstehen und miteinander in den Wettbewerb treten können. Damit wäre aber unter anderem eine reduzierte Innovationsfähigkeit einhergegangen, wie es sich auch in der Praxis später erwies.

Heute, im Zeichen des Turbokapitalismus, besteht jedoch das umgekehrte Problem. Nun wäre wohl eher die Entschleunigung von Wirtschafts- und Innovationsprozessen anzuraten, wozu Autoren auch verschiedene Vorschläge erarbeitet haben[334][335].

Ich möchte im vorliegenden Buch dazu nichts Neues beitragen, dies dürfte den Diskurs auch eher erschweren, allerdings sehr wohl anmerken, dass man die anstehenden Probleme ohne eine evolutionäre Perspektive nicht in den Griff bekommen wird. Aus evolutionärer Sicht öffnete der Mensch mit dem Aufkommen der Superorganismen gewissermaßen Pandoras Büchse, denn mit ihnen gehen eigendynamische Entwicklungen einher, die sich der Kontrolle der Menschheit weitestgehend entzogen haben. Ob man die Steuerungskompetenz noch einmal zurückgewinnen kann und vor allem auch wie, ist für mich eine völlig offene Frage.

Verschiedene Hollywood-Filme (zum Beispiel die *Terminator*-Reihe) malen die Vision aus, Roboter könnten sich entwicklungsseitig vom Menschen abkoppeln und gewissermaßen eigenständig evolvieren und hierdurch schließlich die Weltherrschaft erlangen. Mal abgesehen davon, dass zu einer solchen Gefahr aktuell überhaupt kein Anlass besteht, weisen die Filme jedoch auf ein grundsätzliches Problem hin: In dem Augenblick, in dem Systeme ihre eigene Evolutionsfähigkeit erlangen, werden sie praktisch evolutionär autonom. Sie entziehen sich dann der Kontrolle ihrer Schöpfer, da sie sich nun allein auf den weiteren Weg machen können, die Welt zu entdecken und ihre Kompetenzen zu reproduzieren. Im Sinne der christlichen Lehre müsste es in der Bibel deshalb eigentlich präziser heißen: Gott erschuf den Menschen und gab ihm seine Evolutionsfähigkeit (das heißt seine evolutionäre Autonomie) mit auf den Weg.

Die gleichen Zusammenhänge werden in der Geschichte vom Dinosaurier-Zoo *Jurassic Park* thematisiert, ich deutete es bereits an anderer Stelle an. Dessen Betreiber nahmen anfänglich an, sie hätten ihren Geschöpfen die Evolutionsfähigkeit genommen, sodass sich deren weitere Entwicklung ausschließlich unter ihrer eigenen Kontrolle vollziehen kann, was sich im weiteren Verlauf jedoch als Irrtum erwies. Bei in Gen-Labors entstandenen Bakterien, Viren oder sonstigen Lebewesen sähe es nicht viel anders aus. Sobald sie auch außerhalb ihrer Brutstätten evolutionsfähig (und damit evolutionär autonom) sind, entziehen sie sich der menschlichen Kontrolle. Ihre weitere Entwicklung kann dann nicht mehr vorhergesagt werden.

Ich kann mich deshalb nur noch einmal wiederholen, auch wenn manchem Leser die hier vorgetragene Denkweise fremd und möglicherweise auch zu abstrakt und abgehoben erscheint: Jeder Versuch einer Neugestaltung der Wirtschaftswelt hat unter einer evolutionär-systemischen Perspektive zu erfolgen. Das Denken, das uns Darwin gelehrt hat, muss Teil jeglicher langfristiger Analysen werden.

11.5 Evolutionär-systemisches Denken in der Politik

Demokratie meint im Grunde die Herrschaft des Volkes. Sie stellt, wie ich in meinem Buch *Evolution, Zivilisation und Verschwendung* dargelegt habe, eine fast zwangsläufige Entwicklung für auf der Wettbewerbskommunikation des Rechts des Besitzenden beruhende Zivilisationen dar[336]. In dem Sinne kann sie als ein natürliches Produkt der Evolution bezeichnet werden. Die unmittelbare Alternative dazu ist die auf dem Recht des Stärkeren beruhende Diktatur. Auch sie ist gewissermaßen natürlich, zumal in der Natur beide Herrschaftsformen in vielfältiger Weise nebeneinander existieren. Stellen Sie sich beispielsweise die Männchen einer Tierpopulation als Politiker und die Weibchen als Bürger vor. Dann handelt es sich bei Harems (Beispiel: See-Elefanten) um Diktatur und bei sexueller Selektion (Beispiel: Pfauen) um Demokratie. In beiden Fällen geht es den Männchen (Politikern/Herrschern) primär um ihren eigenen Kompetenzerhalt, wozu sie die Ressourcen der Weibchen (Bürger/Untertanen) benötigen. Im ersten Fall setzen sie ihre Interessen dominant gegenüber den Weibchen durch, im zweiten versuchen sie ihnen zu gefallen, um schließlich von ihnen gewählt zu werden.

Man kann das Entstehen von Herrschaftsformen recht gut anhand von Beispielen verdeutlichen. Bereits zu Beginn des Buches wurde die Ökonomie als[337] *"Wissenschaft von der Optimierung der individuellen Bedürfnisbefriedigung bei knappen Ressourcen"* definiert. Hierbei steht jedoch der Produktions- und Verteilungsaspekt im Vordergrund. Knappe Ressourcen können daneben aber auch ganz leicht zu (Reproduktions-)Interessenkonflikten führen.

Stellen wir uns vor, Robinson hätte nach mehreren Jahren Aufenthalt auf seiner einsamen Insel mit dem Maisanbau begonnen. Kurz bevor seine Früchte endlich die optimale Reife erlangt haben, taucht plötzlich der hungrige Wildbeuter Freitag auf und erntet sein gesamtes Feld ab. Man kann sich leicht vorstellen, dass dabei nicht einmal böse Absicht im Spiel war, sondern es sich lediglich um ein kulturelles Missverständnis handelt: Für Freitag ist die gesamte Natur gewissermaßen Gemeingut. Eigentum an natürlichen Ressourcen kennt er nicht. Er verhält sich nachhaltig gegenüber seinen Kompetenzen (er hat Hunger) und ausbeutend gegenüber der Umwelt. Dass er sich nicht an den Früchten Robinsons vergreifen darf, leuchtet ihm nicht ein.

Robinson betrachtet sein Maisfeld hingegen als Teil seiner Kompetenzen. Er verhält sich nachhaltig gegenüber seinem Feld (es wird notfalls bewässert) und ausbeutend gegenüber der restlichen Umwelt. Folglich interpretiert er Freitags Tat als Diebstahl seines Eigentums (seiner Kompetenzen und Ressourcen) und als Angriff auf seine Person. Er wird sich deshalb zur Wehr setzen. Da sich keine dritte neutrale Person auf der

Insel befindet, wird es zwischen den beiden vermutlich zu einer Auseinandersetzung auf der Grundlage des Rechts des Stärkeren kommen.

Nun eine andere Situation. Stellen wir uns vor, Robinson und Freitag lebten bereits eine Weile friedlich auf ihrer Insel, Robinson als Fischer, Freitag als Kokosnüsse-Lieferant. Eines Tages wird die junge schiffbrüchige Diana an den Strand gespült. Beide Männer interessieren sich – aufgrund ihrer Reproduktionsinteressen mit niedriger Zeitpräferenz, das heißt ihrem Fortpflanzungsinteresse – schon bald für sie. Da sie aus ihrer Sicht eine knappe Ressource darstellt, ist der Konflikt zwischen ihnen vorprogrammiert. In der Folge kommt es zu regelmäßigen Raufereien, das heißt zu Auseinandersetzungen auf der Grundlage des Rechts des Stärkeren, ganz so, wie es die See-Elefantenmännchen an ihren Stränden tun. Obwohl Robinson dabei stets als Sieger hervorgeht (aufgrund der reichlichen Fischmahlzeiten ist er der Stärkere), hat er die Rechnung ohne die Wirtin gemacht. Diana ist nämlich schon in der Welt der sexuellen Selektion (des Rechts des Besitzenden) angekommen. Aus diesem Grund besteht sie darauf, dass sie allein darüber entscheide, wer mit ihr zusammen sein dürfe. Nachdem ihr erster Versuch, die Sache harmonisch zu regeln (Freitag an den Tagen Mo, Mi, Fr; Robinson dafür Di, Do, Sa; Sonntag ist ihr Ruhetag), am Widerstand Robinsons scheitert, entscheidet sie wie folgt: Sie nehme den, der es als Erster mit dem Boot zur Nachbarinsel und zurück schaffe, bis dahin jedoch keinen von beiden. Auch sei ab sofort jegliche körperliche Auseinandersetzung auf der Insel verboten, man sei ja hier nicht bei den Wilden. Wer dennoch damit anfange, der schließe sich automatisch vom Wettbewerb um sie aus. Wenn es Konflikte gebe, dann solle man zu ihr kommen, sie würde ein faires Urteil sprechen, das für beide Seiten bindend sei. Und schließlich verlange sie eine regelmäßige Steuerzahlung in Form von Fischen und Kokosnüssen. Wer auf ihr Verlangen nicht liefern könne, werde gleichfalls postwendend ausgeschlossen. Im Übrigen wolle sie einmal pro Woche in einer Sänfte rund um ihre Insel getragen werden.

Mit anderen Worten: Diana hat sich selbst zur Inselkönigin gekürt. Ihre Herrschaftsform ist die einer Diktatur. Allerdings hat sie im gleichen Atemzug die Zivilisation, den Staat und ein wenig Kultur eingeführt. Kernelemente der Zivilisation sind bei ihr das Recht des Besitzenden, Kernelemente ihres Staates Exekutive, Legislative, Judikative, Gewaltmonopol und Besteuerung. Durch den Bootswettbewerb hat sie ferner – auf der Grundlage der Reproduktionsinteressen der beiden Männer – die weitere kulturelle Entwicklung initiiert und in eine bestimmte Richtung gelenkt.

Sollten sich weitere Personen auf der Insel einfinden, werden sie möglicherweise Königin Dianas starke – biologisch fundierte – Position wieder infrage stellen. Da sie jedoch einige wesentliche Voraussetzungen für eine Demokratie bereits realisiert hat, könnte diese relativ leicht eingeführt werden.

In der Sprache der Systemischen Evolutionstheorie könnte man sagen, dass in einer Diktatur der Herrscher seine Reproduktionsinteressen einseitig gegen die aller anderen Populationsmitglieder durchsetzt. Eventuell verspricht er jedoch, bei seinen Entscheidungen stets auf die Interessen seiner Untertanen zu achten. Tut er dies tatsächlich, und zwar auch noch in ausgeprägter Weise, ist er möglicherweise ein weiser König, dem es in erster Linie um das Wohl seines Volkes geht. In einer Demokratie behaupten die sich einer Wahl stellenden Politiker hingegen, es ginge ihnen in erster Linie um die Wahrung der Reproduktionsinteressen aller Bürger oder bestimmter Teilgruppen innerhalb der Bevölkerung. Die Lauterkeit solcher Aussagen darf jedoch stark angezweifelt werden, wie noch gezeigt wird.

Allerdings existieren in der Praxis zahlreiche Mischformen zwischen Demokratie und Diktatur und auch recht unterschiedliche Demokratieformen. Beispielsweise könnte eine Demokratie darin bestehen, dass das Volk alle fünf Jahre einen neuen Herrscher mit fast uneingeschränkten Entscheidungsbefugnissen wählt. Wenn in den weiteren Ausführungen also von Demokratie die Rede ist, dann soll darunter vor allem die *repräsentative Demokratie* heutiger Ausprägung verstanden werden, bei der politische Sachentscheidungen im Allgemeinen nicht vom Volk direkt, sondern von gewählten Volksvertretern (den Politikern) getroffen werden.

Unternehmen besitzen im Allgemeinen kaum demokratische Strukturen. Wer der nächste Vorgesetzte wird und welche Entscheidungen in den oberen Leitungsebenen gefällt werden, darauf haben die unteren Hierarchien praktisch keinen Einfluss. Aus Sicht eines Unternehmens, dem es wesentlich um den eigenen Kompetenzerhalt (des Unternehmens) geht, liegen die Vorteile einer solchen Vorgehensweise auf der Hand:

- Es kann wesentlich schneller entschieden werden.

- Es können auch unliebsame Entscheidungen zum Wohle des Gesamtunternehmens und zum Nachteil einer Teilgruppe oder sogar der gesamten Belegschaft gefällt werden.

- Die Entscheidungsprozesse sind weniger verschwenderisch.

Die angeführten Vorteile machen im Umkehrschluss einen Großteil der Nachteile von demokratischen Entscheidungsprozessen aus. Dass die Demokratie verschwenderischer ist, liegt zum Teil bereits am zugrunde liegenden Recht des Besitzenden, bei welchem im Allgemeinen deutlich mehr Ressourcen verbraucht werden als beim dominanten Recht des Stärkeren[338] [339] [340].

Ich möchte die Nachteile heutiger demokratischer Entscheidungsprozesse an zwei Fallbeispielen verdeutlichen, nämlich an der gesetzlichen Rentenversicherung und den Staatsschulden.

Mit der Einführung der gesetzlichen Rentenversicherung wurden Verhältnisse geschaffen, die bei Lichte betrachtet dermaßen absurd sind, dass man geneigt sein könnte, Politikern jegliche Kompetenz abzusprechen, außer der Fähigkeit, für den eigenen Kompetenzerhalt per Wiederwahl zu sorgen. Dies soll an einem Beispiel erläutert werden:

Stellen wir uns vor, die beiden Ehepaare Schulze und Meier seien gleich gut ausgebildet. Bei den kinderlosen Schulzes sind beide Partner berufstätig und in leitenden Positionen tätig. Die Meiers hingegen haben vier Kinder. Bei ihnen ist nur der Ehemann berufstätig, und zwar in einer vergleichbaren Position wie Herr Schulze. Wenn man so will, könnte man die Gemeinschaft aus den beiden Paaren Schulze und Meier als eine kleine Gesellschaft auffassen, die sich bestandserhaltend reproduziert: Die vier Erwachsenen haben zusammen exakt vier Nachkommen. Schaut man sich die Einkommenssituation der beiden Paare an, dann fällt allerdings auf, dass die Schulzes zwei Einkommen besitzen, mit denen lediglich zwei Erwachsene zu versorgen sind, während die Meiers mit einem Einkommen zwei Erwachsene und vier Kinder zu ernähren haben. Die Schulzes sind folglich recht wohlhabend, weswegen sie unter anderem dreimal im Jahr in den Urlaub fliegen können, während man bei den Meiers jeden Cent dreimal umdrehen muss. Bis hierhin könnte man noch sagen, es war die freie Entscheidung der Meiers, vier Kinder in die Welt zu setzen, ihnen war die Freude an ihren Kindern offenbar wichtiger als der materielle Wohlstand. Wirklich bizarr wird es allerdings unter der Rahmenbedingung der gesetzlichen Rentenversicherung dann im Alter: Obwohl die Meiers alle späteren Rentenzahler in die Welt gesetzt und großgezogen haben, bekommen sie deutlich weniger Rente als die Schulzes.

Exakt so wie im Beispiel beschrieben funktioniert heute die gesetzliche Rentenversicherung. Man könnte sie deshalb als eine Form der Ausbeutung oder gar Enteignung von Familien durch Kinderlose bezeichnen. Die Frage ist: Wie konnte es dazu kommen? Sind Kinderlose eventuell gierig?

Die ursprüngliche Verabschiedung der Regelung lässt sich vergleichsweise leicht erklären, nämlich durch Konrad Adenauers "*Kinder kriegen die
Leute immer.*" Als er seinen Satz sagte, mag er vielleicht sogar recht
gehabt haben, denn die Frauen hatten sich noch nicht emanzipiert, die
Pille war noch nicht auf dem Markt und Alice Schwarzer hatte ihre, sich
später gewissermaßen als Bluff[341] herausstellende "*Wir haben abgetrieben!*"-Kampagne auch noch nicht gestartet. Als es in den 1970er-Jahren
dann jedoch zum sogenannten Pillenknick kam, hätte die Politik eigentlich reagieren müssen. Dass sie es nicht tat, und zwar keine einzige Partei,
lässt erahnen, was die eigentliche Sorge der Politiker stets war: Nicht die
Zukunftsfähigkeit der Bundesrepublik Deutschland, sondern ihre eigene
Wiederwahl, das heißt der Erhalt der eigenen Kompetenzen.

Man könnte dies sicherlich noch alles so hinnehmen, wenn es sich dabei
nicht um einen handfesten Politikskandal handelte: Mit der Verabschiedung der gesetzlichen Rentenversicherung im Umlageverfahren hatte der
Gesetzgeber der Bevölkerung signalisiert, dass die Altersversorgung ab
sofort nicht mehr ihre Sache beziehungsweise die ihrer direkten Nachkommen, sondern der Gesellschaft, das heißt letztlich des Staates sei. Es
war für die Bürger demnach nicht mehr zwingend erforderlich, eigene
Kinder zu haben, um im Alter gut versorgt zu sein, da man die gesamte
nächste Generation für die Altersversorgung der aktuellen Generation in
die Pflicht nahm. Dass diese bei der Entscheidung kein Stimmrecht besaß,
versteht sich von selbst.

Spätestens ab hier bestand dann aber seitens des Staates auch die Verpflichtung, alles dafür zu tun, damit sich die Voraussetzungen des Umla-
geverfahrens erfüllen. Und diese Voraussetzungen lauten unter anderem:
Es müssen ausreichend viele Kinder geboren werden. Die gesellschaftliche Fertilitätsrate muss angesichts zu erwartender Produktivitätssteigerungen vielleicht nicht unbedingt exakt bestandserhaltend sein, auf jeden
Fall aber annähernd.

Nun hätte sich die Politik vielleicht noch mit dem Hinweis herausreden
können, dass sie ja alles versucht habe, Kinder für die Menschen wieder
attraktiver zu machen, doch hätten diese leider nicht auf ihre zahlreichen
Anreize reagiert. In einem solchen Fall seien dem Staat dann bedauerlicherweise die Hände gebunden.

Diese Ausrede trifft jedoch in keiner Weise zu. Für gut ausgebildete, am
Erhalt ihrer Kompetenzen interessierte Paare ist es heute besonders
günstig, keine Kinder zu haben. Damit können sie sowohl während ihrer
beruflich aktiven Zeit als auch im Alter deutlich mehr Ressourcen
erlangen (Geld verdienen), als wenn sie eigene Kinder hätten. Ferner

können sie sich viel ausgiebiger dem Ausbau der beruflichen Kompetenzen (Weiterbildung etc.) oder dem Aufbau der eigenen Karriere widmen, da weniger sonstige zeitliche Verpflichtungen bestehen. Es ist dann beispielsweise ohne Weiteres möglich, für eine längere Zeit ins Ausland zu gehen, um weitere Erfahrungen (beziehungsweise Kompetenzen) zu sammeln. Zum großen Teil beruhen die genannten Vorteile jedoch nicht auf natürlichen Gegebenheiten, sondern auf Verhältnissen, die vom Staat explizit selbst geschaffen wurden. Die gravierende Altersarmut der kommenden Jahrzehnte hat die Politik somit in erster Linie selbst zu verantworten.

Man kann an solchen Fällen übrigens sehr gut erkennen, dass die Politik in ihrem Wirken implizit vom gleichen Menschenbild ausgeht, wie die Systemische Evolutionstheorie beziehungsweise das vorliegende Buch. Sie scheint nämlich anzunehmen, dass man Wählern – ich erinnere: vom Urknall erschaffene, Kompetenzverlust vermeidende Systeme – nichts wegnehmen, sondern höchstens etwas hinzugeben kann. Aus diesem Grund mag man Familien vielleicht Steuererleichterungen, Elterngelder, eine verbesserte Vereinbarkeit von Familie und Beruf und jede Menge Krippen versprechen, aber man darf nicht die Steuern einseitig erhöhen, um auf diese Weise für mehr Familiengerechtigkeit zu sorgen (zum Beispiel, indem man die Steuern generell anhebt, sie aber für Familien wieder auf die ursprüngliche Höhe absenkt). So etwas würden die Wähler nämlich bei der nächsten Wahl abstrafen.

Wir haben es hier mit einem Problem zu tun, welches meiner Meinung nach auf demokratische Weise nicht mehr lösbar ist, zumal die Politik nicht evolutionär-systemisch und generationenübergreifend denkt, sondern primär bewahrend gegenüber den eigenen Kompetenzen, mit anderen Worten: wahlergebnisbezogen.

Damit ist die zweite der weiter oben genannten Schwächen von repräsentativen Demokratien durch das Fallbeispiel "gesetzliche Rentenversicherung" belegt: In Normalzeiten lassen sich in Demokratien keine notwendigen Maßnahmen zum Nachteil einer größeren Teilgruppe oder sogar der gesamten Bevölkerung durchsetzen.

Doch nun zum zweiten Fallbeispiel, der Staatsverschuldung. Für deren Entwicklung in den letzten 40 Jahren nannte ich bereits einen sachlichen Grund, ich wiederhole die Kernargumente einfachheitshalber noch einmal:

Aufgrund der Emanzipation der Frauen und der hierdurch bedingten stärkeren weiblichen Erwerbsbeteiligung kam es zu einer steten Zunahme der Zahl an Erwerbspersonen. Gleichzeitig sank durch die niedrigen Geburtenraten der Binnenbedarf. In der Folge blieb ein nennenswerter Teil der Erwerbswilligen arbeitslos. Diese Menschen waren dann vom Staat zu ernähren, was – sofern sie Kinder hatten – auch für deren Familien galt. Davon betroffen waren in erster Linie Personen mit geringer Ausbildung und jüngere und ältere Erwerbspersonen. Für den Staat waren die vielen Arbeitslosen ein Hinweis auf eine Rezension, gegen die er entsprechende Konjunkturprogramme startete – auf Pump. Da Menschen mit geringen Berufsaussichten überproportional viele Kinder bekamen, hatte der Staat entsprechend viele Kinder und Jugendliche zu versorgen.

Der wesentliche Punkt dabei ist, dass in der Bundesrepublik Deutschland bis ca. Mitte der 1970er-Jahre Vollbeschäftigung bestand. Erst ab da stieg die Arbeitslosigkeit nennenswert an – während gleichzeitig die Geburtenrate einbrach – und mit ihr auch die Schuldenaufnahme, denn die Politik sah es damals als ihre Aufgabe an, die Auswirkungen der Krise, die sie zu sehen glaubte, möglichst gering zu halten, und die Menschen wieder rasch an die Arbeitsplätze zurückzubringen. Allerdings ging die Arbeitslosigkeit – anders als in den Konjunkturflauten zuvor – diesmal nicht wieder zurück. So musste Konjunkturprogramm auf Konjunkturprogramm gestartet werden, beziehungsweise den Wählern eine solche Vorgehensweise versprochen werden.

Allerdings stellt sich die Frage, ob demokratische Politiker auch ohne sachliche Gründe (Arbeitslosigkeit, Wiedervereinigung, Finanzkrise etc.) zur Verschwendung und zur Anhäufung von Staatsschulden neigen würden. Mit anderen Worten: Handelt es sich bei der dritten der oben angeführten Schwächen repräsentativer Demokratien möglicherweise tatsächlich um ein Systemproblem?

Dafür scheint in der Tat einiges zusprechen. Ich zitiere zu diesem Anlass aus dem äußerst interessanten Buch *Schulden ohne Sühne?* von Konrad und Zschäpitz[342]:

> *Ist die Staatsverschuldung ein Webfehler der repräsentativen Demo-*
> *kratie? Das ist eine große Frage für die Wirtschaftswissenschaft. Eine*
> *Vielzahl möglicher Gründe wurde bereits erforscht. Dazu gehören*
> *politische Schuldenzyklen, die mit wichtigen Wahlen zusammenhängen,*
> *Fragen der politischen Couleur der Regierung, die Bedeutung von*
> *Regierungskoalitionen, ihrer Größe und der Zahl der dazu gehörenden*
> *Parteien. Auch der Typ der demokratischen Verfassung oder die föde-*
> *rale Struktur machen möglicherweise einen Unterschied. Eine Schlüs-*
> *selrolle spielen natürlich die Wähler, die tendenziell jener Partei ihre*

Stimme geben, von deren Wahl sie sich die größten persönlichen Vorteile erhoffen.

Im Vordergrund steht einmal mehr der persönliche Kompetenzerhalt, auf der einen Seite die Erhöhung der Wiederwahlchancen, auf der anderen Seite der Nutzen aus den Wahlgeschenken[343]:

Schon in den siebziger Jahren haben Ökonomen vermutet, die Regierung könne schuldenfinanzierte Ausgaben nutzen, um ihre Wiederwahlchancen zu erhöhen. Beispielsweise könnte ein schuldengetriebenes Aufflackern der Konjunktur vor der Wahl nützlich sein, wenn Wähler ihre Entscheidungen stärker auf nur kurze Zeit zurückliegende Erfahrungen gründen.

Konrad und Zschäpitz machen deutlich, dass sparsames Haushalten vor einer Wahl von den Bürgern auch tatsächlich nicht honoriert würde, da sie zu diesem Zeitpunkt weder deren vorteilhafte Wirkungen noch das sparsame Vorgehen an sich wahrnehmen könnten[344]:

Vor der Wahl polieren dann alle Politiker ihr Image durch höhere schuldenfinanzierte Ausgaben. Selbst wenn die Bürger diesen Sachverhalt kennen: würde ein Politiker aufs Schuldenmachen verzichten, würden die Bürger das vor der Wahl gar nicht mehr erfahren; sie könnten ihn deshalb dafür gar nicht belohnen. Sie würden aber schlechtere sichtbare Politikerergebnisse sehen. Der Politiker, der aufs Schuldenmachen verzichtet, würde also schlechter aussehen als er tatsächlich ist.

Sodann kommen die beiden Autoren auf die grundsätzlichen Anliegen der Ressortminister zu sprechen, die während ihrer Amtszeit natürlich nicht nur leise agieren, sondern Erfolge vorweisen möchten. Und so etwas kostet im Allgemeinen Geld: mehr Geld. Dabei stehen die verschiedenen Ressortchefs gewissermaßen im Wettbewerb um die Mittel des Finanzministers, wodurch es leicht zu einem gegenseitigen Hochschaukeln der Forderungen kommen kann (Red-Queen-Mechanismus). Auch bei diesem Punkt geht es also in erster Linie um den Kompetenzerhalt der jeweiligen Politiker beziehungsweise ihrer Parteien[345]:

Niedrige Beitragssätze und höhere Renten lassen sich indes nur durchsetzen, wenn dafür mehr Geld aus dem Bundeshaushalt in die Rentenkasse fließt. Woher der Finanzminister dieses Geld nimmt, ist für den Arbeits- und Sozialminister eher zweitrangig. Und wenn sich der Bund dafür weiter verschulden muss, ist das auch nicht seine Sorge. Ressortminister nehmen in der Regel gern ein paar Milliarden höhere

*Verschuldung in Kauf, wenn ein Großteil dieses Geldes in die Kassen
ihres Ministeriums fließt.*

Konrad und Zschäpitz meinen recht optimistisch, der wählende Bürger
könnte erkennen, wenn Politiker mal wieder unvereinbare Wahlverspre-
chen machen, woraufhin er seine Stimme lieber anderen, ehrlicheren
Parteien gibt[346]:

> *Sollte eine Partei wieder einmal öffentlich die beliebte Forderung nach
> erstens mehr staatlichen Leistungen, zweitens niedrigen Steuern und
> drittens einer Tilgung der Staatsschuld zum Wahlziel erheben, könnten
> die Bürger erkennen, dass diese drei Forderungen nicht miteinander
> vereinbar sind.*

Ich persönlich glaube an eine solche "Intelligenz" der Wähler nicht,
bestenfalls bei einem verschwindend kleinen Teil. Ansonsten sind Wähler
– nicht anders als Politiker – selbstreproduktive Systeme. Wenn ihnen vor
der Wahl Wunder versprochen werden, glauben sie an Wunder.

Beim letzten der von Konrad und Zschäpitz angeführten Gründe wird es
schließlich ziemlich perfide[347]:

> *Die Wirtschaftstheoretiker Torsten Persson und Lars Svensson haben
> sich gefragt, weshalb ausgerechnet ein überzeugter Konservativer so
> viele Staatsschulden machen würde. Präsident Reagan mag geahnt
> haben, dass ihm ein weit weniger konservativer Politiker als Präsident
> der Vereinigten Staaten von Amerika folgt. Möglicherweise gar einer,
> der Staatsgelder in den Aufbau eines amerikanischen Sozialstaats
> stecken möchte. Einer, der für eine allgemeine Krankenversicherung
> eintritt. Selbst konnte er die Machtübernahme durch einen Demokraten
> nicht verhindern. Er konnte aber dafür sorgen, dass sein Nachfolger
> einen tief verschuldeten Staatshaushalt übernimmt. So eine Schulden-
> last macht es auch einem Demokraten schwer, öffentliche Gelder für
> sozialstaatliche Programme zu mobilisieren. So konnte Präsident
> Reagan mit seiner Schuldenpolitik über seine Amtszeit hinaus wirken.
> Er konnte eine Reihe von Politikmaßnahmen verhindern, die er wohl
> nicht gemocht hätte. Das Instrument hierfür war die Staatsverschul-
> dung: er hat seinem Nachfolger einfach die finanziellen Mittel für
> solche Maßnahmen entzogen.*

Dies wäre dann vermutlich die höchste Form des politischen Kompetenzerhalts in Demokratien: Man bleibt gewissermaßen selbst dann noch an
der Macht, wenn die Wahl verloren wurde. Prolongiert man den dargestellten Zusammenhang ein wenig weiter in die Zukunft, dann ergibt sich
daraus natürlich auch, dass die aktuelle Generation mit den von ihr

aufgetürmten Schulden der nächsten Generation einen Großteil ihrer Gestaltungsmöglichkeiten nimmt.

Konrad und Zschäpitz stellen in ihrem Buch deutlich heraus, dass es für Politiker auch zu Friedens- und Normalzeiten durchaus valide Gründe geben kann, Schulden zu machen. Staatsschulden müssen deshalb nicht grundsätzlich schlecht sein. Interessanterweise führen sie dabei in erster Linie große Investitionen an, von denen auch die kommenden Generationen einen erheblichen Nutzen haben. Ihrer Meinung nach wäre es der aktuellen Generation letztlich nicht zumutbar, die Gesamtkosten dafür ganz allein aufzubringen und zu tragen. Im umkehrten Fall hat sich der Grundgedanke der Generationengerechtigkeit also längst etabliert.

Den von Konrad und Zschäpitz aufgeführten "Verschuldungsgründen" in Demokratien kann noch ein weiterer hinzugefügt werden, und dies ist ein evolutionärer, ich erwähnte ihn im Grunde bereits: Politiker und Wähler sind selbstreproduktive und damit Kompetenzverlust-vermeidende Systeme: Man kann ihnen nicht einfach etwas wegnehmen, darauf würden sie ungehalten reagieren. Folglich muss man den Wählern immer mehr versprechen. Fühlt sich beispielsweise eine Gruppe sozial benachteiligt, dann kann die Politik anderen Gruppen nicht einfach etwas wegnehmen und es der Gruppe zuführen. Anders gesagt: Sie muss es schaffen, der Gruppe mehr zu geben, ohne anderen etwas wegzunehmen. Dies überträgt sich automatisch auch auf die Budgets der Ressortminister. Damit ist eine staatliche Schuldenpolitik aber quasi vorprogrammiert.

Die beiden Fallbeispiele "gesetzliche Rentenversicherung" und "Staatsschulden" haben gezeigt, dass in repräsentativen Demokratien die aktuelle Generation der nächsten Generation auf recht unterschiedliche Weisen Lasten aufbürden kann, die die Gestaltungsmöglichkeiten der kommenden Generationen substanziell beeinträchtigen. Gesetzliche Regelungen zur Gewährleistung der Generationengerechtigkeit – zum Beispiel durch Schuldengrenzen – werden meiner Meinung nach deshalb nur bedingt wirkungsvoll sein.

Ob und wie man solche Probleme lösen kann, weiß ich nicht. Allerdings scheint es mir zwingend erforderlich zu sein, dass sich in politischen Entscheidungsprozessen generell ein evolutionär-systemisches Denken durchsetzt. Solange Politiker überhaupt nicht wissen, was sie mit ihren Entscheidungen generationenübergreifend bewirken, zum Beispiel weil ihnen die dafür erforderlichen Denkmodelle nicht zur Verfügung stehen, können sie im Grunde auch nicht langfristig sinnvoll steuernd und verändernd tätig werden.

11.6 Beherrschung der Bevölkerungsentwicklung

Die Menschheit wird auf Dauer nur überleben und in Frieden miteinander auskommen können, wenn ihr die Beherrschung der Bevölkerungsentwicklung gelingt (vgl. dazu meinen Artikel *Bevölkerungsplanung*[348]).

Ist das zu viel verlangt? Nun, wir waren auf dem Mond, wir haben Atomkraftwerke und der genetische Code ist auch entschlüsselt. Familienplanung und Abtreibung sind längst selbstverständlich geworden. Irgendwann wird man in der Lage sein, Menschen zu klonen und das Wetter zu beeinflussen. Und unter diesen Bedingungen soll es nicht möglich sein, über Maßnahmen zur zielgenauen Bestimmung zukünftiger Bevölkerungsgrößen nachzudenken, zumal man mit kaum etwas anderem die Welt nachhaltiger befrieden könnte?

Dauerhaft überbestandserhaltende Fertilitätsraten führen zu exponentiellem Bevölkerungswachstum, nichtbestandserhaltende Werte zu exponentieller Bevölkerungsschrumpfung, in beiden Fällen also langfristig zur Katastrophe. Entwicklungsländer haben ohne die allgemeine Verfügbarkeit von leistungsfähigen Kontrazeptiva und ohne eine relative Gleichstellung der Frauen meist deutlich überbestandserhaltende Fertilitätsraten, entwickelte Länder dagegen deutlich nichtbestandserhaltende.

Die große Frage ist jedoch, wie man Bevölkerungen international abgestimmt und ohne Anwendung von Zwangsmaßnahmen im demografischen Gleichgewicht halten beziehungsweise zu einem sachten, kontrollierten Schrumpfen bringen kann. Das von mir vorgeschlagene Familienmanager-Konzept könnte ein erster Ansatz dazu sein, wie auch der nächste Abschnitt zeigt.

Bedauerlicherweise besteht gerade in feministischen und soziologischen Kreisen kaum ein ernsthaftes Problembewusstsein in der Sache. Dies erschwert den Diskurs ungemein. Evolutionstheoretische Argumente werden in den betreffenden Disziplinen und Zirkeln meist von vornherein abgelehnt, für Generationengerechtigkeit scheint kein Interesse zu bestehen, und dass es sich bei der Teilverlagerung der Fortpflanzungs- und Erziehungsarbeit in Drittländer um Kolonialismus handelt, will man offenkundig erst gar nicht wahrhaben.

Ein in dieser Hinsicht besonders erschreckendes – aber keineswegs untypisches – Beispiel liefert Bettina Rainer mit ihren Arbeiten[349] [350]. So schreibt sie an einer Stelle[351]:

"Geburtenschwund" und "Überbevölkerung" werden einander gegenübergestellt. Auf den ersten Blick ist dies paradox und widersprüchlich.

Bei näherer Betrachtung wird allerdings deutlich, dass sich der Diskurs über das Thema Bevölkerung in zwei Stränge gliedert. In dem einen wird das "Aussterben" und ein "Zuwenig" an Menschen problematisiert, in dem anderen stehen hingegen "Überbevölkerung" und ein "Zuviel" an Menschen im Mittelpunkt. Entscheidend ist dabei, wer die Menschen sind, die "zuwenig" oder aber "zuviel" sind und deren vermehrte Reproduktion oder verminderte Fruchtbarkeit erwünscht sind.

Solche ideologischen und letztlich auch völlig unethischen Abwägungen haben meiner Meinung nach in wissenschaftlichen Kontexten nichts zu suchen. Wenn beispielsweise in Somalia – einem der ärmsten Länder der Erde – im Jahr 2011 durchschnittlich 6,35 Kinder pro Frau geboren werden[352] (der vierthöchste Wert weltweit), gleichzeitig aber während einer schweren Hungersnot Zehntausende Kinder sterben[353], dann verbieten sich Debatten darüber, ob die Sorge über die Bevölkerungsentwicklung in Afrika möglicherweise einen rassistischen Hintergrund hat ("unerwünschte Menschen"), von selbst. Die hohen Geburtenraten in Ländern wie Somalia sind nicht natürlicher Art, sondern Ausdruck der dort vorherrschenden sozialen Verhältnisse, insbesondere der Armut, und sie reproduzieren genau diese Verhältnisse immer und immer wieder[354].

Im Übrigen wird die europäische Geburtenschwäche aller Wahrscheinlichkeit nach auch negative Auswirkungen auf die geburtenreichen armen Länder haben, denn zum einen werden sich die europäischen Konzerne auch dort nach geeigneten Fachkräften umschauen – die dann nicht mehr zum Aufbau ihrer Heimatländer zur Verfügung stehen –, zum anderen dürften bei zukünftigen Hungersnöten von der Größenordnung Somalia-2011 europäische Hilfen aufgrund der dann fehlenden eigenen Mitteln weitestgehend ausbleiben. Man wird die Menschen einfach sich selbst überlassen. Anders gesagt: Man wird sie verhungern lassen.

Die bislang noch fehlende Beherrschbarkeit der Bevölkerungsentwicklung ist das vermutlich wichtigste offene globale Problem überhaupt[355].

11.7 Sicherstellung der Nachhaltigkeit des Humanvermögens

Das im Folgenden kurz angerissene *Familienmanager-Modell* könnte ein solches Verfahren zur Steuerung der Bevölkerungsentwicklung sein. Es leistet aber noch erheblich mehr. Auch das soll diskutiert werden.

Verschiedene Autoren – unter anderem der Biologe Richard Dawkins – haben deutlich gemacht, dass Lebewesen ihre Fortpflanzungsentscheidungen primär auf der Grundlage ihrer eigenen individuellen Lebenssituationen fällen. Anders gesagt: Sie fragen sich nicht, was in der Hinsicht gut für die Gesamtpopulation wäre, sondern was gut für sich beziehungsweise ihre Gene ist. Es geht dabei um die Debatte Individualselektion versus Gruppenselektion.

Die genannten Kernargumente gelten im Wesentlichen auch für Menschen. Die Systemische Evolutionstheorie sieht die Sache lediglich ein wenig differenzierter: Die meisten Lebewesen besitzen kaum weitere Kompetenzen als die in ihren Genen gespeicherten, folglich steht bei ihnen die genetische Reproduktion (Fortpflanzung) im Vordergrund, und man könnte ihnen oftmals gar ein genegoistisches Verhalten unterstellen[356]. Die Situation beim Menschen ist jedoch erheblich komplexer. Er besitzt eine Vielfalt an sehr unterschiedlichen Fähigkeiten und Fertigkeiten, bei denen es sich mehrheitlich um kulturelle Kompetenzen mit einem gewissen genetischen Fundament handelt. Aber auch Menschen sind selbstreproduktive Systeme. Sie verhalten sich nachhaltig gegenüber ihren Kompetenzen und ausbeutend gegenüber ihrer Umwelt. Anders gesagt: Auch sie lassen sich vor allem von ihren Individualinteressen (Reproduktion ihrer Kompetenzen) leiten. Es ist deshalb nicht zu erwarten, dass sie von sich aus und ausschließlich auf der Grundlage von Individualentscheidungen zu einem gruppenweit optimalen Fortpflanzungsverhalten finden. Die Systemische Evolutionstheorie kommt in dieser Frage also zum exakt gleichen Ergebnis wie der genorientierte Darwinismus: Das allseitige individuelle Streben nach Kompetenzerhalt unterbindet gruppenweit optimale Lösungen. Es kommt dann entweder zur Bevölkerungsschrumpfung oder zur -explosion, im ersten Fall meist zur Armut und im zweiten Fall zum Kampf ums Dasein, beispielsweise zum Krieg. Das ist ein Teil des Problems.

Der zweite Teil handelt davon, dass Reproduktionsressourcen (insbesondere weibliche Fortpflanzungsressourcen) kritische knappe Ressourcen sind, die in ausreichendem Maße geschützt werden müssen, damit es noch ein Morgen geben kann.

Stellen Sie sich einen Forstwirt vor, dessen Bäume besonders hochwertiges Holz liefern, sodass die Nachfrage nach seinen Hölzern seine potenzielle Liefermenge deutlich übersteigt. Ein guter Forstwirt wird das Gelände und den darauf befindlichen Baumbestand zu seinen Kompetenzen zählen (und nicht zu seiner Umwelt). Beides wäre – ökonomisch ausgedrückt – sein Kapital. Da er als Forstwirt ein selbstreproduktives System ist, wird er sich nachhaltig gegenüber seinem Baumbestand und ausbeutend gegenüber der Umwelt außerhalb seines Forstbetriebs verhalten.

Rein theoretisch könnte der Forstwirt seinen Baumbestand durchaus so ähnlich, wie eine Allmende verwalten: Holzinteressenten dürften das Gelände über die einzige Zufahrt betreten und die Bäume nach ihrem Gutdünken fällen. Abgerechnet würde dann bei der Ausfahrt nach Gewicht. Das Nachhaltigkeitskonzept gegenüber seinem Baumbestand bestünde dann etwa darin, pro Jahr nur eine bestimmte Menge an Holz zu verkaufen. Würde das Limit etwa schon gegen Ende August erreicht werden, würden bis zum Jahresende alle weiteren potenziellen Käufer abgewiesen werden. Ich denke, wir sind uns einig, dass dies dennoch kein sinnvolles Nachhaltigkeitskonzept ist.

So ist beispielsweise zu erwarten (Kompetenzerhalt der Interessenten, die gleichfalls selbstreproduktive Systeme sind), dass die Holzkäufer vor allem die Bäume fällen werden, die möglichst viel gutes Holz bei einem möglichst geringen Aufwand ergeben. Im Ergebnis käme es auf lange Sicht dabei möglicherweise sogar zur Selektion, in deren Rahmen die Bäume sukzessive kleiner und auch dünner würden. Der Forstwirt müsste sich deshalb gewissermaßen schützend vor einen Teil seiner Bäume stellen, damit ihm von den Käufern nicht sukzessive sein wertvollstes Kapital (sein Vermögen, seine Kompetenzen) genommen wird. Dies gilt insbesondere für die Flächen, die aktuell aufgeforstet werden. Sollte ein Kunde ein besonderes Interesse an den noch relativ jungen, frischen und gesunden Stämmen zeigen und dafür einen deutlich höheren Preis bieten, so müsste der Forstwirt ihn dennoch abweisen, andernfalls setzte er seine gesamte zukünftige Existenz aufs Spiel.

Bei den Baumbeständen menschlicher Gesellschaften – den darin lebenden Menschen – sieht es nicht viel anders aus. Das Geschäftsmodell moderner Staaten ist, dass sie ihre Menschen (genauer gesagt: deren Humankapital) an Interessenten (Unternehmen) vermieten. Die Miete wird per Einkommenssteuer von den Vermieteten direkt an den Staat abgeführt. Daneben haben die Unternehmen – je nach Geschäftserfolg – weitere Mieten (Steuern) zu entrichten.

Das wichtigste Vermögen unserer Gesellschaft ist in diesem Zusammenhang das gesellschaftliche Humanvermögen. Es ist das, was sie sozusagen auf den Markt wirft, um Einnahmen zu erzielen. Sollte sie ihres Humanvermögens (durch schlechtes Wirtschaften, unzureichende Nachhaltigkeit, Flucht etc.) verlustig werden, könnte die Gesellschaft nicht mehr in der bisherigen Form existieren.

Die Gesellschaft muss ihr Humanvermögen deshalb genauso schützen, wie es ein Forstwirt gegenüber seinen Baumbeständen zu tun hat. Beide müssen sich nachhaltig gegenüber ihren Kernkompetenzen beziehungsweise ihrem Kapital verhalten, sonst können sie nicht fortbestehen. In Wirtschaftsprozessen wird all das längst verstanden, in gesellschaftlichen Zusammenhängen jedoch meist nicht einmal ansatzweise.

Da nur Frauen Kinder in ihrem Bauch heranwachsen lassen, gebären und stillen können – das heißt neue Bäume oder meinetwegen auch Ferkel, um beim Beispiel Erwin Teufels zu bleiben, entstehen lassen können –, sind sie in besonderem Maße zu schützen. Aus männlicher Sicht waren sie schon immer eine knappe Ressource. Das Werben von Männern, ihr häufig angeberisches Verhalten, ihre Risikobereitschaft und Kreativität, aber auch die Prostitution haben in all dem ihre Ursache.

Die Frage ist nur: Wie kann eine Gesellschaft ihr Humanvermögen und speziell ihre Frauen schützen? Auf eher exotische Schutzformen wie die Haremsbildung möchte ich an der Stelle nicht weiter eingehen. Der wohl bekannteste und global am stärksten verbreitete Schutzmechanismus dürfte die patriarchalische Familie mit dem Mann als Haupternährer und der Frau als Mutter und Hausfrau sein. In der Praxis war die Aufgabenverteilung zwischen den Geschlechtern oftmals deutlich weniger strikt, speziell dann, wenn das Einkommen des Mannes kaum reichte, um den Lebensunterhalt der gesamten Familie sicherzustellen. Dann ging häufig auch noch die Frau – zumindest in Teilzeit – einer Erwerbstätigkeit nach. Man kann aber festhalten: Die sich selbst tragende Kleinfamilie aus Mutter, Vater und Kindern ist ein zutiefst patriarchalisches Konzept. Es handelt sich dabei um nichts weniger als die Reproduktionseinheit des Patriarchats. Es darf deshalb ein wenig verwundern, dass selbst der Feminismus mehrheitlich die Auffassung zu vertreten scheint, man könne Männer und Frauen gesellschaftlich vollständig gleichstellen, ohne nennenswert an der Familienstruktur zu rütteln. Dies ist jedoch ein Irrtum, wie im Laufe des Buches und insbesondere in meinem Artikel *Familienarbeit in gleichberechtigten Gesellschaften*[357] gezeigt wurde.

Ein gutes Anschauungsbeispiel für die aufgeworfene komplexe Problemstellung stellen natürliche Sozialstaaten dar, in denen sowohl die reproduktiven Aufgaben mit hoher (Nahrungsbeschaffung) als auch niedriger Zeitpräferenz (Fortpflanzung) vom gleichen Geschlecht (den Weibchen) erbracht werden. Politisch instrumentalisierbare Themen wie die Geschlechtergleichstellung verlieren unter solchen Konstellationen sofort an Relevanz.

Schaut man sich die weiblichen natürlichen Sozialstaaten wie die der Honigbiene genauer an, dann stellt man fest, dass sie – wie generell alle eusozialen Gemeinschaften in der Natur – einen ganz anderen Weg eingeschlagen haben, ihre kritischen Reproduktionsressourcen zu schüt-

zen: Bei ihnen werden einzelne (weibliche) Individuen aus der Gesamtpopulation für die Reproduktionsaufgabe reserviert. Statt einer sexuellen
Arbeitsteilung zwischen den Geschlechtern – wie beim Menschen –,
besteht bei ihnen eine Arbeitsteilung im weiblichen Geschlecht. Es
werden also nicht – wie im Patriarchat – mehr oder weniger alle weiblichen Populationsmitglieder für die aufwendige Reproduktionsarbeit
reserviert, sondern nur ein Teil von ihnen.

Wirft man einen Blick in die familien- und gesellschaftspolitische Literatur der letzten Jahre, dann fällt auf, dass ein Großteil der Autoren (unter
anderem auch Frank Schirrmacher) exakt eine solche Entwicklung für
moderne menschliche Gesellschaften vorhergesagt hat. Es wird nämlich
von ihnen prognostiziert, dass ein großer Teil der Frauen in Zukunft keine
oder nur ein Kind haben wird, ein anderer dafür viele. Im Grunde ist das
von der Tendenz her längst der Fall, allerdings bedauerlicherweise auf
eine äußerst ungünstige Weise: Gut ausgebildete, beruflich engagierte
Frauen haben keine oder nur wenige Kinder, gering gebildete und berufslose Frauen hingegen deutlich mehr. Die unmittelbare Folge davon ist,
dass nicht nur generell zu wenige Kinder geboren werden, sondern auch
anteilsmäßig immer mehr in die Armut und Bildungsferne hinein. Der
Zusammenhang wurde im Laufe des Buches hinreichend oft erläutert und
erarbeitet.

Von einem Großteil der meinungsbildenden Persönlichkeiten unserer
Gesellschaft wird die Entwicklung als nur bedingt problematisch einge-
stuft und dargestellt. Aufgrund der ihrem Denken zugrunde liegenden
antibiologistischen Doktrin, gemäß der Menschen lediglich sozial beliebig formbare Biomassen sind – ich erwähnte es bereits –, wollen sie eher
Defizite in der Sozial- und Bildungspolitik erkannt haben. Im Rahmen
des vorliegenden Buches konnten solche Auffassungen jedoch als vom
eigenen Bestreben nach Kompetenzerhalt gespeiste Ideologen (ihrem
Tarnmantel) entlarvt werden. Tatsächlich führen sie wohl langfristig in
den Autogenozid, in jedem Fall aber zu einer substanziellen Verletzung
der Generationengerechtigkeit.

Es soll deshalb an dieser Stelle ein alternatives Familienmodell inklusive
alternativer Finanzierung – das sogenannte *Familienmanager-Modell* –
vorgestellt werden, bei welchem es sich gewissermaßen um eine Zwitter-
lösung zwischen der aktuellen Kleinfamilie und der Reproduktionsorga-
nisation der Honigbiene handelt[358 359 360 361].

Es folgt einem sehr einfachen Grundgedanken: Stellen Sie sich eine
Gemeinschaft vor, in der täglich eine bestimmte aufwendige Arbeit zum
Wohle aller verrichtet werden muss, andernfalls könnte die Gesellschaft

in der Form nicht existieren. Bislang beschäftigte man dafür ausschließlich Sklaven. Doch irgendwann proben die Sklaven den Aufstand und
fordern Gleichberechtigung. Es stellt sich die Frage: Wie kann den
Sklaven Gleichberechtigung gewährt werden, ohne dass die notwendige
aufwendige Arbeit vernachlässigt wird, und ohne dass auf die einzelnen
Menschen Zwang ausgeübt wird.

Die Antwort lautet: Durch die Schaffung eines neuen Berufs, der die
bislang von den Sklaven verübte unangenehme Tätigkeit zum Gegenstand
hat, sie aber angemessen vergütet. Hat man dies einmal verstanden, kennt
man auch das Wesen des Familienmanager-Modells. Es lässt sich wie
folgt zusammenfassen:

Jeder Bürger müsste gemäß seiner individuellen Leistungsfähigkeit für
ein Kind Unterhalt zahlen. Allerdings könnte er sich von dieser Verpflichtung durch das Aufziehen eines eigenen Kindes befreien. Der eingenom-
mene Unterhalt könnte wie folgt verwendet werden: Wenn viele Menschen kinderlos bleiben, kommen insgesamt zu wenig Kinder auf die
Welt. Die Differenz zu einer bestandserhaltenden Geburtenrate könnte
dann von staatlich beschäftigten Familienmanagerinnen abgedeckt
werden, die in aller Regel größere Familien mit drei oder mehr Kindern
gründen. Da die Familienarbeit dabei zum Fulltime-Job generiert, würden
solche Familienfrauen (oder auch -männer) vom Staat für die von ihnen
geleistete Erziehungsarbeit – in Abhängigkeit von der Zahl ihrer Kinder –
bezahlt. Allerdings benötigten sie entsprechende Qualifikationen, da sie
einen Beruf mit sehr hoher Verantwortung ausüben. Auch müssten sie
sich regelmäßig fortbilden. Sie gingen einer echten Erwerbsarbeit nach.
Für sie würde das folgende ergänzende Familienmodell zum Einsatz
kommen:

• Der Mann geht arbeiten und verdient Geld, die Frau zieht die Kinder
  auf und verdient dafür ebenfalls Geld.

Dieses Familienmodell trägt den Namen *Familienmanager-Modell*. Es
dürfte das einzige Familienmodell sein, welches einen nennenswerten
Anteil gut ausgebildeter Frauen unter der Rahmenbedingung der Gleichberechtigung der Geschlechter zur Gründung einer Mehrkindfamilie
bewegen könnte. Natürlich würde auch die umgekehrte Variante (*Die
Frau geht arbeiten und verdient Geld, der Mann zieht die Kinder auf und
verdient dafür ebenfalls Geld*) funktionieren, allerdings dürften solche
Konstellationen eher selten sein. Ferner würde das Modell Alleinerzie-
hung (*Die Frau zieht die Kinder auf und verdient dafür Geld*) – gegebenenfalls im Zusammenleben mit unterschiedlichen Partnern – unterstützen, was für moderne Gesellschaften unerlässlich zu sein scheint. Es

umgeht die Problematik der *Vereinbarkeit von Familie und Beruf*, indem es *Familie zum Beruf* macht.

Grundlage des Familienmanager-Modells könnte die folgende "Norm" beziehungsweise modifizierte verantwortete Elternschaft sein, die die Nachwuchsarbeit als eine gesellschaftliche Kollektivaufgabe versteht, die prinzipiell von allen Bürgern anteilsmäßig in direkter oder indirekter Form zu erbringen ist[362]:

Jedem Bürger steht es in unserer Gesellschaft frei, Kinder in die Welt setzen. Doch bitte beachten Sie: Die Welt ist bereits überbevölkert und hat ihre maximale Tragekapazität erreicht. Ein unkontrollierter Bevölkerungszuwachs sollte deshalb unbedingt vermieden werden. Beschränken Sie sich nach Möglichkeit auf maximal zwei Kinder pro Paar ("ersetzt euch" statt "mehret euch"). Der Staat wird Maßnahmen ergreifen und fördern, die für eine möglichst optimale Vereinbarkeit einer kleineren Familie mit bis zu zwei Kindern mit einem Beruf und für einen relativ fairen Familienlastenausgleich sorgen werden.

Allerdings ist die Gesellschaft auf eine annähernd bestandserhaltende Reproduktion angewiesen. Deshalb ist es in unserer Gesellschaft zusätzlich Ihre Aufgabe, als Paar für zwei Kinder zu sorgen, als Einzelperson für ein Kind. Damit leisten Sie Ihren Beitrag zu einer bestandserhaltenden gesellschaftlichen Reproduktion. Sie müssen das Aufziehen eigener Kinder aber nicht selbst erbringen, sondern Sie könnten dies anderen Fachleuten überlassen, die an Ihrer Stelle eigene Kinder großziehen. Dafür müssten Sie dann aber regelmäßig einen bestimmten Betrag abführen, damit diese das auch in der entsprechenden Qualität für Sie tun können.

Vereinfacht ausgedrückt bedeutet dies: Entweder man zieht selbst ein Kind auf, oder man zahlt Unterhalt, damit größere – ausreichend qualifizierte – Familien ihre eigenen Kinder in Würde aufziehen können.

Additiv oder alternativ zu den Unterhaltszahlungen könnte auch eine (Teil-)Finanzierung über die Renten- und Pensionsansprüche von Kinderlosen, die über ausreichend hohe Leistungsbezüge verfügen, erfolgen.

Man kann nun zeigen, dass die Maßnahme mit einem Finanzierungsbedarf deutlich unter 100 Milliarden Euro pro Jahr binnen weniger Jahre eine gesicherte bestandserhaltende Reproduktion bewirken könnte[363]. Gleichzeitig dürften dabei etwa vier Millionen neue Arbeitsplätze entstehen[364]. Auch kann gezeigt werden, dass sich bei Scheidungen (selbst ohne Beteiligung einer Familienmanagerin) viele der heute bekannten Unterhaltsproblematiken entschärfen ließen[365]. Und schließlich könnten die

Familienmanagerinnen einen Großteil der von berufstätigen Eltern benötigten Vereinbarkeitsinfrastruktur stellen, und zwar in einer viel umfassenderen und vermutlich auch qualitativ hochwertigeren Weise, als dies mit staatlichen Einrichtungen möglich ist[366].

Weil manche Menschen mit meinen abstrakten Denkmodellen nichts anfangen können, möchte ich kurz darstellen, welche konkreten Folgerungen sich aus dem Familienmanager-Modell für den Einzelnen ergeben (die haben es nämlich zum Teil in sich):

- Sie sind kinderlos. Dann müssen Sie unter dem Familienmanager-Modell – entsprechend Ihrer ökonomischen Leistungsfähigkeit – Unterhalt für ein Kind zahlen, eventuell sogar als Rentner oder Pensionsbezieher. Die gezahlten Summen dienen der Finanzierung der Familienmanagerinnen und ihrer Kinder.

  Falls Sie dies als ungerecht empfinden: Als Mann etwa wären Sie dann einem anderen Mann gleichgestellt, der bereits heute Unterhalt für ein Kind – zum Beispiel aus einem One-Night-Stand – zahlen muss, das aber von seiner Mutter in einer ganz anderen Stadt aufgezogen wird. Heute wird die leibliche Vaterschaft vom Unterhaltsrecht gewissermaßen als Schadensfall gewertet. Der leibliche Vater hat deshalb für das bei der Mutter aufwachsende Kind finanziell aufzukommen. Unter dem Familienmanager-Modell gilt hingegen Kinderlosigkeit als Schadensfall (für die Gesellschaft). Infolgedessen ist – über den Umweg einer zentralen Familienmanager-Kasse – Unterhalt an ein Kind einer Familienmanagerin zu entrichten. Auf diese Weise würden Sie die Aufbringung einer Person, die später für Ihre Rente aufkommen wird, unterstützen. Es wird also letztlich nur der Teil gesetzlich nachimplementiert, der bei der Verabschiedung der Rentenversicherung übersehen wurde.

- Sie sind ein Paar und haben ein Kind. Dann müssen Sie Unterhalt für ein weiteres Kind entrichten.

- Sie sind eine Einzelperson mit einem Kind oder ein Paar mit 2 Kindern (die Sie selbst erziehen oder für die Sie auf direkte Weise Unterhalt entrichten – zum Beispiel an Ihre frühere Ehefrau): Dann ändert sich nichts gegenüber heute. Ihnen stehen alle heutigen familienpolitischen Leistungen zu.

- Sie sind ein normales Paar ohne Familienmanagerin, wollen aber 5 Kinder haben. Das ist prinzipiell möglich, allerdings sollten Sie die Kinder dann auch selbst ernähren können. Es gäbe natürlich Sonderregelungen für diejenigen, die ihre mehreren Kinder zunächst selbst ernähren konnten, aufgrund einer Änderung der Lebensverhältnisse später aber nicht mehr. Für Sozialhilfeempfänger gäbe es finanzielle Anreize, nicht mehr als 2 Kinder in die Welt zu setzen. Es würde von der Gesellschaft (aufgrund der globalen Überbevölkerung) als unethisch und unerwünscht angesehen, viele Kinder zu haben, obwohl man sie nicht selbst ernähren kann. Natürlich gäbe es Sonderregelungen, wenn zum Beispiel sofort Drillinge auf die Welt kommen.

- Sie haben den Beruf der Familienmanagerin ergriffen und üben ihn alleinerziehend oder als Teil eines Paares aus. Dann werden Sie für Ihre berufliche Arbeit bezahlt, und zwar aus der bereits erwähnten, per Unterhalt finanzierten Familienmanager-Kasse. Pro Kind erhalten Sie einen Leistungsbetrag, der deutlich über den tatsächlichen Aufbringungskosten für das Kind liegt.

Es ist durchaus denkbar – aber nicht sehr wahrscheinlich, siehe die obigen Ausführungen zum Kompetenzerhalt –, dass die Regelung etliche kinderlose Paare dazu veranlassen könnte, lieber zwei eigene Kinder zu haben, anstatt für zwei fremde Kinder Unterhalt zu zahlen. Im Extremfall könnte dies dazu führen, dass bereits ohne Familienmanagerinnen eine gesellschaftliche Fertilitätsrate von 1,8 erzielt wird. In diesem Fall würde der Staat keine neuen Familienmanagerinnen mehr einstellen, und zwar so lange, bis die Fertilitätsrate wieder unter eine kritische Größe sinkt. Es könnte deshalb Sinn machen, die Ausbildung zur Familienmanagerin möglichst flexibel zu gestalten, damit die Studierenden eventuell auch Lehrerinnen oder Erzieherinnen werden können.

Manche glauben, das Familienmanager-Konzept sei ein x-beliebiger weiterer Vorschlag zur Behebung unserer prekären Nachwuchssituation, auf gleicher Ebene etwa wie Krippenausbau, Elterngeld oder Familiengeld. Das ist jedoch nicht der Fall. Es handelt sich dabei um einen grundsätzlichen Vorschlag zur Organisation der gesellschaftlichen Reproduktion in gleichberechtigten Gesellschaften. Er dürfte – was die Wirkungen angeht – ähnlich schwergewichtig sein wie die Gleichberechtigung der Geschlechter selbst. Außerdem wäre damit – nach 160 Jahren – schließlich dann doch noch dem Anliegen des von Erwin Teufel erwähnten Nationalökonomen Friedrich List gedient: Die Aufzucht von Kindern ginge dabei (jedenfalls zum Teil) in das Bruttosozialprodukt ein.

Hinzu kommt, dass einem modernen Sozialstaat wie der Bundesrepublik Deutschland nach meinem Verständnis sogar die Pflicht zukommt, für eine "Kompetenz erhaltende" – nicht notwendigerweise zahlenmäßig "bestandserhaltende" – gesellschaftliche Reproduktion zu sorgen, denn er ist gewissermaßen der Eigentümer seines Humanvermögens. Wie gezeigt wurde, könnte er dies selbst unter der Rahmenbedingung der Gleichberechtigung der Geschlechter auf vollständig zwangfreie Weise tun, er müsste sich lediglich von dem mehr als befremdlichen und letztlich völlig antiquierten und frauenfeindlichen Dogma lösen, dass das langjährige Aufziehen von Kindern eine soziale Leistung ist, die grundsätzlich kostenfrei zu erbringen und somit eigentlich nichts wert ist. Bei der Wehrpflicht hat schließlich längst ein ähnliches Umdenken begonnen.

Und diese Verpflichtung zur Werterhaltung des Humanvermögens besteht insbesondere, seitdem er von seinen Bürgern verlangt, regelmäßig in eine gesetzliche Rentenversicherung einzuzahlen, was viele zukünftige Rentner – mit oder ohne eigene Kinder – während ihres gesamten Erwerbslebens auch tatsächlich getan haben, trotzdem wird ein Großteil unter ihnen von Altersarmut betroffen sein. Wenn der Staat die Altersversorgung seiner Bürger in die eigene Verantwortung nimmt, dann muss er auch dafür sorgen, dass sie zumindest unter regulären (das heißt, nicht durch schwere Kriege, Wirtschaftskrisen oder Katastrophen belasteten) Bedingungen leistungsfähig bleibt. Dass sich die Menschen unter anderem aufgrund der von ihm selbst geschaffenen Verhältnisse ganz häufig gegen eigene Kinder entscheiden, ist eindeutig kein ausreichender Grund.

Bei der Sicherheit sähe das nicht anders aus. Wenn es der Staat zuließe, dass den Bürgern auf seinem Hoheitsgebiet massenhaft die Häuser und Autos angezündet werden, dann könnte er sich gleichfalls nicht darauf berufen, dass sich kaum jemand freiwillig für den Dienst an der Waffe gemeldet habe. Entsprechend merkt Michael Zürn an[367]:

> *Unter den vier allgemeinen Zielen des Regierens, die sich im demokratischen Wohlfahrtsstaat herausgebildet haben, nimmt Sicherheit zweifellos eine herausragende Stellung ein. Bereits der Ursprung des Territorialstaates ist ganz wesentlich darauf zurückzuführen. (...) Wird Sicherheit durch den Staat nicht mehr hinreichend gewährleistet, so erübrigt sich selbst gemäß des Staatstheoretikers des Absolutismus, Thomas Hobbes, für die Bevölkerung die Gehorsamspflicht: "Die Verpflichtung des Untertanen gegenüber dem Souverän dauert nur so lange, wie er sie aufgrund seiner Macht schützen kann, und nicht länger."*

Gelegentlich wird eingewendet, das Familienmanager-Konzept könne allein schon deshalb nicht gelingen, weil sich moderne emanzipierte Frauen für einen solchen Job nicht interessierten. Ich darf an dieser Stelle an die Worte Simone de Beauvoirs erinnern[368]: *"No woman should be authorized to stay at home to raise her children. (...) Women should not have that choice, precisely because if there is such a choice, too many women will make that one."* Die Untersuchungen der Soziologin Catherine Hakim lassen den Einwand ebenfalls als wenig stichhaltig erscheinen[369 370 371].

An dieser Stelle lohnt es sich vielleicht, auf drei Punkte einzugehen, die mit dem Einwand in direktem Zusammenhang stehen. Das vorliegende Buch nimmt an, dass Menschen selbstreproduktive Systeme sind, die danach streben, ihre eigenen Kompetenzen zu bewahren. Auf dieser Grundlage hatte ich gefolgert, dass sich eine Akademikerin eher selten für mehrere Kinder entscheiden wird, weil sie hierdurch ihre Möglichkeiten zur Reproduktion ihrer erworbenen kulturellen (beruflichen) Kompetenzen verlieren könnte. Sie wäre dann auf Dauer nicht mehr in der Lage, mit diesen Kompetenzen Ressourcen (Geld) zu erlangen. Die Frage ist: Warum zieht sie es vor, ihre kulturellen (beruflichen) Kompetenzen zu reproduzieren, statt ihre genetischen? An anderer Stelle schrieb ich, dass Menschen unterschiedliche Präferenzen besitzen. Zum gleichen Ergebnis kommt auch Catherine Hakim im Rahmen ihrer Preference Theory[372]. So stellte sie beispielsweise fest, dass ein Teil der Frauen, und zwar unabhängig vom jeweils erreichten Bildungsniveau, lieber eine große Familie gründen würde, anstatt einer Erwerbsarbeit nachzugehen. Ihre eigentliche Präferenz wäre demnach die Reproduktion ihrer genetischen Kompetenzen (Fortpflanzung/Erziehung), um es einmal ganz besonders evolutionstheoretisch und trocken auszudrücken. Warum entscheiden sich gebildete Frauen dennoch überwiegend gegen einen solchen Lebensweg? Die Antwort ist eine ganz einfache: Die erforderlichen Ressourcen für sich und ihre Kinder könnte sie dann über eine recht lange Zeit nur von ihrem Ehemann erhalten, nicht jedoch mittels ihrer eigenen erworbenen kulturellen Kompetenzen. Doch auch die langjährige Sicherstellung der Ressourcenbereitstellung durch den Ehemann erforderte Kompetenzen (und deren Reproduktion), und zwar möglicherweise auch solche (zum Beispiel Weibchen-Verhalten), die für moderne emanzipierte Frauen im Allgemeinen tabuisiert sind. Vereinfacht ausgedrückt: Sie würde befürchten, dann vollständig von ihm abhängig zu sein und Zugeständnisse machen zu müssen, wenn sie es eigentlich nicht will. Aus diesem Grund ist es wenig wahrscheinlich, dass sich eine akademisch ausgebildete Frau unter den aktuellen sozialen Verhältnissen dazu entscheidet, vier Kinder in die Welt zu setzen, selbst wenn es sich hierbei um ihren eigentlichen Lebenstraum (ihre Präferenz) handeln sollte. Umgekehrt ist es aber keineswegs unwahrscheinlich, dass die gleiche Frau im Rahmen des Familienmanager-Modells Familienmanagerin wird, um dann beispielsweise sechs eigene Kinder zu haben.

Der zweite Punkt betrifft Thilo Sarrazins Vorschlag, Akademikerinnen mit einer Gebärprämie in Höhe von ca. 50.000 € zu einem Kind zu bewegen[373] [374]. Meiner Meinung nach beruht der Gedanke zu sehr auf dem Modell des *Homo oeconomicus*. Menschen entscheiden sich jedoch oftmals viel langfristiger (mit niedriger Zeitpräferenz) und strategischer. Sie wissen, dass sie für ein Kind mindestens 18 Jahre lang verantwortlich sind. Folglich wäre es bei fast allen mittleren und größeren Lebensentscheidungen mitzuberücksichtigen. Ein eigenes Kind kann beispielsweise den Ausschlag darüber geben, ob man jemals in seinem Leben New Yorker Boden betritt oder nicht, von der Annahme eines amerikanischen Jobangebots ganz zu schweigen. Die Bedenken, die ich hier vortrage, beruhen letztlich auf den gleichen Gegebenheiten, die auch der biographischen Theorie der demografischen Reproduktion gemäß Birg, Flöthmann und Reiter[375] [376] zugrunde liegen. Ein Kind stellt eine langfristige biografische Entscheidung dar. Ob man sie mit der Einmalzahlung eines Geldbetrages bewirken kann, möchte ich ein wenig bezweifeln.

Und schließlich (das ist der dritte Punkt) könnte die Frage gestellt werden, warum man nicht stattdessen einfach die Steuern für Familien drastisch senkt. Ein entsprechender Vorschlag stammt zum Beispiel von Phillip Longman[377]. Mal abgesehen davon, dass die Maßnahme keine Steuerung der Bevölkerungsentwicklung ermöglichte und sie auch patriarchalische Züge trägt, glaube ich nicht, dass sie für sich allein genügte, um ein gesellschaftsweites Kompetenz erhaltendes Nachwuchsverhalten hervorzubringen. Das Familienmanager-Konzept lässt sich aber problemlos mit zahlreichen weiteren familienpolitischen Maßnahmen kombinieren oder um solche ergänzen. Steuersenkungen für Familien gehören eindeutig dazu.

Einige Kritiker des Familienmanager-Modells werden es vermutlich mal wieder als eugenisch, sozialdarwinistisch, rassistisch, biologistisch, krude, bizarr, unsozial, vormodern, antifeministisch, Backlash, sarrazinesk, hermanesk oder weiß der Himmel sonst noch was abkanzeln, was aber letztlich ohne Belang ist. Solche Stimmen möchten lediglich die eigene Stellung festigen (ihre Kompetenzen reproduzieren), ein anderes Anliegen haben sie nicht, also kann man sie getrost ignorieren.

Andere dürften anmerken, dass die Ausbildungsvoraussetzung der Familienmanagerin die Menschen in unterschiedliche Klassen einteile, und für die Bezahlung der Familienmanagerin, die "normalen" Müttern nicht zustehe, gelte das Gleiche. Beide Argumente sind nicht stichhaltig. Denn erstens bestehen heute bei praktisch allen Berufen Ausbildungsvoraussetzungen (es darf nur derjenige Arzt werden, der eine entsprechende

Ausbildung besitzt, warum sollte dies bei einer Familienmanagerin mit 7 Kindern anders sein?), zweitens ist Ausbildung in der Vorstellung der meist antibiologistisch argumentierenden Kritiker kein "natürliches" Merkmal, sodass vom Grundsatz her absolut jeder die Voraussetzungen erfüllen könnte, wenn die Gesellschaft für ausreichende Bildungsgerechtigkeit gesorgt hat, und drittens haben Familienmanagerinnen einen Arbeitsvertrag. Es ist ein Unterschied, ob man etwas nur für sich tut (zum Beispiel die eigenen Wände streichen), oder im Rahmen eines Jobs mit Arbeitsvertrag.

Wesentlich schwerer dürfte da schon der Hinweis wiegen, dass die Unterhaltsregelung des Familienmanager-Modells in unserer Demokratie nicht gegen die Stimmmacht der Kinderlosen durchsetzbar ist. Das sehe ich genauso. Ich bin davon überzeugt, dass das individuelle Streben der Individuen nach Kompetenzerhalt auf demokratische Weise keine langfristigen, gesellschaftsweiten Maßnahmen zulässt, die mit substanziellen persönlichen Nachteilen (mit persönlichen Kompetenzverlusten) verbunden sind. Und damit wissen Sie dann auch, warum das vorliegende Buch einen solch pessimistischen Titel trägt. Wenngleich es für mich selbst vermutlich nicht ganz so fürchterlich ausgehen wird, da ich Jahrgang 1949 bin. Als Mann hat man im Allgemeinen eine geringere Lebenserwartung ...

---

[310] Ehmer, Josef (2004): Bevölkerungsgeschichte und historische Demographie 1800-2000. München: Oldenbourg, S. 6f.

[311] Ehmer, Josef (2004): Bevölkerungsgeschichte und historische Demographie 1800-2000. München: Oldenbourg, S. 9

[312] Ehmer, Josef (2004): Bevölkerungsgeschichte und historische Demographie 1800-2000. München: Oldenbourg, S. 7

[313] Heinsohn, Gunnar (2006): Söhne und Weltmacht. Terror im Aufstieg und Fall der Nationen. Zürich: Orell Füssli

[314] Wikipedia: Volk ohne Raum (abgerufen am 17.07.2011) - http://de.wikipedia.org/wiki/Volk_ohne_Raum

[315] Felber, Christian (2010): Gemeinwohl-Ökonomie. Das Wirtschaftsmodell der Zukunft, Wien: Deuticke

[316] Felber, Christian (2010): Gemeinwohl-Ökonomie. Das Wirtschaftsmodell der Zukunft, Wien: Deuticke, S. 31

317 Einerseits benötigen Eltern mehr Geld (Ressourcen) als Kinderlose, andererseits stehen sie indirekt für die Interessen der nächsten Generation. Im Grunde haben sie mit ihrer Elternschaft dokumentiert, dass sie ein Interesse am Wohlergehen der nächsten Generation besitzen.

318 Felber, Christian (2010): Gemeinwohl-Ökonomie. Das Wirtschaftsmodell der Zukunft, Wien: Deuticke, S. 61ff.

319 Felber, Christian (2010): Gemeinwohl-Ökonomie. Das Wirtschaftsmodell der Zukunft, Wien: Deuticke, S. 65f.

320 Wie Sie sich vielleicht schon gedacht haben: Ich würde es tun. Und die Coldplay-Aktion auf der folgenden Seite dann natürlich auch...

321 Meadows, Dennis L. (1972): Die Grenzen des Wachstums. Bericht des Club of Rome zur Lage der Menschheit, München: Deutsche Verlagsanstalt

322 Meadows, Donella/Randers, Jorgen/Meadows, Dennis L. (2006): Grenzen des Wachstums. Das 30-Jahr-Update: Signal zum Kurswechsel, Stuttgart: Hirzel

323 Mersch, Peter: Der Fall Charlie Abrahams - http://knol.google.com/k/der-fall-charlie-abrahams

324 Allerdings ist nicht so sehr entscheidend, ob ausreichende Forschungsmittel zur Verfügung stehen, sondern ob man wahrgenommen wird. Aufgrund des allseitigen Kompetenzerhalts wird sich Wahrnehmung nur in Ausnahmefällen einstellen, etwa wenn ein Sponsor gefunden werden kann, der von der verstärkten Wahrnehmung selbst profitiert. Das ist auch in der Musikszene nicht anders. Aus diesem Grund ist die Behauptung Götz Werners, ein bedingungsloses Grundeinkommen ermögliche Kulturarbeit (Werner, Götz W. (2008): Einkommen für alle. Köln: Bastei-Lübbe), pure Illusion: Individuelle Kulturarbeit hat kein Geld-, sondern ein Wahrnehmungsproblem.

325 Spiegel, 14.09.2011: Allianz-Studie - Börsencrash vernichtet drei Billionen Euro Privatvermögen - http://www.spiegel.de/wirtschaft/unternehmen/0,1518,786224,00.html

326 Baader, Roland (2010): Geldsozialismus. Die wirklichen Ursachen der neuen globalen Depression, Gräfelfing: Resch, S. 22ff.

327 Taghizadegan, Rahim (2011): Wirtschaft wirklich verstehen. Einführung in die Österreichische Schule der Ökonomie, München: FinanzBuch Verlag, S. 194ff.

328 Taghizadegan, Rahim (2011): Wirtschaft wirklich verstehen. Einführung in die Österreichische Schule der Ökonomie, München: FinanzBuch Verlag, S. 199f.

329 Jedenfalls wenn sie nicht ausreichend mit Eigenkapital ausgestattet sind.

330 Im Sommer 2011 bestand in Deutschland aufgrund gesetzlicher Regelungen für Banken eine Mindestkernkapitalquote (der Anteil an den vergebenen Krediten und sonstigen risikotragenden Passiva, die durch Eigenmittel gedeckt sind) von ca. 4 Prozent. Im Rahmen der Banken- und Staatsschuldenkrise in 2011 wurde unter anderem vorgeschlagen, eine europaweite Mindestkernkapitalquote von 9 Prozent einzuführen. Vgl. Wikipedia: Kernkapitalquote (abgerufen am 17.07.2011) - http://de.wikipedia.org/wiki/Kernkapitalquote

331 Wermuth, Dieter (2010): Basel III leider ohne Biss, 17.09.2010, http://blog.zeit.de/herdentrieb/2010/09/17/basel-iii-leider-ohne-biss_2350

332 Stern, 25.10.2011: US-Studie – Mehr Gewalttaten bei hohem Softdrink-Konsum - http://www.stern.de/wissen/ernaehrung/us-studie-mehr-gewalttaten-bei-hohem-softdrink-konsum-1743473.html

333 Spiegel, 29.09.2011: Nokia-Werksschließung in Rumänien - "Das klingt wie 2008 in Bochum" - http://www.spiegel.de/wirtschaft/unternehmen/0,1518,789202,00.html

334 Radermacher, Franz J. und Beyers, Bert (2011): Welt mit Zukunft. Die ökosoziale Perspektive, Hamburg: Murmann

335 Felber, Christian (2010): Gemeinwohl-Ökonomie. Das Wirtschaftsmodell der Zukunft, Wien: Deuticke

336 Mersch, Peter (2008b): Evolution, Zivilisation und Verschwendung: Über den Ursprung von Allem. Norderstedt: Books on Demand, S. 367ff.

337 Herrmann-Pillath, Carsten (2002): Grundriss der Evolutionsökonomik, München: UTB, S. 22

338 Mersch, Peter (2008b): Evolution, Zivilisation und Verschwendung: Über den Ursprung von Allem. Norderstedt: Books on Demand, S. 379ff.

339 Miller, Geoffrey F. (2001): Die sexuelle Evolution. Partnerwahl und die Entstehung des Geistes. Heidelberg: Spektrum Akademischer Verlag

340 Veblen, Thorstein (2007): Theorie der feinen Leute. Eine ökonomische Untersuchung der Institutionen, Frankfurt: Fischer

341 Welt, 20.01.2008: "Wir haben abgetrieben" - Geschichte eines Bluffs - http://www.welt.de/politik/article1573009/Wir_haben_abgetrieben_Geschichte_eines_Bluffs.html

342 Konrad, Kai A./Zschäpitz, Holger (2010): Schulden ohne Sühne? Warum der Absturz der Staatsfinanzen uns alle trifft, München: Beck, S. 94

343 Konrad, Kai A./Zschäpitz, Holger (2010): Schulden ohne Sühne? Warum der Absturz der Staatsfinanzen uns alle trifft, München: Beck, S. 94

344   Konrad, Kai A./Zschäpitz, Holger (2010): Schulden ohne Sühne? Warum der Absturz der Staatsfinanzen uns alle trifft, München: Beck, S. 95

345   Konrad, Kai A./Zschäpitz, Holger (2010): Schulden ohne Sühne? Warum der Absturz der Staatsfinanzen uns alle trifft, München: Beck, S. 96

346   Konrad, Kai A./Zschäpitz, Holger (2010): Schulden ohne Sühne? Warum der Absturz der Staatsfinanzen uns alle trifft, München: Beck, S. 96

347   Konrad, Kai A./Zschäpitz, Holger (2010): Schulden ohne Sühne? Warum der Absturz der Staatsfinanzen uns alle trifft, München: Beck, S. 97f.

348   Mersch, Peter: Bevölkerungsplanung -
http://knol.google.com/k/bev%C3%B6lkerungsplanung

349   Rainer, Bettina (2007): Die "Bevölkerungsexplosion": Bevölkerungswachstum als globale Katastrophe, In: Auth, Diana/Holland-Cunz, Barbara (Hrsg.): Grenzen der Bevölkerungspolitik. Strategien und Diskurse demographischer Steuerung. Opladen: Verlag Barbara Budrich, S. 103-124

350   Rainer, Bettina (2004): Bevölkerungswachstum als globale Katastrophe. Apokalypse und Unsterblichkeit, Münster: Westfälisches Dampfboot

351   Rainer, Bettina (2007): Die "Bevölkerungsexplosion": Bevölkerungswachstum als globale Katastrophe, In: Auth, Diana/Holland-Cunz, Barbara (Hrsg.): Grenzen der Bevölkerungspolitik. Strategien und Diskurse demographischer Steuerung. Opladen: Verlag Barbara Budrich, S. 105

352   CIA - The World Fact Book: Somalia (abgerufen am 17.07.2011) -
https://www.cia.gov/library/publications/the-world-factbook/geos/so.html

353   Focus, 04.08.2011: Somalia - 29.000 Kinder durch Hungersnot gestorben -
http://www.focus.de/panorama/vermischtes/somalia-29-000-kinder-durch-hungersnot-gestorben_aid_652498.html

354   ZEIT, 09.04.2008: Corinna Arndt - Afrika: Wenn Kinder nicht die Zukunft sind. In großen Teilen Afrikas wächst die Bevölkerung so schnell wie nie zuvor. Eine neue Armut ist die Folge. Doch Entwicklungspolitiker verschließen die Augen davor -
http://www.zeit.de/2008/15/Bevoelkerung-Afrika

355   Vgl. dazu etwa Eigen, Manfred/Winkler, Ruthild (1975): Das Spiel. Naturgesetze steuern den Zufall, München: Piper. Die globale Populationskontrolle enthält gemäß den beiden Autoren "den Schlüssel zur Lösung all der anderen Probleme. Das sollten wir klar erkennen."

356   An dieser Stelle sei noch einmal der Hinweis erlaubt, dass für solitäre Lebewesen, deren Kompetenzen praktisch ausschließlich genetischer Art sind, die Theorie der egoistischen Gene und die Systemische Evolutionstheorie im Grunde identisch sind.

357   Mersch, Peter: Familienarbeit in gleichberechtigten Gesellschaften - http://knol.google.com/k/familienarbeit-in-gleichberechtigten-gesellschaften

358   Mersch, Peter (2006a): Die Familienmanagerin. Kindererziehung und Bevölkerungspolitik in Wissensgesellschaften. Norderstedt: Books on Demand

359   Mersch, Peter (2006b): Land ohne Kinder. Wege aus der demographischen Krise. Norderstedt: Books on Demand

360   Mersch, Peter (2008a): Familie als Beruf. Norderstedt: Books on Demand

361   Man vergleiche dazu den von Hans Hass formulierten, und von der Intention her durchaus ähnlichen - allerdings auf deutlich mehr Zwang setzenden - Vorschlag: "Ich überlegte mir eingehend, wie es angestellt werden könnte, diese Geburtenexplosion zu bremsen. Bei allen Lebewesen ist die Ausrichtung auf Wachstum und Vermehrung die wichtigste Aufgabe. Deshalb ist es fast unmöglich etwas zu sagen, dass sich gegen diese Grundeinstellung richtet. Trotzdem ist es mir letztendlich gelungen auf einen Vorschlag zu stoßen, der in knappen drei Sätzen das Problem der Überbevölkerung lösen kann. Diese lauten: 1. Jeder Frau auf dem Planeten Erde wird das Recht bescheinigt zwei Kinder zu gebären - aber nicht mehr. 2. Stirbt eines der beiden Kinder unter dem 12. Lebensjahr, so wird ihr das Recht auf ein weiteres, drittes Kind zugestanden. 3. Ist eine Frau besonders kinderlieb, und möchte sie gern noch ein weiteres Kind, dann ist auch dies möglich, unter der Voraussetzung, dass sie über die notwendigen Mittel verfügt, es angemessen zu ernähren und zu erziehen. Da es zahlreiche Frauen gibt, die aus gesundheitlichen oder sonstigen Gründen gar keine Kinder haben wollen, kann von diesen das Recht auf ein Kind übernommen werden, entweder in freundschaftlichem Einvernehmen oder über eine entsprechende Zahlung. Diese drei Sätze müssten in allen Ländern der Welt zum Gesetz erklärt werden." - http://www.hans-hass.de/

362   Mersch, Peter (2008a): Familie als Beruf. Norderstedt: Books on Demand, S. 56

363   Mersch, Peter (2008a): Familie als Beruf. Norderstedt: Books on Demand, S. 60ff.

364   Mersch, Peter (2008a): Familie als Beruf. Norderstedt: Books on Demand, S. 62f.

365   Mersch, Peter (2008a): Familie als Beruf. Norderstedt: Books on Demand, S. 64f.

366   Mersch, Peter (2008a): Familie als Beruf. Norderstedt: Books on Demand, S. 65

367   Zürn, Michael (1998): Regieren jenseits des Nationalstaates. Globalisierung und Denationalisierung als Chance, Frankfurt: Suhrkamp, S. 95

368   Friedan, Betty (1976): It Changed My Life. Writings on the Women's Movement. New York: Random House, S. 397

369   Hakim, Catherine (2005): Work-Lifestyle Choices in the 21st Century. Preference Theory. Oxford: Oxford University Press

---

[370] Bertram, Hans/Rösler, Wiebke/Ehlert, Nancy (2005): Nachhaltige Familienpolitik. Zukunftssicherung durch einen Dreiklang von Zeitpolitik, finanzieller Transferpolitik und Infrastrukturpolitik. Berlin: Bundesministerium für Familie, Senioren, Frauen und Jugend, S. 27ff.

[371] In diesem Zusammenhang mag eine Buchbesprechung von Kostas Petropulos zu meinem Buch "Die Familienmanagerin" von Interesse sein, in der dieser - ohne Belege - zu einem ganz anderen Ergebnis kommt. - http://www.dradio.de/dlf/sendungen/politischeliteratur/583688/

[372] Hakim, Catherine (2005): Work-Lifestyle Choices in the 21st Century. Preference Theory. Oxford: Oxford University Press

[373] Sarrazin, Thilo (2010): Deutschland schafft sich ab: Wie wir unser Land aufs Spiel setzen. München: Deutsche Verlags-Anstalt, S. 331ff.

[374] FAZ, 13.09.2010: Markus Wehner - Was schreibt Sarrazin? Eine Handreichung in Thesen - http://www.faz.net/aktuell/feuilleton/debatten/2.1763/die-thesen/integrationsdebatte-was-schreibt-sarrazin-eine-handreichung-in-thesen-11043348.html

[375] Birg, Herwig/Flöthmann, E.-Jürgen/Reiter, Iris (1991): Biographische Theorie der demographischen Reproduktion (Forschungsberichte der IBS), Frankfurt: Campus

[376] Die biographische Theorie der demographischen Reproduktion besitzt ohnehin eine sehr große Übereinstimmung mit den hier präsentierten Konzeptionen. Ob man nun von biografischen Alternativen in einem biografischen Universum spricht oder von alternativen Kompetenzbereichen, die jeweils zu reproduzieren sind (was voraussetzt, dass sie Teil der individuellen Biografie werden), bleibt sich letztlich gleich. Tatsache ist jedenfalls, dass die Entscheidung für ein Kind viele bis dahin noch denkbare Biografien aus dem zukünftigen biografischen Universum ausschließt. Genauso tut sie das bezüglich der Fähigkeit zur Reproduktion zahlreicher weiterer Kompetenzen. Man kann dann seine Kompetenzen nicht mehr in der Tiefe und Breite reproduzieren, wie es ohne Kind (oder Kinder) noch möglich gewesen wäre.

[377] Longman, Phillip (2004): The Empty Cradle. How Falling Birthrates Threaten World Prosperity and What to Do about It, New York: Basic Books

12 Literatur

[1] Anhalt, Utz (2008): Darwin ist unschuldig – Warum Rassismus in Deutschland wenig mit Darwin zu tun hat, In: Antweiler, C./Lammers C./Thies N. (Hrsg.): Die unerschöpfte Theorie. Evolution und Kreationismus in Wissenschaft und Gesellschaft, Aschaffenburg: Alibri, S. 173-190

[2] Antweiler, Christoph (2008): Evolutionstheorien in den Sozial- und Kulturwissenschaften – Zusammenhangs- und Analogiemodelle, In: Antweiler, C./Lammers C./Thies N. (Hrsg.): Die unerschöpfte Theorie. Evolution und Kreationismus in Wissenschaft und Gesellschaft, Aschaffenburg: Alibri, S. 115-141

[3] Atkins, Peter W. (1984): Schöpfung ohne Schöpfer, Was war vor dem Urknall? Hamburg: Rowohlt

[4] Baader, Roland (2010): Geldsozialismus. Die wirklichen Ursachen der neuen globalen Depression, Gräfelfing: Resch

[5] Bauer, Joachim (2006): Prinzip Menschlichkeit. Warum wir von Natur aus kooperieren. Hamburg: Hoffmann und Campe

[6] Bauer, Joachim (2006): Warum ich fühle, was du fühlst. Intuitive Kommunikation und das Geheimnis der Spiegelneurone, München: Heyne

[7] Beauvoir, Simone de (2000): Das andere Geschlecht. Sitte und Sexus der Frau. Hamburg: Rowohlt

[8] Beck, Ulrich (1999): Schöne neue Arbeitswelt, Frankfurt: Campus

[9] Bertram, Hans/Rösler, Wiebke/Ehlert, Nancy (2005): Nachhaltige Familienpolitik. Zukunftssicherung durch einen Dreiklang von Zeitpolitik, finanzieller Transferpolitik und Infrastrukturpolitik. Berlin: Bundesministerium für Familie, Senioren, Frauen und Jugend

[10] Betzig, Laura L. (1986): Despotism and Differential Reproduction. A Darwinian View of History. New York: Aldine Publishing Company

[11] Birg, Herwig (2003): Strategische Optionen der Familien- und Migrationspolitik in Deutschland und Europa, in: Leipert, Christian

(Hrsg.): Demographie und Wohlstand. Neuer Stellenwert für Familie in Wirtschaft und Gesellschaft. Opladen: Leske + Budrich

[12]   Birg, Herwig/Flöthmann, E.-Jürgen/Reiter, Iris (1991): Biographische Theorie der demographischen Reproduktion (Forschungsberichte der IBS), Frankfurt: Campus

[13]   Blackmore, Susan (2003): Evolution und Meme. Das menschliche Gehirn als selektiver Imitationsapparat. In: Becker, A. et al. (Hrsg.): Gene, Meme und Gehirne: Geist und Gesellschaft als Natur, Frankfurt: Suhrkamp

[14]   Bollmann, Ralph (2006): Lob des Imperiums. Der Untergang Roms und die Zukunft des Westens. Berlin: wjs Verlag

[15]   Borkenau, Peter (1993): Anlage und Umwelt. Eine Einführung in die Verhaltensgenetik. Göttingen: Hogrefe

[16]   Bosbach, Gerd (2004): Demografische Entwicklung – kein Anlass zur Dramatik, NachDenkSeiten, 17.02.2004

[17]   Bouchard TJ/McGue M (1981): Familial studies of intelligence. A review, in: Science, 212, S. 1055-1059

[18]   Braitenberg, Valentin (2011): Information – der Geist in der Natur, Stuttgart: Schattauer

[19]   Braun, Christin von/Stephan, Inge (Hrsg.) (2009): Gender@Wissen. Ein Handbuch der Gender-Theorien, Köln: Böhlau

[20]   Bresch, Carsten (2010): Evolution. Was bleibt von Gott? Stuttgart: Schattauer

[21]   Bresch, Carsten (1977): Zwischenstufe Leben. Evolution ohne Ziel? Frankfurt: Fischer

[22]   Brockman, John (1996): Die dritte Kultur. Das Weltbild der modernen Naturwissenschaft, München: Goldmann

[23]   Brockman, John (2009): Was ist Ihre gefährlichste Idee? Die führenden Wissenschaftler denken das Undenkbare. Frankfurt: Fischer

[24]   Bunge, Mario/Mahner, Martin (2004): Über die Natur der Dinge: Materialismus und Wissenschaft. Stuttgart: S. Hirzel

[25]   Burger, J./Kirchner, M./Bramanti, B.Haak, W./Thomas, M. G. (2007): Absence of the lactase-persistence-associated allele in early

Neolithic Europeans. PNAS, Band 104, Nr. 10, vom 6 März 2007, S. 3736–3741

[26] Carroll, Lewis (1974): Alice hinter den Spiegeln. Frankfurt: Insel Verlag

[27] Castel, Robert/Dörre, Klaus von (2009): Prekarität, Abstieg, Ausgrenzung: Die soziale Frage am Beginn des 21. Jahrhunderts, Frankfurt: Campus

[28] Dawkins, Richard (2007): Das egoistische Gen: Jubiläumsausgabe, München: Spektrum Akademischer Verlag

[29] Dawkins, Richard (2008): Der entzauberte Regenbogen – Wissenschaft, Aberglaube und die Kraft der Phantasie, Hamburg: Rowohlt

[30] Deary IJ/ Irwing P/ Der G/ Bates TC (2007): Brother-sister differences in the g factor in intelligence: analysis of full, opposite-sex siblings from the NLSY1979, in: Intelligence 35, S. 451-456

[31] Deuber-Mankowsky, Astrid (2009): Natur/Kultur, In: von Braun, C./Stephan, I. (Hrsg.): Gender@Wissen. Ein Handbuch der Gender-Theorien, Köln: Böhlau, S. 223-242

[32] Durkheim, Émile (1984): Die Regeln der soziologischen Methode. Herausgegeben und eingeleitet von René König, Frankfurt: Suhrkamp

[33] Durkheim, Émile (1992): Über soziale Arbeitsteilung. Studie über die Organisation höherer Gesellschaften, Frankfurt: Suhrkamp

[34] Duve, Christian de (2011): Die Genetik der Ursünde. Die Auswirkung der natürlichen Selektion auf die Zukunft der Menschheit, Heidelberg: Spektrum Akademischer Verlag

[35] Ebenrett, H. J./Hansen. K./Puzicha, K. J. (2003): Verlust von Humankapital in Regionen mit hoher Arbeitslosigkeit. Aus Politik und Zeitgeschichte, Beilage zur Wochenzeitung Das Parlament, B6-7, S. 25-31

[36] Eggen, Bernd/Rupp, Marina (Hrsg.) (2006): Kinderreiche Familien. Wiesbaden: VS Verlag für Sozialwissenschaften

[37] Ehmer, Josef (2004): Bevölkerungsgeschichte und historische Demographie 1800-2000. München: Oldenbourg

[38] Eibl-Eibesfeldt, Irenäus (2004): Die Biologie des menschlichen Verhaltens. Grundriss der Humanethologie. München: Piper

[39] Eigen, Manfred/Winkler, Ruthild (1975): Das Spiel. Naturgesetze steuern den Zufall, München: Piper

[40] Elias, Norbert (1997): Über den Prozess der Zivilisation: Soziogenetische und psychogenetische Untersuchungen. Frankfurt: Suhrkamp

[41] Faller, Hermann/Lang, Hermann (2006): Medizinische Psychologie und Soziologie, 2. Auflage, Heidelberg: Springer Medizin Verlag

[42] Felber, Christian (2010): Gemeinwohl-Ökonomie. Das Wirtschaftsmodell der Zukunft, Wien: Deuticke

[43] Felber, Christian (2009): Kooperation statt Konkurrenz. 10 Schritte aus der Krise, Wien: Deuticke

[44] Friedan, Betty (1976): It Changed My Life. Writings on the Women's Movement. New York: Random House

[45] Hakim, Catherine (2005): Work-Lifestyle Choices in the 21st Century. Preference Theory. Oxford: Oxford University Press

[46] Hardin, Garrett (1968): The Tragedy of the Commons, Science 13 December 1968: S. 1243-1248

[47] Hawking, Stephen (2010): Die illustrierte kurze Geschichte der Zeit, Reinbek: Rowohlt

[48] Heinsohn, Gunnar (2006): Söhne und Weltmacht. Terror im Aufstieg und Fall der Nationen. Zürich: Orell Füssli

[49] Herman, Eva (2006): Das Eva-Prinzip. Für eine neue Weiblichkeit, München/Zürich: Pendo

[50] Hölldobler, Bert/Wilson, Edward O. (2009): The Superorganism. The Beauty, Elegance, and Strangeness of Insect Societies, New York/London: W. W. Norton

[51] Hopcroft, Rosemary L. (2006): Sex, status, and reproductive success in the contempory United States, in: Evolution and Human Behaviour, 27, 104-112

[52] Iacoboni, Marco (2011): Woher wir wissen, was andere denken und fühlen. Das Geheimnis der Spiegelneuronen, München: Goldmann

[53] Irwing, Paul/Lynn, Richard (2005): Sex differences in means and variability on the progressive matrices in university students: A meta-analysis, in: British Journal of Psychology, 96, S. 505-524

[54] Junge, Matthias (2002): Individualisierung. Frankfurt: Campus

[55] Kanazawa, Satoshi (2003): Can evolutionary psychology explain reproductive behavior in the contem-pory United States? Sociological Quaterly, 44 (2003), 291-301

[56] Kauffman, Stuart (2003): The Origins of Order: Self-Organization and Selection in Evolution. Oxford: Oxford University Press

[57] Kofler, Birgit (2006): Kinderlos, na und? Kein Baby an Bord, Wien: Orac

[58] Konrad, Kai A./Zschäpitz, Holger (2010): Schulden ohne Sühne? Warum der Absturz der Staatsfinanzen uns alle trifft, München: Beck

[59] Kopp, Johannes (2002): Geburtenentwicklung und Fertilitätsverhalten. Theoretische Modellierungen und empirische Erklärungsansätze. Konstanz: UVK

[60] Kuhn, Thomas S. (2001): Die Struktur wissenschaftlicher Revolutionen, Frankfurt: Suhrkamp

[61] Kuhn, S. L./Stiner, M. C. (2006): What's a mother to do? A hypothesis about the division of labor and modern human origins. Current Anthropology 47(6), S. 953-980

[62] Leonhard, Hans-Walter (2008): Recht und Grenzen evolutionsbiologischer Betrachtungen im Bereich des Humanen, In: Antweiler, C./Lammers C./Thies N. (Hrsg.): Die unerschöpfte Theorie. Evolution und Kreationismus in Wissenschaft und Gesellschaft, Aschaffenburg: Alibri, S. 143-156

[63] Lewontin, Richard (1996): How Heritability Misleads about Race. The Boston Review, XX, no 6, January, 1996, S. 30-35

[64] Longman, Phillip (2004): The Empty Cradle. How Falling Birthrates Threaten World Prosperity and What to Do about It, New York: Basic Books

[65] Lux, Vanessa (2008): Biologismen in Soziobiologie und Evolutionärer Psychologie – Eine Funktionskritik, In: Antweiler, C./Lammers C./Thies N. (Hrsg.): Die unerschöpfte Theorie. Evolution und Kreationismus in Wissenschaft und Gesellschaft, Aschaffenburg: Alibri, S.157-172

[66] Lynn, Richard (1996): Dysgenics. Genetic Deterioration in Modern Populations, Westport CT: Praeger Publishers

[67] Lynn, Richard (1998): The Decline of Genotypic Intelligence; In: Neisser, Ulric (Hrsg.): The Rising Curve. Long-Term Gains in IQ and Related Measures, Washington DC: American Psychological Association

[68] Lynn, Richard/Court, Marilyn van (2004): New evidence of dysgenic fertility for intelligence in the United States, Intelligence, 2004, 32 (2), S. 193-201

[69] Lynn, Richard/Harvey, John (2008): The decline of the world's IQ. Intelligence 36 (2008), S. 112–120

[70] Lynn, Richard/Irwing, Paul (2004): Sex differences on the Progressive Matrices: a meta-analysis, in: Intelligence, 32, S. 481-498

[71] Lynn, Richard/Vanhanen, Tatu (2002): IQ and the Wealth of Nations. Westport: Praeger Publishers

[72] Mahner, Martin/Bunge, Mario (2000): Philosophische Grundlagen der Biologie. Berlin/Heidelberg: Springer Verlag

[73] Malsburg, Christoph von der (1987): Ist die Evolution blind? In: Küppers, Bernd-Olaf (Hrsg.): Ordnung aus dem Chaos: Prinzipien der Selbstorganisation und Evolution des Lebens. München: Piper

[74] Maturana, Humberto R./Varela, Francisco J. (1990): Der Baum der Erkenntnis: Die biologischen Wurzeln menschlichen Erkennens. München: Goldmann

[75] Mayr, Ernst (2005): Das ist Evolution. Mit einem Vorwort von Jared Diamond, München: Goldmann

[76] Meadows, Dennis L. (1972): Die Grenzen des Wachstums. Bericht des Club of Rome zur Lage der Menschheit, München: Deutsche Verlagsanstalt

[77] Meadows, Donella/Randers, Jorgen/Meadows, Dennis L. (2006): Grenzen des Wachstums. Das 30-Jahr-Update: Signal zum Kurswechsel, Stuttgart: Hirzel

[78] Mersch, Peter (2006a): Die Familienmanagerin. Kindererziehung und Bevölkerungspolitik in Wissensgesellschaften. Norderstedt: Books on Demand

[79] Mersch, Peter (2006b): Land ohne Kinder. Wege aus der demographischen Krise. Norderstedt: Books on Demand

[80] Mersch, Peter (2006c): Migräne. Heilung ist möglich. Norderstedt: Books on Demand

[81] Mersch, Peter (2007a): Die Emanzipation – ein Irrtum! Warum die Angleichung der Geschlechter unsere Gesellschaft restlos ruinieren wird. Norderstedt: Books on Demand

[82] Mersch, Peter (2007b): Hurra, wir werden Unterschicht! Zur Theorie der gesellschaftlichen Reproduktion. Norderstedt: Books on Demand

[83] Mersch, Peter (2007c): Irrweg Bürgergeld. Norderstedt: Books on Demand

[84] Mersch, Peter (2008a): Familie als Beruf. Norderstedt: Books on Demand

[85] Mersch, Peter (2008b): Evolution, Zivilisation und Verschwendung: Über den Ursprung von Allem. Norderstedt: Books on Demand

[86] Mersch, Peter (2009): Die Familie und die Gleichberechtigung der Geschlechter. München: Grin Verlag

[87] Mersch, Peter (2010): Systemische Evolutionstheorie und Gefallenwollen-Kommunikation, In: Gilgenmann, K./Mersch, P./Treml, A. K. (Hrsg.): Kulturelle Vererbung: Erziehung und Bildung in evolutionstheoretischer Sicht, Norderstedt: Books on Demand, S. 47-90

[88] Miller, Geoffrey F. (2001): Die sexuelle Evolution. Partnerwahl und die Entstehung des Geistes. Heidelberg: Spektrum Akademischer Verlag

[89] Müller, Stephan S. W. (2010): Theorien sozialer Evolution. Zur Plausibilität darwinistischer Erklärungen sozialen Wandels, Bielefeld: transcript Verlag

[90] Myers, David G. (2010): Psychologie. New York: Worth Publishers, S. 431-434

[91] Olsberg, Karl (2010): Schöpfung außer Kontrolle: Wie die Technik uns benutzt. Berlin: Aufbau Verlag

[92] Precht, Richard David (2010): Die Kunst, kein Egoist zu sein: Warum wir gerne gut sein wollen und was uns davon abhält, München: Goldmann

[93] Radermacher, Franz Josef (2006): Die Brasilianisierung der Welt. Asymmetrien des globalen Reichtums, Nr. 10, Sommer 2010, Die Gazette

248 **Literatur**

[94] Radermacher, Franz Josef (1997): Informationsgesellschaft und nachhaltige Entwicklung: Was sind die vor uns liegenden Herausforderungen? In: Geiger, W./Jaeschke, A./Rentz, O./Simon, E./Spengler, Th./Zilliox, L./Zundel, T. (Hrsg.): Umweltinformatik 1997 / Informatique pour l'Environnement 1997, 11. Internationales Symposium der Gesellschaft für Informatik, Straßburg 1997, Marburg: Metropolis-Verlag

[95] Radermacher, Franz J. und Beyers, Bert (2011): Welt mit Zukunft. Die ökosoziale Perspektive, Hamburg: Murmann

[96] Rainer, Bettina (2004): Bevölkerungswachstum als globale Katastrophe. Apokalypse und Unsterblichkeit, Münster: Westfälisches Dampfboot

[97] Rainer, Bettina (2007): Die "Bevölkerungsexplosion": Bevölkerungswachstum als globale Katastrophe, In: Auth, Diana/Holland-Cunz, Barbara (Hrsg.): Grenzen der Bevölkerungspolitik. Strategien und Diskurse demographischer Steuerung. Opladen: Verlag Barbara Budrich

[98] Riemann, Rainer und Spinath, Frank M. (2005): Genetik und Persönlichkeit; In: Hennig, Jürgen und Netter, Petra (Hrsg.): Biopsychologische Grundlagen der Persönlichkeit, Heidelberg: Spektrum Akademischer Verlag

[99] Roth, Gerhard (2003): Aus Sicht des Gehirns. Frankfurt: Suhrkamp

[100] Sarrazin, Thilo (2010): Deutschland schafft sich ab: Wie wir unser Land aufs Spiel setzen. München: Deutsche Verlags-Anstalt

[101] Scarr S/McCartney K (1983): How people make their own environments. A theory of genotype-environment effects, Child Develolent, 1983, 54, S. 424-435

[102] Schäfer, Annette (2008): Die Kraft der schöpferischen Zerstörung. Joseph A. Schumpeter – die Biografie, Frankfurt: Campus

[103] Schaik, Carel van (2005): Kultur ist der Motor der Evolution. In: Universität Zürich, UNIMAGAZIN, 4 (2005), S. 32-35

[104] Schmidt-Salomon, Michael (2006): Manifest des evolutionären Humanismus: Plädoyer für eine zeitgemäße Leitkultur. Aschaffenburg: Alibri

[105] Schnitzer E/Isserstedt W/Middendorff E (2001): Die wirtschaftliche und soziale Lage der Studierenden in der Bundesrepublik Deutschland 2000. 16. Sozialerhebung des Deutschen Studenten-

werks durchgeführt durch HIS Hochschul-Informations-System, Bonn: Bundesministerium für Bildung und Forschung

[106] Schrödinger, Erwin (1989): Was ist Leben? Die lebende Zelle mit den Augen des Physikers betrachtet. München: Piper

[107] Schurz, Gerhard (2011): Evolution in Natur und Kultur. Eine Einführung in die verallgemeinerte Evolutionstheorie, Heidelberg: Spektrum Akademischer Verlag

[108] Schwarzer, Alice (2007): Die Antwort. Köln: Kiepenheuer & Witsch

[109] Shaffer, David R./Kipp, Katherine (2007): Developmental Psychology. Childhood and Adolescence. Belmont: Thomson Wadsworth

[110] Smolin, Lee (2009): Die Zukunft der Physik. Probleme der String-Theorie und wie es weitergeht, München: Deutsche Verlagsanstalt

[111] Sober, Elliott/Wilson, David Sloan (1999): Unto Others: The Evolution and Psychology of Unselfish Behavior. Cambridge MA: Harvard University Press

[112] Solanas, Valerie (2010): S.C.U.M. Manifest der Gesellschaft zur Abschaffung der Männer: Manifest der Gesellschaft zur Vernichtung der Männer, Hamburg: Philo Fine Arts

[113] Stearns, Stephen C./Hoekstra, Rolf F. (2005): Evolution. An introduction. Oxford: Oxford University Press

[114] Taghizadegan, Rahim (2011): Wirtschaft wirklich verstehen. Einführung in die Österreichische Schule der Ökonomie, München: FinanzBuch Verlag

[115] Tautz, Jürgen (2010): Phänomen Honigbiene. Heidelberg: Spektrum Akademischer Verlag

[116] Tomasello, Michael (2010): Warum wir kooperieren. Frankfurt: Suhrkamp

[117] Tremmel, Jörg (2005): Bevölkerungspolitik im Kontext ökologischer Generationengerechtigkeit, Wiesbaden: VS Verlag

[118] Vaas, Rüdiger/Blume, Michael (2009): Gott, Gene und Gehirn: Warum Glaube nützt. Die Evolution der Religiosität. Stuttgart: Hirzel

[119] Veblen, Thorstein (2007): Theorie der feinen Leute. Eine ökonomische Untersuchung der Institutionen, Frankfurt: Fischer

[120] Vining, Daniel R. Jr. (1982): On the possibility of a re-emergence of a dysgenic trend with respect to intelligence in American fertility differentials, Intelligence, 1982, 6, S. 241-264

[121] Vining, Daniel R. Jr. (1995): On the possibility of a re-emergence of a dysgenic trend. An update, Personality and Individual Differences, 1995, 19, S. 259-265

[122] Voland, Eckart (2010): Die biologische Evolution reproduktiver Strategien: Von natürlicher Fruchtbarkeit zum Zölibat. In: Fischer, E. P./Wiegand K. (Hrsg.): Evolution und Kultur des Menschen. Frankfurt: S. Fischer

[123] Voland, Eckart (2000): Grundriss der Soziobiologie. Heidelberg: Spektrum Akademischer Verlag

[124] Voß, Heinz-Jürgen (2011): Geschlecht. Wider die Natürlichkeit, Stuttgart: Schmetterling Verlag

[125] Waldrop, M. Mitchell (1996): Inseln im Chaos: Die Erforschung komplexer Systeme. Berlin: Rowohlt

[126] Watson, Elizabeth E./Easteal, Simon/Penny, David (2001): Homo Genus: A Review of the Classification of Humans and the Great Apes. In: Phillip Tobias et al. (Hrsg.): Humanity from African Naissance to Coming Millennia. Colloquia in Human Biology and Palaeoanthropology. Florenz: Firenze University Press, S. 307–318

[127] Weber, Thomas P. (2003): Soziobiologie, Frankfurt: Fischer

[128] Weiss, Volkmar (2000): Die IQ-Falle. Intelligenz, Sozialstruktur und Politik. Graz: Leopold Stocker Verlag

[129] Weiss, Volkmar (2007): The population cycle drives human history – from a eugenic phase into a dysgenic phase and eventual collapse. Journal of Social, Political and Economic Studies, 32, S. 327-358

[130] Werner, Götz W. (2008): Einkommen für alle. Köln: Bastei-Lübbe

[131] Woinoff, Stefan (2008): Überlisten Sie Ihr Beuteschema. Warum immer mehr Frauen keinen Partner finden – und was sie dagegen tun können, München: Mosaik

[132] Wortmann, Hendrik (2010): Zum Desiderat einer Evolutionstheorie des Sozialen. Darwinistische Konzepte in den Sozialwissenschaften, Konstanz: UVK

[133] Zankl, Mario (2010): Dynamik und Ursachen des Fertilitätsrückganges in Südostasien: Erklärungsansätze, Determinanten und empirische Befunde, dargestellt am Beispiel von Kambodscha, Laos, Thailand und Vietnam, München: Grin

[134] Zechner, U./Wilda, M./Kehrer-Sawatzki, H./Vogel, W./Fundele, R./Hameister, H. (2001): A high density of X-linked genes for general cognitive ability: a run-away process shaping human evolution? in: Trends Genet 17, S. 697-701

[135] Zürn, Michael (1998): Regieren jenseits des Nationalstaates. Globalisierung und Denationalisierung als Chance, Frankfurt: Suhrkamp

Über den Autor

Peter Mersch, Jahrgang 1949, ist Systemanalytiker und Gründer und Leiter der Mersch Online AG. Nach dem Studium der Mathematik und Informatik arbeitete er im Spacelab-Projekt, später in diversen umfangreichen Projekten der Finanzindustrie. Heute sind Managementberatung und Zukunftsforschung Schwerpunkte seiner Tätigkeit.

Seine wissenschaftlichen Interessen befinden sich hauptsächlich auf den Gebieten Evolutionstheorie, soziokulturelle Evolution, Demografie und Soziologie. Von ihm stammen die Systemische Evolutionstheorie und das Familienmanager-Konzept.

Daneben beschäftigt er sich mit den Ursachen und der Behandlung der Migräne, unter der er bis zum 40. Lebensjahr litt.

www.ingramcontent.com/pod-product-compliance
Lightning Source LLC
Chambersburg PA
CBHW051211170526
45166CB00005B/1846